수학자의 뒷모습 Ⅳ

우주는 수학이란 언어로 쓴 책

20세기

| 일러두기 |

1. 인명, 지명, 작품명은 한글 맞춤법 외래어 표기법에 따라 표기했으며, 브리태니커 백과 사전을 참조했다. 또한 용어에 대한 원문은 함께 표시하였다.
2. 중요한 내용의 설명은 각주를 따로 표시하였다.
3. 본문에서 사용한 부호와 기호의 뜻은 다음과 같다.
   - 저서, 신문, 잡지 : 《 》
   - 개별작품, 논문, 기사 : 〈 〉
   - 강조와 인용 : ' ', " "

수학자의 뒷모습 IV

편저자 허 민
펴낸이 박문규
펴낸곳 경문사
펴낸날 2008년 3월 20일 1판 1쇄
2011년 1월 2일 1판 2쇄
등 록 1979년 11월 9일 제9-9호
주 소 121-818, 서울특별시 마포구 동교동 184-17
전 화 (02)332-2004 **팩스** (02)336-5193
이메일 kyungmoon@kyungmoon.com

값 18,000원

ISBN 978-89-6105-113-2 03410
ISBN 978-89-6105-109-5 (세트)

★ 경문사 홈페이지에 오시면 즐거운 일이 생깁니다.
http://www.kyungmoon.com

한국과학기술출판협회 회원사

수학자의 뒷모습 IV

20세기 우주는 수학이란 언어로 쓴 책

허민

경문사

머리말

이 책에서는 《수학자의 뒷모습 Ⅰ, Ⅱ, Ⅲ》에 뒤이어 20세기에 활동했던 수학자 중에서 사망한 수학자만을 대상으로 일화를 소개하겠다.

20세기에는 양대 세계 대전과 냉전 등으로 전 세계가 혼란과 긴장 속에 있었지만, 과학 기술은 다른 어떠한 시대와도 비교할 수 없을 만큼 급격하고도 획기적으로 발전했다. 수학도 20세기에 개발된 내용은 그 이전의 모든 수학을 합친 것보다 훨씬 더 많을 정도였다. 이와 함께 직업적인 수학자도 헤아릴 수 없을 만큼 증가했다.

여기서는 화이트헤드와 힐베르트에서 시작해서 20세기 초인 1914년에 태어난 빙까지 다루었는데도, 분량이 앞의 책들보다 훨씬 더 커졌다. 아직 생존한 수학자 중에서 1914년 이전에 태어난 비중 있는 사람도 많이 있고, 그 뒤에 태어나 뛰어난 업적을 쌓은 사람도 많이 있다. 이에 따라 20세기 수학자를 다루기 위해서는 앞으로 더 보충을 해야 할 것이다.

20세기의 수학자에 관한 일화는, 해당하는 상황을 직접 목격했거나 아주 가까이에서 관찰한 사람의 말을 듣고 기록한 경우가 많기 때문에, 매우 신뢰할 만하다. 각 수학자에 관한 일화는 출판된 책들과 함께, 여러 수학회에서 발간하는 소식지와 '정보의 바다' 인터넷 검색을 통해 얻은 내용을 중심으로 엮었다.

2007. 12.

허 민

수학자의 뒷모습 IV(20세기)

르네상스

17세기

18세기

수학사의 뒷모습 III (19세기)

20세기

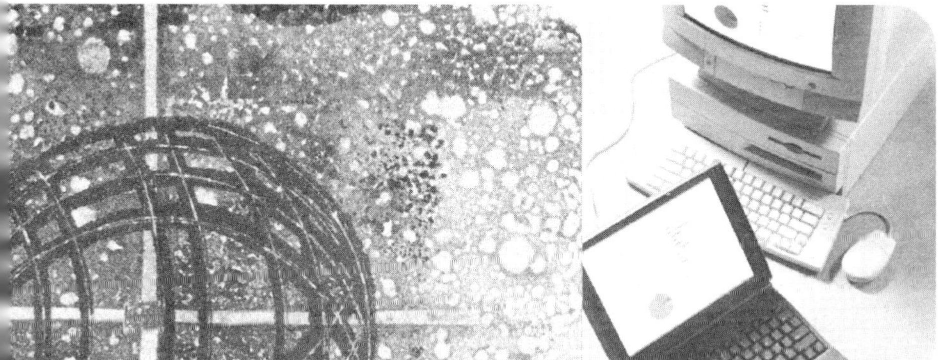

주요 인물

화이트헤드
힐베르트
괴팅겐 대학교 수학과(체르멜로, 카라테오도리, 블루멘탈, 덴, 보른, 바일, 보어, 쿠란트, 지겔, 노이게바우어, 판 데르 베르덴)
시카고 대학교 수학과(엘리아킴 무어, 볼차, 마쉬케)
아다마르
하우스도르프
러셀
딕슨
하디
란다우(기브스)
아인슈타인
페예르
헝가리 수학자(리츠 형제, 폰 카르만)
베블런
고등 학술 연구소(알렉산더, 모스)
브로우베르
뇌터
로버트 무어
벨
레프셰츠
리틀우드
비버바흐
폴리아
라마누잔
모델
베시코비치
바나흐
위너
버그먼
아르틴
지그문트
디랙
스톤
처치
폰 노이만
터커
괴델
베유
듀돈네
부르바키
알포르스
울람
맥레인
가레트 버코프
에르되시
베어스
카츠
빙
노벨상과 필즈상

20세기의 수학

20세기도 수학의 황금 시대였다. 수학에서 다루는 분야와 주제가 폭발적으로 증가했기 때문에, 그 발전 내용을 나열하는 것도 쉽지 않다. 역사가들은 1900년 이후에 개발된 수학이 태초부터 알려진 수학 전체의 절반이 넘는다고 말한다. 심지어 1950년 이후에 개발된 수학이 전체의 절반이 넘는다고 말하기도 한다. 특히, 20세기에는 오랫동안 미해결 상태에 있던 중요한 문제가 많이 풀렸다. 이는 주로 수학 여러 분야 사이의 복잡한 상호 관계에 대한 이해가 매우 깊어졌기 때문에 가능했을 것이다.

할모스[1]는 논문 〈수학의 발전은 둔화됐는가?〉[2]에서 1915년부터 1990년까지 75년 동안 수학에서 이루어진 주요한 발전 내용을 나열했다. 새롭게 등장한 개념 9가지, 수학계만이 아니라 일반 언론에서도 특종 기사로 다룰 만한 놀라운 발전 2가지(사색 정리와 모델의 추측 증명), 일반 언론은 아니지만 필즈 메달을 받을 만한 발전 11가지를 간략하게 설명했다. 그리고 논문 제목으로 제기한 질문에 대해 "분명하고 단호하게 아니다."라고 결론지었다.

물론, 할모스의 목록으로 20세기의 수학 발전을 완전히 요약할 수는 없다. 우선, 이 목록에는 1990년 이후에 해결된 '페르마의 마지막 정리'와 '케

[1] Paul Richard Halmos(1916~2006), 미국의 수학자

[2] "Has Progress in Mathematics Slowed Down?" *American Mathematical Monthly* vol. 97, no. 7(1990), Mathematical Association of America, pp. 561-588.

플러의 구 포장 추측' 이 빠져 있다. 이 두 문제는 모두 300년 이상 미해결 상태로 있었다.

20세기에는 순수 수학에서의 눈부신 발전과 함께, 컴퓨터 과학과 응용 수학 분야가 엄청나게 팽창했다. 이 모든 발전에 대한 적절한 평가를 위해서는 좀 더 시간이 필요할 것으로 보인다.

화이트헤드 Alfred North Whitehead

1861~1947

화이트헤드는 1861년 2월 15일 잉글랜드 켄트에서 3남 1녀 중 막내로 태어났다. 14세 때까지 학교를 다니지 않고 집에서 배웠는데, 이때까지는 수학을 거의 공부하지 않았다. 1875년에 처음 학교 교육을 받았는데, 수학에서 특출난 재능을 보였다. 1880년 케임브리지의 트리니티 대학에 장학생으로 입학한 뒤, 1910년까지 30년 동안 모교에서 연구하며 가르쳤다. 1911년부터 런던의 유니버시티 대학에서 응용 수학 및 역학을 강의했고, 1914년부터 제국이공과 대학의 응용 수학 교수를 지냈으며, 1924년부터 1937년 은퇴할 때까지 미국 하버드 대학에서 철학 교수를 거쳐 명예 교수가 됐다.

화이트헤드는 러셀과 함께 논리주의 입장에서 수학의 기초 수립을 목표로 한 정력적인 노력의 결실로 《수학적 원리Principia Mathematica》를 집필했다. 이 책에 대해서는 러셀에 관한 항목에서 다룬다

연구 편력

화이트헤드는 1884년 트리니티 대학에서 맥스웰의 전자기학에 관한 논문으로 특별 연구원Fellow이 됐고, 강사가 되어 주로 응용 수학을 가르쳤다. 그러나 5년 임기의 특별 연구원으로 있던 중에 단 한 편의 논문도 발표하지 않았다. 1889년에 발표한 점성 액체에 관한 두 편의 논문을 제외하면 그 뒤 12

년 동안에도 발표한 논문이 없었다.

1890년 12월에 결혼한 뒤부터 화이트헤드에게 여러 가지 변화가 생겼다. 그는 순수 수학에 관심을 가졌고, 1891년 1월부터 《보편 대수학 연구서 Treatise on Universal Algebra》를 집필하기 시작했다.(1898년에 출판됐다.) 그리고 종교적으로는 성공회와 로마 가톨릭 사이에서 고심하다가, 1890년대 중반에 불가지론자가 됐다. 그렇게 된 가장 주요한 요인은 과학의 급속한 발달이었다고 한다.

화이트헤드는 1900년 말부터 러셀과 공동 연구를 시작한 것으로 보인다. 당시 《기호 논리의 대수학에 관한 연구Memoir on the algebra of symbolic logic》를 쓰고 있었고 《보편 대수학 연구서》 제2권을 준비하고 있었는데, 러셀은 《수학의 원리Principles of mathematics》의 초고를 끝마친 상태였다. 러셀의 역설이 발견된 뒤에, 화이트헤드는 《보편 대수학 연구서》 제2권을 포기하고 1903년부터 러셀과 함께 본격적으로 《수학적 원리》에 대한 연구에 들어갔다. 제1권은 1910년, 제2권은 1912년, 제3권은 1913년에 출간됐다.

이런 공동 연구 중에도 화이트헤드는 자신만의 연구 결과를 발표했는데, 1906년에는 《사영 기하학의 공리The axioms of projective geometry》, 1907년에는 《화법 기하학의 공리The axioms of descriptive geometry》, 1911년에는 《수학 입문 An introduction to mathematics》을 발표했다.

《수학적 원리》에 대한 연구가 끝나갈 무렵부터, 화이트헤드의 관심사는 과학 철학으로 바뀌었다.

강의

화이트헤드는 한 학생에게 어떤 논리 이론의 중요성을 강조하려고 이렇게 말했다. "학생은 이것을 반드시 하나의 낱알로 생각해야 하네. 그런데 무슨 날알이더라? …" 적절한 단어를 찾아내려고 거의 1분 동안 필사적으로 노력하고 있을 때, 그 학생이 먼저 말을 꺼냈다. "교수님, 소금인가요?" "아, 맞아." 화이트헤드는 밝게 미소 지으며 말했다. "어떤 화학 물질이라는 것은 알고 있었는데."

화이트헤드는 교수의 기능이 내용을 다루는cover 것이 아니라, 학생들에게 내용을 노출시키는uncover 것이라고 말했다. 다음 일화는 그의 주장을 대변한다. 어떤 수학 강좌가 종강됐을 때, 한 학생이 교수에게 다가가서 말했다. "X 교수님, 저는 교수님이 이 과목을 얼마나 잘 다루었는지를 말씀드리고 싶습니다. 교수님이 수업 중에 다루지 않은 내용은 모두 학기말 시험에서 다루셨습니다."

화이트헤드의 말

화이트헤드는 기호 논리학과 수학에 대해 다음과 같이 말했다. "기호 논리학의 관심사는 수학적이라는 이유로 많은 논리학자가 기호 논리학이 자신과 관계없다고 주장해 왔으며, 기호 논리학의 관심사가 논리학적이라는 이유 때문에 많은 수학자는 기호 논리학이 자신과 관계없다고 주장해 왔다."

문명에 대해서는 다음과 같이 수학자답게 말했다. "문명은 우리가 생각하지도 않고 시행할 수 있는 중요한 연산(조작)의 개수를 늘림으로써 발전한다."

한 성직자가 생각idea과 물건thing 중에서 어느 것이 중요하냐는 질문을 화이트헤드에게 했다. 그는 즉시 대답했다. "글쎄, 물건에 관한 생각이라고 말하겠습니다."

힐베르트 David Hilbert

1862~1943

힐베르트는 당시 동프로이센 제1의 도시 쾨니히스베르크에서 1862년 1월 23일에 태어났다. 1880년부터 1884년까지 쾨니히스베르크 대학에서 공부했고, 린데만의 지도로 1885년에 박사 학위를 취득했다. 곧 이어 여행을 떠나서 라이프치히에서 클라인, 파리에서 에르미트 · 조르당 · 푸앵카레, 베를린에서는 크로네커를 만났다. 1886년 모교의 강사가 됐는데, 1884년에 부임한 후르비츠 교수 및 동료 민코프스키와 함께 연구했다. 1892년 후르비츠가 취리히 대학으로 옮긴 뒤 그의 후임으로 모교 부교수가 됐고, 1893년에 정교수로 승진했다.(하인리히 베버❶를 뒤이어 1883년부터 정교수로 있던 린데만이 뮌헨 대학으로 떠난 뒤였다.) 그리고 (하인리히 베버가 괴팅겐에서 슈트라스부르크❷로 자리를 옮긴 뒤인) 1895년 클라인의 초청으로 괴팅겐 대학 교수가 되어 1930년 은퇴할 때까지 그 자리를 지켰다. 20세기의 첫 사반세기가 그에게 가장 중요한 시기였다.

다재 다능하고 탁월한 재능을 지닌 힐베르트는 푸앵카레를 뒤이어 당시 수학계의 지도적 인물이 됐으며, 현대의 가장 위대한 수학자로 꼽히고 있다. 직관과 논리, 개별적인 구체적 문제와 일반적인 추상적 문제, 순수 수학과 응

❶ Heinrich Martin Weber(1842~1913), 독일의 수학자

❷ Strassburg, 프로이센 · 프랑스 전쟁(1870~71) 뒤에 독일에 합병됐다가 1918년 제1차 세계 대전 뒤에 다시 프랑스의 영토가 됐다. 현재의 스트라스부르(Strasbourg).

용 수학, 수학과 과학 등에서 완벽한 평형을 유지하며 연구했다. 또, 그는 수학에서 '힐베르트의 정신' 이라고 부를 만한 강력한 의지와 희망찬 전망을 피력했다. 괴팅겐에 있는 힐베르트 무덤의 비문에는, 그가 한 강연에서 말한 다음과 같은 낙관적인 문구가 새겨 있다.

Wir müssen wissen. [우리는 반드시 알아야 한다.]

Wir werden wissen. [우리는 알게 될 것이다.]

힐베르트의 능력

▣ 형편없는 기억력

힐베르트는 위대한 수학자가 됐지만, 그의 기억력은 무척 좋지 않았다. 그는 수학을 공부할 때 기억력이 필요하지 않고 모든 것을 직접 유도할 수 있었기 때문에 처음부터 수학이 마음에 들었다고 말했다.

다음과 같은 일화도 있다.

하세❸는 힐베르트 부인에게 존경하는 수학자 힐베르트와 개인적으로 이야기를 나누고 싶다고 간청했다. 이에 따라 힐베르트 부인은 어느 날 오후 하세를 초대했고, 정원에 있던 남편과 만나게 했다. 당시 하세는 힐베르트가 창시한 유체론class-field theory에 관심을 갖고 있었고, 힐베르트가 초기에 시행한 연구를 계속해서 그 이론에 관한 논문을 썼다. 하세는 자신이 얻어낸 결과를 설명하는 것으로 힐베르트와의 대화를 시작했다. 그런데 힐베르트는 반복해

❸ Helmut Hasse(1898~1979), 독일의 수학자로, 바일이 사임한 뒤인 1934년에 괴팅겐 대학 교수가 됐다.

서 하세의 이야기를 중지시키고는, 유체론의 기본 개념과 기초에 대해 설명해 달라고 요구했다. 하세가 그렇게 하자, 힐베르트는 이에 점점 더 열광했고, 마침내 다음과 같이 외쳤다. "모든 게 참으로 아름답군요. 누가 이것을 창시했지요?" 그래서 하세가 힐베르트 자신이 바로 이 아름다운 이론의 창시자라고 말하자, 힐베르트는 깜짝 놀랐다.

▣ 느린 이해력

힐베르트는 수학의 새로운 개념이나 복잡한 개념을 매우 느리게 파악했다. 그래서 괴팅겐 수학 클럽의 모임에 참석하는 젊은이들은 자신들의 경우 아무런 어려움 없이 즉시 이해할 수 있는 사항들을 어렵게 받아들이는 힐베르트를 보고 매우 놀랐다. 쩔쩔매는 힐베르트는 설명을 더 듣기 위해 강연을 중지시키곤 했는데, 결국 참석자 모두가 그를 이해시키려고 애쓰는 장면이 흔히 벌어졌다.

힐베르트 스스로도 수학에 관한 글을 읽거나 말을 들을 때마다 이해하기가 매우 어렵고 실제로 거의 불가능한 경우가 자주 있다고 고백했다. 그는 알고자 하는 내용을 가장 기초적인 사항부터 깊이 생각하고 자신의 방법으로, 통상 새롭고 훨씬 더 쉬운 방법으로, 완전히 이해할 때까지 검토해야 했다.

▣ 떠오르지 않는 생각

힐베르트가 한쪽 신발은 신고, 찢어진 다른 쪽 신은 손에 들고는 절뚝거리며 걷고 있었다. 지나가는 사람이 절뚝일 바에 나머지 한쪽 신도 벗는 것이 어떻겠느냐고 묻자, 그런 생각이 떠오르지 않았다고 말했다.

▣ 어려운 강의

힐베르트는 대단히 활기 있게 강의했지만, 자주 칠판 앞에서 헤맸다. 강의의 개요만을 준비하고 세세한 내용은 강의 중에 메우려고 했기 때문이었다. 그래서 기초 과목을 강의할 때도 칠판 앞에서 막히는 일이 그에게는 특별한 일이 아니었다. 이런 경우에 그는 손을 크게 휘저으며 아주 쉬운 문제라고 말하면서 다음 주제로 넘어갔다. 다행스럽게도 그는 훌륭한 조교들을 거느리고 있었는데, 그들은 강의 내용을 기록한 뒤에 뒤죽박죽이 된 부분을 잘 마무리 짓고 깨끗하게 정리한 강의록을 만들어 학생들에게 나누어주었다.

힐베르트의 성격

▣ 직설적인 말투

힐베르트는 언제나 잔인할 정도로 직설적으로 말했다. 학생이 너무 쉬운 내용을 발표하면, 말을 가로막으며 말했다. "그런데 그것은 완전히 초보적인 거야." 또, 학생의 발표가 충실하지 못하면 호되게 꾸짖었다. "자네의 발표 내용은 분필, 분필, 분필에 불과해." 그리고 장황하게 발표하면, "요점만 말하라."고 다그쳤다.

힐베르트는 한 사람에게 어떤 수학자가 아직도 살아 있는지를 물은 적이 있었다. 그 사람은 그렇다고 대답하고는 그 수학자가 어디에 살고 있고 무엇을 가르치며 무엇에 대해 연구하고 있는지 그리고 그의 가족은 어떤지 등에 대해 말했다. 그러자 힐베르트는 그의 말을 가로막으며 말했다. "알았습니다. 그렇게 모든 것을 알고 싶지 않습니다. 단지 그 사람이 살아있는지를 물었을 뿐입니다."

힐베르트는 점성술을 어떻게 생각하느냐는 질문을 받자 다음과 같이 대답했다. "만약 당신이 이 세상에서 가장 현명한 열 사람에게 이 세상에 존재하는 것 중에서 가장 바보스러운 것을 찾게 한다면, 점성술보다 더 바보스러운 것을 찾을 수 없을 것입니다."

가혹한 말투

힐베르트는 무례할 정도로 가혹하기도 했다. 언젠가 수학 클럽에서 다음과 같이 말하며 강연자를 가로막았다. "존경하는 연사님, 그런데 당신은 틀림없이 미분 방정식의 의미를 모르고 있습니다." 그 강연자는 큰 충격을 받았고, 창피해서 강의실 옆에 있는 도서실로 들어가 버렸다. 그래서 강연에 참석하고 있던 많은 사람이 힐베르트의 노골적인 지적을 책망했다. 그러자 힐베르트가 반박했다. "그렇지만 그가 미분 방정식의 의미를 모르고 있다는 것이 분명합니다. 봐요! 그는 그것을 알아보기 위해 도서관으로 들어가지 않았습니까?"

또 다른 경우로, 당시 젊었던 위너가 수학 클럽에서 매우 중요한 내용의 강연을 했다. 모임이 끝난 뒤, 참석자들은 관례에 따라 저녁 식사를 함께 하기 위해 식당으로 갔다. 저녁을 먹으면서 힐베르트는 괴팅겐 대학에서 자신이 들은 강연에 대해 장황하게 이야기했다. 최근의 강연이 몇 년 전의 강연보다 훨씬 더 빈약했으며, 금년의 강연은 특히 나빴다고 말했다. 그러고는 "오늘 오후의 강연을 제외하면 말이야." 하고 덧붙였다. 칭찬의 말을 기대하던 위너에게 힐베르트는 이렇게 말했다. "오늘 오후의 강연은 우리가 들은 강연 중에서 가장 형편없었네."

추밀 고문관 각하

힐베르트를 '추밀 고문관 각하Herr Geheimrat' 라고 부르며 대화를 나누던 어떤 사람이 힐베르트가 화가 나 있음을 눈치채고는 물었다. "제가 화나게 만들었습니까, 추밀 고문관 각하?" 힐베르트가 대답했다. "단 한 가지를 제외하면 당신이 나를 화나게 만드는 것은 아무것도 없습니다. 그것은 바로 당신의 아첨입니다."

신임 교수의 방문

괴팅겐 대학의 신임 교수는 동료 교수들에게 정중하게 신고하는 관례가 있었다. 신임 교수는 검은 외투를 입고 중절모를 쓰고는 교수 집을 일일이 방문했다. 교수 집 앞에 도착하면, 신임 교수는 방문 카드를 현관에서 제시했다. 때로는 교수가 집에 없다는 전갈을 받지만, 교수가 집에 있으면 신임 교수는 안으로 들어가서 몇 분 동안 잡담을 나누었다.

어떤 신임 교수가 신고하기로 되어 있던 날, 힐베르트는 (또는 힐베르트 부인이 강요해서) 집에 있기로 결정했다. 신임 교수는 힐베르트의 집을 방문했고 집 안으로 안내되어 들어가서는 중절모를 내려놓고 이야기하기 시작했다. 그렇게 하는 것이 절차였지만, 그 신임 교수의 말이 좀 길어졌다. 그래서 (어쩌면 연구를 방해받은) 힐베르트는 점점 더 견디지 못하게 됐다. 참다 못한 힐베르트는 자리에 일어나서 중절모를 쓰고 아내의 팔을 잡고는 말했다. "여보, 우리가 교수님을 너무 오래 지체시켰네요." 그러고는 집을 나가버렸다.

힐베르트와 학생

학생과의 관계

클라인 교수는 당시의 전통에 따라 엄격한 사제 관계를 유지했다. 그런데 힐베르트는 이와 달랐다. 다음은 쿠란트의 말이다.

괴팅겐 대학에서 교수는 반신반인半神半人이었다. 그들은 자의식이 매우 강했는데, 교수만이 아니라 교수 부인은 더욱 그랬다. 힐베르트가 괴팅겐에 온 뒤로 이것이 완전히 바뀌었다. 기존의 교수 부인들은 만나서 말했다. "새로 부임한 수학자에 대해 들어 보셨나요? 그가 이곳의 전통을 완전히 뒤집어엎고 있대요. 어느 날 밤, 그가 어떤 식당의 안쪽 방에서 무급 강사와 함께 당구를 쳤다는 말을 들었습니다."

괴팅겐에서는 정교수가 그보다 직급이 낮은 사람과 개인적으로 친하게 지낼 수 없다고 생각했다. 그런데 힐베르트는 이런 전통을 완전히 깨뜨렸다. 학생들은 그의 집을 방문했고, 그와 함께 차도 마시고 저녁 식사도 했다. 힐베르트 부인은 조교와 학생들에게 넉넉하고 푸짐한 식사를 제공했다. 힐베르트는 학생들과 숲 속에서 오랫동안 함께 산책했다. 사실, 원하는 모든 사람과 함께 산책했다. 그런데 이는 창의적인 과학 활동을 위한 매우 큰 발걸음이었다.

찢어진 바지

힐베르트는 딸기철이 되면 자신이 주관하는 세미나에 참석하는 학생들과 토요일 오후마다 자전거 여행을 다녔다. 어떤 해인가 학생들은 힐베르트 교수가 매일 엉덩이 부분이 찢어진 바지를 입고 학교에 출근하는 것은 보게 됐다. 힐베르트를 무척 존경하던 학생들은 교수가 찢어진 바지에 부끄러움을 느낄 것이라고 생각해서 이에 대해 말하지 않았다. 그들은 토요일 오후에 자전거 여행을 갈 때까지 기다리기로 했다. 그곳에서 그들은 신선한 딸기와 크림을 먹으며 야단법석을 떨다가, 힐베르트가 자전거에서 내릴 때 다음과 같이 말하기로 했다. "교수님, 자전거에서 내리실 때 바지가 찢어졌습니다." 그들은 계획대로 그렇게 했다. 그러자 힐베르트는 곧바로 대답했다. "아니네. 이건 이미 2주일 전에 찢어졌다네."

위와 비슷하지만, 다음과 같이 약간 다른 이야기도 있다. 쿠란트는 스승 힐베르트의 지퍼가 고장난 것을 알게 됐다. 그렇지만 직접 말할 수 없었다. 주말마다 학과에서 떠나는 자전거 여행 중에 힐베르트가 쓰러지는 일이 벌어졌다. 쿠란트는 힐베르트에게 뛰어가서 큰 문제가 없음을 확인하고는 다음과 같이 말했다. "힐베르트 교수님! 다치지 않아서 참 다행입니다. 그런데 지퍼가 고장 났습니다." 힐베르트가 대답했다. "쿠란트, 이 바보야. 이것은 1주일 전부터 고장 나 있었어."

결혼 반대

힐베르트는 젊은 수학자와 과학자가 결혼하는 것에 반대했다. 젊은이가 결혼하면 연구를 소홀히 할 것이라고 생각했기 때문이다. 힐베르트와 함께 논리학에 관한 훌륭한 책[4]을 쓴 아커만[5]이 결혼했을 때, 힐베르트는 화가 몹시 나서 아커만의 장래를 더 이상 돌봐주지 않겠다고 말했다. 힐베르트의 도움 없이는 대학 교수직을 얻을 수 없었던 이 유능한 젊은이는 중등학교 교사직에 만족해야 했다. 나중에 아커만이 아기를 가졌다는 이야기를 들은 힐베르트는 말했다. "신나는 소식인데, 그렇게 멍청한 친구에게 내가 한 모든 못된 짓을 완전히 용서해 줄 테니까 말이야."

---

[4] *Grundlagen der theortischen Logik*(이론 논리학의 기초)

[5] Wilhelm Ackermann(1896~1962), 독일의 수리 논리학자

힐베르트의 연구

좋은 문제의 조건

힐베르트는 1900년 파리에서 열린 국제 수학자 대회International Congress of Mathematicians, ICM에서 당시 풀리지 않던 23개의 중요한 수학 문제를 나열하고 이에 대해 논의했다. 이런 문제 중 하나라도 해결되면 다가오는 20세기의 수학 발달에 크게 도움이 될 것이라고 말했다.

그는 문제들을 논의하기에 앞서 좋은 수학 문제의 조건에 대해 간략하게 지적했다. 좋은 문제란 (1) 명확하고 쉽게 파악되며, (2) 어렵지만 접근할 가망이 없어서는 안 되며, (3) 결실이 풍부해야 한다고 했다.

연구 방법

힐베르트의 제자인 쿠란트는 그가 문제를 다루는 방법을 다음과 같이 묘사했다.

> 힐베르트는 대단히 구체적이고 직관적인 수학자로, 아래와 같은 원리를 창안하고 매우 의도적으로 이용했다. 어떤 문제를 풀려면, 먼저 필수적이지 않은 모든 사항을 제거한다. 문제의 주요 내용을 희생시키지 않는 범위에서 문제를 최대한 단순화하고 특수화한다. 그러면 문제는 간단해지지만 핵심적인 사항은 전혀 잃지 않는다. 이제 문제를 푼다. 일반화는 하찮은 것으로 지나치게 주위를 기울일 필요는 없다. 이런 힐베르트의 원리는 그뿐만 아니라 그것을 배운 모든 사람이 매우 유용하게 생각했다.

최적의 연구 환경

인간의 사고는 걷는 동작으로부터 큰 자극을 받는 것으로 보이는데, 많은 수학자가 걷는 중에 매우 훌륭한 아이디어를 얻었다. 수학자들은 일상적으로 짝을 이루거나 작은 무리를 지어 산책길을 따라 어슬렁거리며 걷는다. 많은 수학자는 자신의 연구실에서 앞뒤로 거닐면서 수학 논문을 완성하기도 한다.

힐베르트는 자기 집 뒤뜰에 있을 때, 가장 깊이 있게 연구한다고 주장했다. 이에 따라 5미터가 넘는 칠판을 담에 걸어 놓고 사용했으며, 어떠한 날씨에도 집밖에서 연구할 수 있도록 보도에 덮개를 씌웠다. 생각하며 걷다가 칠판에서 계산하고, 종종 자전거를 타고 정원을 돌거나 잡초를 뽑기도 했다. 언젠가 방문객이 찾아왔을 때, 하인은 그를 뒤뜰로 보내면서 칠판 앞에서 힐베르트를 볼 수 없으면 나무 위를 올려보라고 귀띔해 주었다.

형식적 공리학의 효시

그리스 사람들은 '실질적 공리학' 이라는 공리적 방법으로 수학을 체계화했는데, 유클리드의 《원론》은 현존하는 수학 책 중에서 실질적 공리학을 처음으로 적용한 뛰어난 연구였다.

그리스의 공리학은 오랫동안 방치됐다가 19세기에 되살아났다. 당시 수학에서 세 가지 주요한 사건이 수학자들로 하여금 공리화 과정을 더 깊이 연구하도록 만들었다. 이런 사건 중에서 처음 두 가지는 1829년경의 비유클리드 기하학의 발견과 그 뒤를 이은 비가환 대수학의 발견이었다. 이 두 가지 발견은 공리를 자명한 또는 적어도 이의가 없는 진리로 받아들이는 그리스의 개념에 회의를 갖게 했다. 셋째 사건은 해석학의 산술화에 이르게 한 오랫동안의 탐구였다. 실수 체계와 자연수 체계에 대한 적절한 공리 체계를 구성하는 과정에서, 공리적 방법을 전반적으로 그리고 매우 조심스럽게 재검토하게 됐다.

수학자들의 많은 연구를 통해서 공리적 방법은 점차로 세련되고 정교해졌다. 공리적 방법에 대한 이런 개선 작업에 가장 큰 영향을 끼친 것은 바로 힐베르트의 《기하학의 기초Grundlagen der Geometrie》였다. 이 책은 1899년에 나타났는데, 유클리드 기하학을 공준적으로 엄밀하면서도 이해하기 쉽게 전개했다. 힐베르트의 이런 연구를 통해 그리스 사람들의 실질적 공리학으로부터 이른바 '형식적 공리학formal axiomatics'이 20세기 초에 탄생했다.

형식주의 수리 철학

힐베르트는 형식주의 수리 철학을 창시했는데, 수학 내부의 무모순성을 확립함으로써 직관주의 학파의 파괴적인 공격으로부터 모든 고전 수학을 구조하려는 목표를 세웠다. 일상적인 게임의 경우, 게임의 규칙에 따라서 그 게임 내에서는 어떤 특정한 상황이 발생하지 않을 것이라고 증명할 수 있다. 이와 마찬가지로 힐베르트는 적절한 규칙들의 집합을 설정하면 고전 수학 내에서 모순된 결과가 결코 발생할 수 없음을 증명할 수 있을 것이라고 기대했다. 그는 수학의 작은 분야에 대해 이런 무모순성을 증명할 수 있었다. 그래서 모든 고전 수학에 대해서도 그가 설정한 목표를 성취할 수 있다고 생각했다. 그런데 전체 체계에 대해서는 예측하지 못한 어려운 점들이 발생했고 무모순성의 문제는 미해결 상태로 남게 됐다.

실제로 (힐베르트가 처음에 목표로 삼았던) 힐베르트의 계획은 필연적으로 실패할 수밖에 없었다. 이 불행한 사실은 오스트리아의 수학자이자 논리학자인 괴델이 1931년에 이른바 '불완전성 정리'를 통해 증명했다. 그는 형식주의 학파와 직관주의 학파 모두가 받아들일 만한 방법을 이용해서 모든 고전 수학에 대한 힐베르트의 체계와 같이 충분히 풍부한 연역적 체계에 대해서는 그 체계에 속한 방법들로 그 체계의 무모순성을 증명할 수 없다는 사실을 밝혔다. 이에 따라 "힐베르트의 체계는 불완전하다," 즉 그런 체계 내에 '결정 불가능한' 문제가 존재하는데, 그 체계의 무모순성을 증명하는 것이 바로 그런 문제의 예다.

일반 상대성 이론의 창시자?

한동안 사람들은 일반 상대성 이론의 발견자가 아인슈타인이 아니라 힐베르트라고 믿었었다. 아인슈타인은 논문의 최종 수정본을 완성해서 1915년 11월 25일 프로이센 과학원에 제출했다. 그런데 그보다 닷새 전인 11월 20일에 힐베르트는 괴팅겐 대학의 과학 학회에 같은 주제의 논문을 제출했다. 빈틈없이 일하기로 유명한 프로이센 사람들인지라 아인슈타인의 논문은 제출한 지 불과 며칠만인 12월 2일에 발표됐다. 하지만 힐베르트의 논문은 이듬해 3월 31일에야 세상의 빛을 보았다. 그러나 최초 발견자는 출간일자가 아니라 제출일자에 따라 결정된다. 따라서 최초 발견의 영예는 힐베르트에게 돌아가야 할 것으로 보였다. 게다가 아인슈타인은 논문 수정을 마치기 전에 이미 힐베르트의 출간 전 논문을 가지고 있었던 것으로 보인다. 아인슈타인은 11월 18일 힐베르트에게 보낸 편지에서 논문을 보내준 것에 대해 감사를 표하고 있기 때문이다.

아인슈타인은 11월 18일부터 11월 25일까지 일주일 사이에 힐베르트의 논문을 읽고 그 내용을 참고했을까? 진정 아인슈타인은 힐베르트의 논문을 표절했던 것일까? 그런데 최근 괴팅겐 기록 보관소를 뒤져본 결과, 오히려 진실은 정반대였던 것으로 보인다. 발견된 서류 가운데는 힐베르트 논문의 교정쇄도 있었다. 교정쇄에는 12월 6일자 도장이 찍혀 있었다. 그런데 그 교정쇄에는 방정식의 중요한 항 2개가 없다. 아인슈타인의 논문에는 들어 있던 항이다. 그렇지만 1916년 3월에 발표된 힐베르트의 논문에는 두 항이 등장한다. 따라서 힐베르트는 12월 2일에 발표된 아인슈타인의 논문을 읽고 난 뒤에 자신의 논문을 수정했을 것이라고 결론지을 수밖에 없다. 물론 다른 사람의 논문을 읽은 뒤에 자신의 논문을 수정하는 것은 잘못이 아니다. 그렇지만 최종 수정일을 써넣었더라면 좋았을 뻔했다. 그렇게 했다면 불필요한 논쟁은 없었을 테니까 말이다. 그런데 알아두어야 할 사실은, 당사자인 두 사람은 이 논쟁에 전혀 관여하지 않았다는 점이다. 논쟁은 후대의 과학사 전공자들 사이에 벌어진 것이었다.[6]

새로운 양자 역학

스트뢱[7]은 어느날 오후 힐베르트가 주관하는 세미나에 참석했는데, 힐베르트가 뛰어 들어오며 외치는 소리를 들었다. "여러분, 우리는 지금 시시한 문제에 대해 이야기하고 있습니다! 나는 지금 막 물리 세미나를 듣고 오는 길입니다."

이때는 1925년이었고, 그 물리 세미나는 막스 보른이 주관하는 것이었는데, 그 세미나에서 하이젠베르크[8]가 자신의 새로운 양자 역학에 대해 강의했다.

힐베르트 공간

많은 수학 개념은 본래의 취지보다 훨씬 더 일반화되고 확장되어, 원래의 의도를 거의 인식할 수 없을 정도가 되기도 한다. 이런 사건이 힐베르트가 제기했던 어떤 개념에도 일어났다. 힐베르트는 여러 가지 차원의 유클리드 공간에서 기하학적 이차 평면 이론과 선형 미분 · 적분 작용소 사이의 놀라운

❻ 조지 G. 슈피로 저/ 심재관 역, 《케플러의 추측》, 영림카디널, 2004, pp. 197-198.

❼ Dirk Jan Struik(1894~2000), 네덜란드 출신의 수학자로 1926년부터 MIT 교수를 지냈고, 텐서 해석학과 수학사를 연구했다.

❽ Werner Karl Heisenberg(1901~1976), 양자 역학을 창시한 독일의 물리학자로 1932년 노벨상을 수상했고, 제2차 세계 대전 중에는 원자 폭탄 개발 계획을 지휘했다.

동형 사상을 이용해서 기하학을 해석학적 방법으로 교묘하게 설명했다. 그의 이런 기하학적 발상은 나중에 훨씬 더 추상적이고 세련된 형식으로 발전했는데, 폰 노이만은 1931년 양자 역학의 수학적 기초에 관한 중요한 논문에서 이런 구조에 '힐베르트 공간'이라는 이름을 붙였다. 슈뢰딩거⑨는 양자 역학에 대한 초기 연구에서 힐베르트의 본래의 발상을 매우 중요하게 이용했다. 그렇지만 그 뒤 발전된 양자 이론의 요구에 따라 폰 노이만은 힐베르트의 기하학적 도식의 한계를 극복하는 좀 더 추상적인 접근 방법을 이용했다. 그래서 근본적으로 기하학적인 힐베르트의 논의는 훨씬 더 해석학적이고 형식적인 언어로 재해석됐다. 그래도 과거의 기하학적 용어가 여전히 상당히 많이 이용됐다.

힐베르트는 은퇴한 뒤 괴팅겐 대학의 한 세미나에 참석했을 때, 힐베르트 공간의 수학적인 결과들에 대한 논의가 있었다고 한다. 강연 말미에, 당황한 힐베르트는 일어서서 질문했다. "그런데 힐베르트 공간이 무엇인지 설명해 주시겠습니까?"

힐베르트의 작전

민코프스키 초빙

많은 대학이 힐베르트를 괴팅겐 대학에서 빼내 가려고 시도한 적이 있었

⑨ Erwin Schrödinger(1887~1961), 오스트리아 빈에서 태어난 물리학자로, 파동 방정식으로 유명하다. 빈 대학에서 물리학을 전공했고, 1921년부터 6년 동안 취리히 공과 대학의 수리 물리학 교수를 지냈다. 1927년에 베를린 대학으로 옮겼고, 1933년 나치가 등장한 뒤 영국, 오스트리아, 이탈리아 등을 전전하다가 1933년 영국에 있을 때 노벨 물리학상 수상 통보를 받았다. 1939년에 더블린으로 갔다가 1956년에 은퇴하고는 다시 빈으로 돌아갔다.

다. 1902년 푸크스가 죽자 베를린 대학은 그의 후임으로 힐베르트를 초빙하려고 했다.

괴팅겐 대학 수학과 학생들은 베를린 대학이 힐베르트를 초빙하려 한다는 소문을 듣고는 매우 흥분했고, 힐베르트가 그 제안을 받아들일까봐 초조해했다. 마침내 세 명의 학생 대표가 (나중에 뛰어난 수학자가 된) 리츠만[10]을 우두머리로 해서 힐베르트 집으로 찾아가서 괴팅겐 대학에 남아주기를 간절히 바란다는 학생들의 의견을 전달했다. 힐베르트는 학생들의 말을 들었지만 아무런 대꾸도 하지 않았다. 그래서 대표 학생들은 매우 실망했고, 힐베르트 부인이 내놓은 음료수만 먹고 집을 나왔다.

힐베르트는 결정을 늦추는 것으로 보였으며, 당시 베를린을 자주 방문했다. 분명히 그는 전적으로 교육에만 마음을 두지 않았기 때문에 누구나 그가 베를린 대학의 교수직을 받아들일 것이라고 믿었다. 그렇지만 당시 힐베르트는 괴팅겐 대학 수학과를 발전시키기 위해 베를린 대학의 초빙 건을 이용할 방안을 궁리하고 있었다. 결국 그는 괴팅겐 대학에 남는 대가로 괴팅겐 대학 수학과에 새로운 교수직을 신설한다는 확답을 받아냈다. 이에 따라 민코프스키가 초빙됐다. 이 모든 과정은 노련한 외교관과 같은 수완으로 이루어졌다.

괴팅겐 수학 클럽의 교수와 학생들은 힐베르트가 계속 남기로 했으며 민코프스키가 새로 부임하기로 했다는 기쁜 소식을 듣고는 힐베르트에게 감사를 표하기 위한 큰 잔치를 벌였다. 이 잔치에서 클라인은 수학에서 힐베르트의 업적을 칭송하는 연설을 멋지게 했다.

[10] Walther Lietzmann(1880~1959), 독일의 수학자 · 수학교육학자로, 1904년에 힐베르트의 지도로 박사 학위를 받았다.

브로우베르 제거

브로우베르가 주도한 직관주의 학파와 힐베르트가 주도한 형식주의 학파 사이의 다툼이 과열된 적이 있었다.

브로우베르가 괴팅겐 수학 클럽의 초청 강연에서 자신의 견해를 피력했을 때, 한 사람이 반박했다. "당신은 '원주율 π의 소수 전개에서 숫자 0123456789의 열이 나타난다.' 라는 명제가 참인지 거짓인지를 우리가 판정할 수 없다고 말하고 있습니다. 우리는 할 수는 없지만 신은 할 수 있습니다." 이에 대해 브로우베르가 퉁명스럽게 대답했다. "저는 신과 통하는 정보 루트가 없습니다." 드디어 힐베르트가 일어서서 브로우베르에게 말했다. "당신의 견해에 따르면, 현대 수학의 결과 대부분을 버려야 합니다. 나로서는 수학에서 중요한 일은 적은 결과를 얻는 것이 아니라 많은 결과를 얻는 것이라고 생각합니다."

브로우베르는 자신의 견해에 광신적으로 집착했으며, 힐베르트를 적으로 간주했다. 브로우베르는 어떤 모임에서 옛 제자인 판 데르 베르덴이 힐베르트를 친구라고 언급하자 자리를 박차고 뛰쳐나간 적도 있었다.

브로우베르와 힐베르트는 《수학 연감Mathematiche Annalen》의 편집진에 속해 있었다. 힐베르트는 세 명의 주편집자 중 한 사람이었고, 브로우베르는 7명의 부편집자 중 한 명이었다. 브로우베르는 《수학 연감》에 제출된 네덜란드 수학자의 논문과 위상 수학에 관한 모든 논문을 자신이 심사하겠다고 요구했다. 다른 편집자들은 그의 오만한 요구를 거부했다. 힐베르트는 《수학 연감》의 미래를 걱정했는데, 자신이 건강 때문에 편집진에서 물러나면, 브로우베르가 편집권을 장악해서 큰 손해를 끼칠 것이라고 생각했다. 이에 편집진에서 브로우베르를 제거하기로 결심했다. 브로우베르 혼자만의 사퇴를 종용하기가 어려웠기 때문에, 부편집자였 카라테오도리로 하여금 부편집자 7

명 모두의 사퇴를 제안하게 했다. 힐베르트는 즉시 이 제안을 받아들였다. (브로우베르는 이에 분개해서 1928년에 잡지 Compositio Mathematicae를 창간했다.)

당시 주편집자였던 아인슈타인은 이 논쟁에 대단히 분개해서 사퇴하고 말았다. 그는 어처구니없다는 듯이 다음과 같이 말했다. "이 무슨 수학자 사이의 개구리와 생쥐 싸움인가?"

배중률과 존재 증명

직관주의 수리 철학의 신조 중 하나는 배중률이 보편적으로 성립하지 않는다는 것이다. 이 법칙은 유한한 상황에서 성립하고 무한한 상황에서는 성립하지 않는다고 했다. 그런데 수학에서 배중률은 특정한 상황에서 종종 유력하게 사용되고 있다. 힐베르트는 주장했다. "수학자에게 배중률을 사용하지 못하게 하는 것은, 마치 권투 선수에게 주먹을 사용하지 못하게 하는 것과 같다."

그리고 힐베르트는 어떤 대상의 구체적인 예를 제시하지 않고 순수한 존재 증명만으로 그 대상의 존재를 확인할 수 있음을 예시하기 위해서 학생들에게 다음과 같이 말하곤 했다. "이 강의실에 있는 사람 중에서 머리털이 가장 적은 사람이 반드시 존재한다." 이 말에 학생들은 즐겁게 웃곤 했는데, 그가 지적한 사람이 바로 힐베르트가 분명했기 때문이었다.

힐베르트 부인

대필자

힐베르트 부인은 남편의 많은 논문을 아주 쉽게 읽을 수 있는 깔끔한 글씨로 써서 인쇄업자에게 보냈다. 그리고 이런 논문 중 많은 것을 힐베르트의 절친한 친구 민코프스키가 검토를 하고 교정을 봐줬다. 민코프스키는 힐베르트에게 보낸 편지에서 다음과 같이 썼다. "수학자의 아내로서 모범을 보여준 당신의 부인에게도 축하의 말을 전합니다. 그녀는 언제나 기억 속에 남아 있을 것입니다." 그러면서 힐베르트가 감사의 글에서 중요한 사람의 이름을 빠뜨렸다고 나무랐다. "나는 당신이 부인에 대한 감사의 말을 빠뜨린 것을 괘씸하게 생각하며, 이런 상태로 발표할 수는 없다고 생각합니다."

헤케 봉급 올리기

뛰어난 수학자 헤케[11]는 젊은 시절 괴팅겐에서 힐베르트의 조교로 근무했다. 매달 50마르크(당시 미국 돈으로 약 12.50달러)의 쥐꼬리만한 봉급을 받았지만, 언제나 힐베르트의 조교 시절을 자기 인생의 절정이었다고 생각했다.

힐베르트는 헤케가 더 많은 보수를 받아야 한다고 생각했고, 베를린에 갈 기회가 생기면 문화부 장관을 만나서 이 문제를 제기하겠다고 그에게 말했다. 그런 기회가 생겼다. 장관과 대학 업무에 관한 논의를 끝마쳤을 때, 힐베르트는 무엇인가 잊고 있다는 사실을 알게 됐다. 그래서 장관실 창문 밖으로 머리를 쑥 내밀고 건물 아래 공원에서 기다리고 있던 아내에게 큰 소리로 물었다. "케테, 케테! 장관에게 무슨 말을 더 해야지?" "헤케."라고 힐베르트 부인이 대답했다. 힐베르트는 깜짝 놀란 장관을 향해 고개를 돌리고는 헤케의 봉급을 두 배로 올려달라고 요청했다. 그래서 그렇게 됐다.

[11] Erich Hecke(1887~1947), 독일 수학자로 해석적 수론을 연구했고, 바젤, 괴팅겐 대학 교수를 거쳐 1919년부터 함부르크 교수를 역임했다.

▣ 바람둥이

힐베르트는 젊고 예쁜 여자들을 무턱대고 좋아했으며, 분별없는 사내아이처럼 터무니없이 집적거렸다. 듣기 좋은 달콤한 말을 능란하게 구사했으며, '애인' 들을 위해 그의 집 정원에서 꽃을 가꿨다. 특히, 예쁜 여자와 춤추는 것을 즐겼는데, 동료의 아름답고 젊은 아내와 빙빙 돌며 춤을 추다가 끝날 때는 천연덕스럽게 여자를 자신의 팔 안으로 힘차게 끌어당겨서 진한 입맞춤을 해대는 장면을 흔히 목격할 수 있었다.

언젠가 자신의 생일 잔치가 벌어지고 있을 때, 힐베르트는 당시 자신을 매일 물리 치료해 주고 있던 젊은 두 간호사를 옆방에서 두 팔로 껴안고 앉아 있은 적이 있었다. 사람들이 밖으로 나와서 그를 위한 덕담을 들으라고 몇 번이고 재촉해도 옆방에 있는 것이 훨씬 더 좋다며 희희낙낙했다.

힐베르트의 50세 생일 잔치에서는 학생들이 '러브 알파벳Love Alphabet' 을 그에게 선사하기로 결정했다. 즉, 알파벳의 각 글자로 시작되는 이름을 가진 힐베르트의 '애인' 을 소재로 이행 시를 짓기로 했다. 그들은 순조롭게 진행하다가 K에 도달했는데, K로 시작되는 '애인' 의 이름을 찾아낼 수 없었다. 결국 힐베르트 부인으로부터 그녀의 이름 케테Käthe도 이용할 수 있다는 허락을 받았다. 기쁨에 넘친 학생들은 다음과 같은 이행 시를 작문했다.

Gott sei Dank, nicht so genau [고맙게도, 신은 인색하지 않았네,]
Nimmt es Käthe, seine Frau. [케테를 그의 아내로 주었다.]

힐베르트는 놀라울 정도로 이해심 많은 아내를 가졌다.

▣ 온순한 남편

힐베르트의 집에서 어떤 잔치가 벌어졌을 때의 일이다. 힐베르트 부인은 남편이 속옷을 갈아입지 않은 것을 알고는 단호하게 말했다. "여보, 2층에 올라가서 속옷을 갈아입으세요." 힐베르트는 오랫동안 결혼 생활을 한 사람답게, 그 말에 따라서 온순하게 2층으로 올라갔다. 그런데 내려오지 않았다. 5분이 지나고 10분이 지나도 나타나지 않았다. 이에 부인이 2층 침실에 올라갔는데, 침대 위에 잠들어 있는 힐베르트를 발견했다. 힐베르트에게 이것은 어쩌면 자연스러운 과정이었을 것이다. 그는 외투를 벗고 타이를 풀고 속옷을 갈아입고는 그렇게 한 뒤에 잠을 잔 것이었다.

힐베르트의 사생활

▣ 의학의 성공 이야기

힐베르트는 60대 초반부터 병세가 지속적으로 악화됐는데, 1925년 가을에는 결국 악성 빈혈이라는 진단을 받았다. 당시에는 이 병의 치료법이 개발되지 않았는데, 주치의는 두어 달밖에 살지 못할 것이라고 예견했다. 그런데 힐베르트의 친구인 괴팅겐의 한 약리학자는 마이놋[12]이 발표한 악성 빈혈과 관련된 연구 결과를 《미국 의학 협회 잡지》에서 읽었다. 그 논문은 다량의 생간 즙을 환자에게 투여하면 환자의 피가 재생된다고 주장했다. 란다우 부인은 쿠란트의 도움으로 의학 교수와 접촉해서 당시 하버드 대학에 있던 마이놋에게 긴 전문을 보냈다. 그녀는 병을 앓고 있는 힐베르트를 도와달라고 간

[12] George Richards Minot(1885~1950), 미국의 내과의 · 혈액병학자로 1934년 노벨 생리 · 의학상 수상

청했다. 또 다른 전문을 하버드 대학 수학과의 켈로그[13]교수에게도 보냈다.

그렇지만 마이놋은 힐베르트를 도와줄 수 없었다. 보유한 간 즙이 매우 적었고, 다른 환자에게 평생 동안 간 즙을 공급해야 했으며, 미국에도 악성 빈혈로 죽어가고 있는 환자가 많이 있었기 때문이었다. 하버드 대학 수학과의 조지 버코프[14] 교수는 당시 쇼[15]의 연극 《의사의 궁지The Doctor' s Dilemma》를 관람했는데, 이 연극에서 의사는 환자 중에서 단 열 명만을 선택해서 구제할 수 있었다. 버코프는 이 연극을 인용해서 마이놋을 설득했으며, 힐베르트를 도와주겠다는 약속을 받아냈다.

괴팅겐에 있던 약리학자에게 한 통의 전문이 전달됐다. 그 전문은 나중에 간 즙이 도착할 때까지 치료를 위해 생간을 준비하는 방법을 설명했다. 힐베르트는 생간을 먹는 것보다는 차라리 죽겠다고 고집했다. 그러던 중 드디어 간 즙이 도착했다. 힐베르트의 병세는 즉시 호전됐으며, 의사가 원래 예견했던 몇 달의 생명보다 거의 20년을 더 살았다.

괴팅겐 대학에서는 유대인 피를 실제로 갖고 있는 아리안 수학자가 딱 한 명 있다는 농담이 있었다. 힐베르트는 악성 빈혈로 앓고 있었을 때 유대인인 쿠란트로부터 수혈을 받았다.

아들 프란츠

힐베르트는 1892년 쾨니히스베르크 대학의 부교수로 임용된 해에 결혼했고, 1893년 여름 해변 휴양지에서 아들 프란츠Franz를 낳았다. 유일한 자식이

[13] Oliver Dimon Kellog(1878~1932), 프린스턴 대학에서 학사 · 석사 학위를 받고 괴팅겐 대학에서 힐베르트의 지도로 박사 학위를 취득했다. 제1차 세계 대전 뒤 하버드 대학의 교수가 됐다.

[14] George David Birkhoff(1884~1944), 위스콘신 대학과 프린스턴 대학을 거쳐 1912년부터 하버드 대학 교수 역임

[15] George Bernard Shaw(1856~1950), 영국의 극작가 · 소설가 · 사회 비평가로 1925년 노벨 문학상 수상

었으므로 그에게 큰 희망을 걸었다. 그런데 프란츠는 어린 시절 수학을 썩 잘하지 못했다. 그래서 힐베르트는 다음과 같이 말하곤 했다. “프란츠는 수학 재능은 어머니에게, 그 이외의 모든 것은 나에게 물려받았다.”

프란츠는 지력이 부족하거나 재능이 없지는 않았지만, 신경이 매우 날카로웠고 종종 혼란에 빠졌다. 집중력도 매우 떨어져서 학교 성적도 형편없었다. 나중에, 육군 입대도 거부당했으며, 여러 가지 일을 시도했지만 번번이 실패했다.

프란츠의 신경증 징후는 점점 더 심해졌다. 그러던 어느 날 비극적인 신경쇠약에 걸렸고 21세부터는 정신 병원에 자주 입원해야 했다. 힐베르트는 아들과 의절했으며, 이에 따라 힐베르트 부인은 큰 슬픔에 빠졌다. 나중에 퇴원한 프란츠는 또 다른 일들을 시도했지만 어느 것이고 오래 계속하지 못했다.

나이가 들면서 프란츠는 유명한 아버지처럼 보이려고 애썼지만, 아버지만한 지력도 없이 흉내만 내려고 했기에 우스운 꼴만 보일 뿐이었다. 그는 아버지의 업적을 이해하기 위해 수학을 공부하고 싶다고 종종 말했다.

힐베르트 부인은 남편이 죽고 2년이 지난 뒤인 1945년에 죽었는데, 추도사를 해줄 만한 친구가 없었다. 그래서 프란츠는 그의 가족을 거의 알지 못하는 한 여인에게 몇 마디 해달라고 간청했다. 프란츠는 오랫동안 살았는데, 1969년 76세로 죽었다.

힐베르트와 전쟁

삶은 달걀

제1차 세계 대전 중, 힐베르트는 출근하다가 동료와 마주쳤다. 동료가 인

사말을 건넸다. "힐베르트 교수님, 안녕하십니까?" 그러자 힐베르트가 대답했다. "매우 나빠요." "무슨 문제가 있습니까?" 동료가 더 캐묻자, 그가 대답했다. "아내가 나를 죽이려고 합니다." 동료는 이 소리에 깜짝 놀라며, 그 말을 믿지 못하겠다고 말했다. 왜냐하면 힐베르트 부인이 매우 헌신적이라는 사실을 익히 잘 알고 있었기 때문이었다. 그러자 힐베르트는 결혼한 뒤 아내는 아침 식사로 매일 삶은 달걀을 두 개씩 주었다고 말했다. 그래서 그 동료는 힐베르트가 그 날 아침에 달걀 한 개만을 먹고는 얼마나 큰 충격을 받았는지를 이해할 수 있었다. (당시 독일에서는 식량 배급이 시작됐다.)

거위 고기

제1차 세계 대전 중 독일에서 음식, 특히 고기가 부족해지기 시작했을 때, 괴팅겐 대학의 교수들은 총장의 초청으로 대강당에서 저녁 모임을 가진 적이 있었다. 바로 그 전에 있었던 그런 모임에서 대학은 교수들에게 살찐 거위를 나누어줬었다. 이 모임도 직전의 모임과 같은 성격이었기에 힐베르트는 더 많은 거위 고기를 기대했다. 그런데 고기는 눈에 띄지 않았다. 총장은 단지 카이저 빌헬름[16]이 적에 대한 무제한의 잠수함 전쟁을 선포했다는 사실을 축하 속에 알리고 싶었던 것이었다. 환호하는 다른 교수들 속에서, 실망하고 분개한 힐베르트는 옆에 앉아있던 사람에게 고개를 돌려 말했다. "독일 사람들은 거위를 좋아하지 않고, 무제한의 잠수함 전쟁을 좋아하나 봅니다."

문명 세계에 대한 선언

제1차 세계 대전 중 전쟁을 일으킨 독일을 독일의 지식인도 지지한다는

[16] Kaiser Wilhelm(Wilhelm II, 1859~1941), 프로이센 왕 및 독일 제국 제3대 황제(재위 1888~1918)

사실을 과시하기 위해, 〈문명 세계에 대한 선언〉이 작성되어 뛰어난 과학자, 예술가, 작가 사이에서 서명 운동이 벌어졌다. 이 선언에는 독일이 전쟁을 유발하지 않았다는 주장과 '적의 비방과 거짓말'을 나열하고 반박하는 내용이 있었다. 열렬한 애국자였던 클라인은 선언문을 읽지 않고 서명했는데, 그 뒤 자신이 서명한 선언문의 내용을 알고는 꽤 실망했다. 서명을 요청 받은 힐베르트는 거절했는데, 이에 따라 많은 사람이 그를 배신자라고 말했다. (프랑스 과학원은 클라인의 회원권을 박탈했지만, 힐베르트의 회원권은 계속 유지시켰다.)

서명하지 않은 유명한 사람 중에는 아인슈타인도 있었다. 그는 당시 베를린의 카이저 빌헬름 연구소에 있었다. 그렇지만 아인슈타인은 스위스 시민이었기 때문에, 배신자의 불명예는 피할 수 있었다.

힐베르트는 점점 심화되는 반유대주의와 확대되는 전쟁에 매우 당혹스러워했다. 그는 문명인이라고 스스로 말하는 사람들이 상궤를 벗어난 행동을 하는 것을 진정으로 이해할 수 없었다.

두 죽음의 비교

막스 보른은 민코프스키가 죽었을 때 괴팅겐에 있었고, 힐베르트가 죽었을 때는 전쟁으로 폐허가 된 영국에 있었다. 그는 다음과 같이 질문했다. "힐베르트는 그의 친구 민코프스키보다 30년 이상 더 살았으며 중요한 업적을 쌓을 시간을 더 가졌다. 하지만 암울한 나치 시절에 외롭게 죽은 힐베르트가 전성기 때 죽은 민코프스키보다 더 비극적이지 않다고 누가 감히 말할 수 있겠는가?"

힐베르트의 추도사

엡실론 ε

힐베르트가 젊은 나이에 비극적으로 죽은 제자의 장례식에 참석했을 때의 이야기다. 몇 마디 말을 부탁하자, 그는 죽은 젊은이가 대단히 훌륭했다는 말로 시작했다. "재능이 매우 뛰어났고 장래가 촉망됐습니다. 사실, 그는 매우 흥미로운 문제를 연구했었는데, ε을 양수라고 합시다. …" 힐베르트는 수학 논문을 자세하게 설명하기 시작했다.

리만의 가설

출처가 의심스럽지만, 힐베르트의 한 제자가 리만의 가설을 증명했다고 주장하면서 이를 제시했다는 이야기가 있다. 힐베르트는 그 증명에서 잘못을 발견했지만, 그의 노력에 크게 감명을 받았다. 그런데 불행하게도 얼마 지나지 않아서 그 학생이 죽었다. 힐베르트는 그 학생의 부모로부터 장례식에서 짧은 추도사를 할 수 있는 시간을 얻었다. 그 부모와 친구들이 비를 맞으며 무덤 주위에 서 있었을 때, 힐베르트는 한 걸음 앞으로 나아갔다. 그는 유능한 제자의 요절이 가슴 아프다는 말로 시작했다. 계속해서 리만의 가설에 대한 그 학생의 증명에는 오류가 있지만, 죽은 학생이 시도한 방법을 따라서 언젠가는 완벽한 증명을 확실하게 얻을 수 있을 것이라고 말했다. 비가 계속 내리는 중에 힐베르트는 갑자기 눈을 반짝이며 말했다. "$f(z)$를 복소 변수 z의 함수라고 합시다. 다음을 고려하면 …"

다르부에 대한 추도사

미국이 독일과의 전쟁에 개입한 1917년 프랑스의 위대한 수학자 다르부[17]

가 죽었다. 다르부를 존경했던 힐베르트는 곧바로 그에 대한 추도사를《소식지Nachrichten》에 게재하기 위해 준비했다. 추도사가 발표됐을 때, 분개한 학생들이 무리를 지어 힐베르트의 집으로 행진해 와서는 적국의 수학자에 대한 추도사를 취소하라고 요구했다. 힐베르트는 이를 거절하고 만약 학생들이 야만스런 행동에 대해 공식적으로 사과하지 않으면 자신이 교수직을 사임하겠다고 말했다. 그는 사과를 받아냈으며, 다르부에 대한 추도사는 인쇄된 채로 남았다.

힐베르트의 말

▣ 달에 있는 파리 잡기

직설적인 말투로 유명한 힐베르트는 동료 물리학자들에게 말했다. "물리학은 물리학자에게 너무 어렵다." 그리고 어떤 과학 업적을 가장 중요하게 생각하느냐는 질문을 받고는 '달에 있는 파리 잡기'라고 대답했다. 질문한 사람이 깜짝 놀라며 그 이유를 다시 묻자, 힐베르트는 달에 있는 파리를 잡기 전에 먼저 해결해야 할 부수적인 기술적 문제들은 인류의 거의 모든 중요한 어려운 문제의 해결과 관련될 것이라고 지적했다.

▣ 상상력

어떤 수학자가 소설가로 직업을 바꾸었다는 말에 어떻게 그런 일이 가능

⑰ Jean Gaston Darboux(1842~1917), 프랑스의 수학자. 1866년 박사 학위를 취득하고, 콜레주드프랑스(1866~67), 루이르그랑 리세(1867~72), 에콜 노르말 쉬페리외르(1872~81), 소르본 대학(1873~1917)에서 가르쳤다. 그의 이름이 붙은 '다르부 적분'을 포함해서 해석학과 미분 방정식에 공헌했다.

하냐며 놀라는 사람이 많았다. 그런데 힐베르트는 그것은 간단한 일이라고 말했다. 그의 상상력은 수학자가 되기에는 충분하지 않지만 소설가가 되기에는 충분하기 때문이라고 말했다.

리만의 가설이 풀리기를 기대하면서

독일 사람들이 좋아하는 황제 프리드리히 1세[18]에 관한 전설이 있다. 그가 십자군 운동 중에 죽었고 아주 먼 곳에 묻혀 있기 때문인지, 전설에 따르면 그가 아직도 살아 있고 키포이저Kyffäuser 산의 동굴에서 잠을 자고 있으며 수백 년 뒤라도 독일이 원하면 깨어나 찾아올 것이라고 한다.

전하는 말에 의하면 어떤 사람이 힐베르트에게 다음과 같이 물었다고 한다. "만약 당신이 프리드리히 1세처럼 500년 뒤에 다시 살아날 수 있다면, 무엇을 하겠습니까?" 힐베르트는 "누가 리만의 가설을 증명했는지를 묻겠다."고 대답했다.

그로머

괴팅겐 대학에는 매우 특이한 이유로 수학을 전공하게 된 리투아니아 학생이 있었다. 이름은 그로머Jacob Grommer였는데, 손과 발이 커지는 만성 신경병인 선단비대증을 앓고 있었다. 그는 랍비가 되려고 탈무드 학교에서 공부할 계획이었다. 그런데 그가 태어난 지역에서 새 랍비는 옛 랍비의 딸과 결혼하는 것이 전통이었다. 늙은 랍비의 딸이 그로머의 기괴한 손과 발을 보고는 결혼을 거부했다. 그래서 그로머는 랍비가 되겠다는 꿈을 포기했고, 대신 수학을 공부하게 됐다.

[18] Frederick I(1123?~1190), '붉은 수염 왕(Barbarossa)'이라 불리는 독일 왕(재위 1152~1190), 신성 로마 제국 황제(재위 1155~1190).

그로머는 훌륭한 논문을 썼지만, 절차상의 문제 때문에 박사 학위 논문으로 인정받을 수 없었다. 이유는 그로머가 탈무드 학교를 다녔기 때문에 인문계 고등학교 졸업장이 없었던 것이다. 힐베르트는 그로머의 문제를 제기하면서, 만약 인문계 고등학교 졸업장이 없는 학생이 그로머가 쓴 논문과 같은 수준의 논문을 항상 쓸 수 있다면 인문계 고등학교 졸업장의 수여를 금지하는 법을 통과시킬 필요가 있다고 주장했다. 결국 그로머는 박사 학위를 받았다.

인플레이션

제1차 세계 대전 뒤, 물가 폭등보다 더 빠르게 독일 마르크의 가치가 떨어졌다. 이 상황은 잡지 《수학 연감》 가격의 폭등에서 뚜렷하게 예시된다. 리드는 책 《힐베르트》[19]에서 《수학 연감》의 가격이 1920년에는 64마르크, 1922년 초에는 128마르크, 1922년 말에는 400마르크였다고 썼다. 1923년에 이르러 800마르크가 됐으며, 1923년 말에는 28000마르크였다고 썼다.

독일 정부가 렌텐마르크[20]라는 새로운 화폐 단위를 만들었을 때, 인플레이션은 1923년에 갑자기 중지됐다. 힐베르트는 단지 독립 변수의 이름을 바꾼다고 문제를 해결할 수 없다고 회의적으로 말했다.

제2차 국제 수학자 대회

힐베르트는 건강 상태가 좋지 않고 국수주의자 비버바흐 등의 반대도 있었지만 1928년 이탈리아 볼로냐에서 열린 국제 수학자 대회에 67명의 독일 수학자 대표단을 인솔해서 참석했다. 이것은 제1차 세계 대전 뒤 독일 수학

[19] Constance Reid, *Hilbert*, Springer-Verlag, 1970.

[20] Rentenmark, 부동산 수입의 보증 준비로서 인플레이션 방지를 위해 렌텐 은행에서 발행한 마르크 지폐(1923~1924).

자가 국제 모임에 참석한 최초의 사건이었다. 독일 대표단은 기립 박수를 받았는데, 힐베르트는 다음과 같은 연설을 했다. "나는 길고 험난한 시간이 지난 뒤에 모든 나라의 수학자들이 한 자리에 모이게 된 것을 매우 기쁘게 생각합니다. 그러므로 이 대회는 우리의 소중한 과학의 진보에 보탬이 되어야 하며 틀림없이 그렇게 될 것입니다. … 민족과 인종에 따라 차이를 두는 것은 우리의 과학에 대한 완전한 오해며, 비열한 논리에 의해서만 지지될 것입니다. 수학에는 인종의 차이나 지리적인 경계가 없습니다. 왜냐하면 수학에서 문명 세계는 단 하나의 나라이기 때문입니다."

힐베르트가 대회를 끝마치고 떠나면서 호텔비를 계산하려고 할 때, 대회 주최 위원회가 이미 계산을 했다는 말을 들었다. 그러자 그가 말했다. "아, 그 사실을 먼저 알고 있었다면, 더 많이 먹었을 텐데."

힐베르트 거리

힐베르트가 1930년 교직에서 은퇴할 때, 괴팅겐의 한 거리는 그의 이름을 따서 '힐베르트 거리 Hilbert Strasse' 라고 명명됐다. 힐베르트 부인이 남편에게 물었다. "당신의 이름을 따서 거리 이름을 지어준 것은 사려 깊은 생각이 아닐까요, 여보?" 힐베르트는 다음과 같이 대답했다. "생각이 아니라 행동이겠지. 클라인은 그의 이름을 딴 거리가 생기기 전에 죽었어."

수학의 추세

힐베르트가 다음과 같이 말한 적이 있다. "다른 모든 과학 연구와 마찬가지로 현재 수학 연구에도 두 가지 추세를 찾아볼 수 있다. 한편에서 볼 수 있는 추상화를 향한 추세는 현재 연구하고 있는 소재에 내재된 미로와 같은 논리적 관계를 구체화하고 그 소재를 체계적이고 정연한 방법으로 서로 관련시키려고 노력한다. 다른 편에서 볼 수 있는 직관적인 이해를 향한 추세는 연구 대상들에 대한 좀 더 즉각적인 파악과 그것들과의 생생한 일치를 생각해 낸다. 말하자면 이들 관계의 구체적인 의미를 강조한다."

괴팅겐 대학교

괴팅겐 대학교 수학과

Georg August Universität zu Göttingen

괴팅겐 대학은 독일 니더작센 주 남부의 한적하고 작은 도시 괴팅겐에 1737년 하노버가의 선거후❶ 겸 영국왕 조지 2세❷가 설립했다. 가우스가 1807년 수학과 교수 겸 천문대장으로 임명된 뒤부터 수학과는 획기적으로 발전하기 시작했다. 가우스 이후 디리클레(1855~59)와 리만(1859~66)이 수학과 교수를 지냈다. 그리고 1886년에 수학과 교수가 된 클라인은 수학, 물리학, 공학을 통합시키려는 자신의 이념을 성취하려고 노력했다. 그 뒤 힐베르트(1892), 민코프스키(1902), 란다우(1909) 등이 가세해서 괴팅겐 대학은 세계 수학의 중심지로서 영광스러운 전통을 이어나갔다. 가우스부터 1933년까지 괴팅겐 대학교 수학과 교수를 나열하면 아래와 같다.

1886—1913—1918—1921—1933
클라인 / 카라테오도리 / 헤케 / 쿠란트

1807—1885—1859—1866—1868—1872—1892—1895—1930—1933
가우스 / 디리클레 / 리만 / 클레브쉬❸ / 슈바르츠❹ / 하인리히 베버 / 힐베르트 / 바일

1902—1909—1933
민코프스키 / 란다우

클레브쉬

슈바르츠

위에서 언급한 수학자 이외에도 바일, 쿠란트, 뇌터, 노이게바우어 등이 괴팅겐 대학에서 수학을 공부했거나 가르쳤다. 그리고 좀머펠트, 막스 보른, 폰 카르만 등과 같은 과학자도 괴팅겐 대학 수학과를 거쳐갔다.

▣ 독일 대학 체계와 괴팅겐 대학의 특징

1926년 괴팅겐 대학 수학과에서 박사 학위를 취득했고, 1927년부터 나치가 정권을 잡은 1933년까지 무급 강사로 지냈던 레비[5]는 당시 독일 대학에는 형식적인 제약이 전혀 없었다고 말했다. 수업 참여도 자유였고, 시험도 없었다. 완전한 방임이었다. 수강할 과목을 지도해 주는 사람도 없었다. 어쩌면 이런 자유로움은 독일 대학이 제대로 기능하지 못하는 이유일 수 있다. 학생들은 4년 동안 공부한 뒤에야 처음 시험을 봤다. 학생들은 학습 내용을 알고 있다고 생각하며 4년 동안 학교를 다녔지만, 시험에 불합격하고 좌절하는 경우도 있었으며 자살하기도 했다. 4년을 허송세월한 것이었다. 물론, 매우 뛰어난 학생에게 이런 자유는 대단한 혜택일 수 있다. 그렇지만 보통 학생과 열등한 학생에게는 치명적일 수 있는 체계였다.

괴팅겐 대학의 개가식開架式 도서관은 많은 사람으로부터 환영받은 훌륭한 제도였다. 그리고 당시 조교 제도는 교수가 뛰어난 연구를 수행할 수 있었던 환경을 제공했다. 조교는 박사 학위 소지자로 교수의 연구를 실질적으로 도왔다. 당시 교수들에게 조교 배당은 "나에게 몇 명의 조교를 주면 이 자리

❶ 신성 로마 제국에서 황제의 선거권을 가졌던 일곱 사람의 제후

❷ George II(1683~1760), 영국 왕(재위 1727~1760), 조지 1세의 아들

❸ Rudolf Friedrich Alfred Clebsch(1833~1872), 독일의 수학자로, 본 대학에서 클라인을 지도하기도 했다.

❹ Hermann Amandus Schwarz(1843~1921), 독일의 수학자, 슈바르츠 부등식

❺ Hans Lewy(1904~1988), 독일 브레슬라우 출신으로, 괴팅겐 대학에서 공부하고 1927년부터 무급 강사로 가르치다가 미국 브라운 대학(1933~35)을 거쳐 버클리의 캘리포니아 대학(1936~72) 교수를 지냈고, 변분법 · 편미분 방정식 · 유체 역학 등을 연구했다.

를 받겠다."와 같이 하나의 계약 조건이었다.

체르멜로
Ernst Friedrich Ferdinand Zermelo, 1871~1953

체르멜로는 1871년 7월 27일 베를린에서 태어났다. 당시의 전통에 따라 여러 대학에서 배웠고, 1894년 베를린 대학에서 박사 학위를 취득했다. 1897년부터 괴팅겐 대학에서 연구했으며, 1899년에 교수 자격을 취득하고 괴팅겐 대학(1899~1910)과 취리히 대학(1910~1916)에서 가르쳤다. 건강 때문에 10년을 쉬었다가 1926년 프라이부르크 대학 교수가 됐다. 나치의 등장으로 1935년에 파면됐다가 1946년에 복직했다. 그는 선택 공리와 공리적 집합론에 대한 연구로 유명하다.

▣ 불가능성 증명
체르멜로는 동료들과 함께 위스키를 즐겨 마셨다. 그가 괴팅겐에 있었을 때, 북극에 도달하기가 불가능할 것이라고 주장하곤 했는데, 그 이유는 어떤 위도에 도달하는 데 필요한 위스키의 양은 그 위도의 접선에 비례하기 때문이라고 말했다.

▣ Walzermelodie
사람들이 체르멜로에게 그의 이상한 이름에 대해 물어보면, 원래는 'Walzermelodie' 였는데 나중에 첫 음절과 마지막 음절을 없애버려야 할 필요가 있었다고 말했다.

카라테오도리

Constantin Carathéodory, 1873~1950

카라테오도리는 그리스계 독일 수학자로, 1873년 9월 13일 베를린에서 외교관의 아들로 태어났고 벨기에에서 교육을 받았다. 베를린 대학에서 공부하고, 괴팅겐 대학에서 민코프스키의 지도로 1904년에 박사 학위를 취득하고 무급 강사로 1908년까지 가르쳤다. 그 뒤, 독일의 본, 하노버, 브레슬라우[6], 괴팅겐 대학과 그리스의 스미르나Smyrna, 아테네 등의 대학을 거쳐 1924년 뮌헨 대학 교수가 되어 1938년 은퇴했다. 그는 변분법, 측도론, 함수론 등에서 중요한 업적을 남겼다.

노력 없이 위대해질 수 없다

카라테오도리는 공학자로서 장래가 촉망되던 젊은이였는데, 26세 때 가족의 기대와 달리 학교로 되돌아가서 평생 동안 수학을 연구하기로 결정했다. 그는 이런 길만이 자신의 삶을 진실로 가치 있게 만들 것이라고 확신했다.

카라테오도리 가문은 그리스에서 매우 영향력이 있고 유명했는데, 그 가문의 가훈은 '노력 없이 위대해질 수 없다.' 였다. 카라테오도리는 가훈에 따라 살았으며, 수학, 특히 함수론에서 뛰어난 업적을 남겼고 이 분야에서 고전적인 책들을 썼다.

[6] Breslau, 현재 폴란드 남서부의 브로츨라프(Wrocław)로, 당시는 독일령

블루멘탈
Otto Blumenthal, 1876~1944

블루멘탈

좀머펠트

블루멘탈은 1876년 7월 20일 프랑크푸르트에서 태어났다. 1894년에 괴팅겐 대학에 입학해서 의사인 아버지 Ernst Blumenthal를 따라 의학을 전공하려고 했지만, 한 학기만에 전공을 수학과 과학으로 바꾸었다. 당시 클라인의 조교였던 좀머펠트[7]의 영향을 가장 많이 받았다. 1901년부터 1905년까지 모교에서 무급 강사로 지냈고, 1905년에 아헨 공과 대학 교수가 됐다.

학위 논문

블루멘탈이 괴팅겐 대학생이었던 어느 날 자신의 학위 논문의 가장 훌륭한 부분이 이미 다른 논문에 실렸다는 비참한 사실을 발견했다. 그가 힐베르트에게 이 슬픈 사실을 알려주자, 힐베르트는 어깨를 으쓱해 보이고는 물었다. "왜 그렇게 많은 논문을 읽었어?"

종말

히틀러가 상승세를 타던 비극적인 시기에, 블루멘탈은 친구들의 도움으로 독일을 몰래 빠져나와 1939년 7월 네덜란드로 달아났다. 그러나 곧 네덜

[7] Arnold Johannes Wilhelm Sommerfeld(1868~1951), 독일의 물리학자. 쾨니히스베르크 대학 수학과에서 린데만, 후르비츠, 힐베르트로부터 수학을 배우고 1891년 린데만의 지도로 박사 학위를 받았다. 군 복무 뒤, 괴팅겐으로 가서 클라인의 조교가 됐으며, 그의 영향으로 수리 물리학을 연구했고 오랫동안 공동 연구했다. 1895년 괴팅겐 대학 무급 강사, 1897년 광산 학교 수학 교수, 1900년 아헨 공과 대학 역학 교수를 거쳐 1906년부터 1931년까지 뮌헨 대학 이론 물리학 교수를 역임했다. 전자기론, 상대성 이론, 양자 이론에 크게 공헌했다.

란드 유대인에 대한 독일 비밀 경찰의 수색 중 체포되어 체코슬로바키아의 테레지엔슈타트Theresienstadt로 이송됐다. 나치는 이 마을을 늙은 유대인들의 강제 거주 지역으로 바꿨었다. 한때 블루멘탈은 악명 높은 아우슈비치로 가는 기차에 실렸는데, 이상스럽게도 기차가 출발하기 직전에 내릴 수 있었다. 그는 1944년 말 테레지엔슈타트 유대인 강제 거주 지역에서 죽었다.

덴

Max Wilhelm Dehn, 1878~1952

1878년 11월 13일 함부르크에서 태어난 덴은 괴팅겐 대학에서 힐베르트의 지도로 1900년 박사 학위를 취득하고, 1921년부터 1935년까지 프랑크푸르트 대학에서 순수 및 응용 수학 교수를 지냈다. 나치가 집권한 뒤, 1938년 교수직에서 물러났다. 1940년 미국으로 이민 가서, 여러 대학에서 강의하다가 1945년 노스 캐롤라이나의 블랙 마운틴 대학Black Mountain College의 교수가 되어 여생을 보냈다. 그는 최초로 위상 수학을 체계적으로 설명한 사람에 속하며, 군 표현에 관한 중요한 문제들을 공식화했다.

명예의 전당에 오른 최초의 이름

힐베르트가 파리에서 제시한 23개의 유명한 수학 문제 중 최초로 해결된 것은 그 목록의 셋째 문제였다. 그 문제는 힐베르트의 제자로 당시 23세였던 덴이 풀었는데, 그는 이 문제가 제시된 1900년에 부분적인 풀이를 얻었으며 다음 해에 완전하게 해결했다. 그래서 덴은 힐베르트의 23개의 문제 중 하나를 부분적으로 또는 완전하게 푼 수학자들의 '명예의 전당' 에 최초로 올랐다.

▣ 동상이몽

덴은 매디슨의 위스콘신 대학에서 강의한 적이 있었다. 연구년으로 자리를 비운 학과장을 대신해서 대학원생들에게 몇 가지 과목을 가르쳤다. 학생들은 독일 출신의 교수를 환영했다. 왜냐하면 그들은 박사 학위에 필요한 독일어 시험을 치러야 했기 때문이었다. 그래서 학생들은 덴에게 독일어로 강의해 줄 것을 요청했지만 거절당했다. 당시 덴은 미국 시민권을 따기 위해 영어 시험을 앞두고 있었다.

▣ 블랙 마운틴 대학

덴은 뛰어난 수학자였지만, 오랫동안 미국의 주요 대학에서 교수직을 얻지 못했다. 그가 최종적으로 정착한 블랙 마운틴 대학은 주로 예술 창작을 가르치는 곳으로 인가된 학교가 아니었다. 1944년 덴이 이 대학에서 두 강좌를 의뢰 받았는데, 당시 그곳에는 교육받은 수학 교수가 없었다. 이때 '수학과 장식법의 공통된 기원' 과 '수학적 개념 발달의 순간들' 에 대해 강의했다. 1945년 월급 25달러를 받는 종신 교수의 제의를 받았는데, 그의 주장에 따라 40달러로 월급이 인상됐다. 블랙 마운틴 대학은 1956년에 폐교됐고, 덴은 그 대학에서 가르친 유일한 수학자였다.

보른

Max Born, 1882~1970

양자 역학 이론으로 유명한 독일 물리학자 보른은 1882년 12월 11일 브레슬라우에서 태어났으며, 브레슬라우, 하이델베르크, 취리히, 괴팅겐 등의 대학에서 공부했다. 괴팅겐 대학에서 1905년에 힐베르트의 조교가 됐는데, 클

라인과 룽게의 탄성학에 관한 강의를 들었고, 힐베르트와 민코프스키의 전기 역학에 관한 세미나에 참석했다. 전공을 이론 물리학으로 바꾸어 1907년에 탄성 안정도에 관한 논문으로 박사 학위를 받았다. 1912년 괴팅겐 대학, 1914년 베를린 대학, 1919년 프랑크푸르트 대학, 1921년 괴팅겐 대학 등에서 교수를 역임했다.

1933년 그는 나치의 유대인 박해로 이탈리아로 피신했으니, 곧 영국으로 건너가 케임브리지 대학을 거쳐 1936년부터 에든버러 대학 교수가 됐다. 1953년 은퇴한 뒤 독일로 되돌아갔고 1954년 노벨 물리학상을 수상했으며 괴팅겐에서 사망했다.

졸업 시험

보른은 괴팅겐 대학 시절 박사 학위 논문을 쓰고 있었을 때, 힐베르트에게 수학 졸업 시험을 가장 잘 준비할 수 있는 방법을 물었다. 그러자 힐베르트는 그에게 어느 분야를 가장 덜 준비했는지를 물었다. 보른은 '아이디얼 이론' 이라고 대답했다. 그래서 보른은 시험에서 힐베르트가 아이디얼 이론에 대해서는 질문하지 않을 것이라고 생각했다. 그런데 운명의 날 힐베르트가 출제한 문제는 모두 아이디얼 이론에 관한 것이었다. 나중에 이의를 제기하자 힐베르트가 말했다. "나는 단지 자네가 잘 모르는 것에 대해 얼마나 알고 있는지를 확인하고 싶었을 뿐이네."

두 번의 실망

괴팅겐 대학에서 초기의 양자 역학 발달에 공헌한 두 명의 중요한 사람은 보른과 그의 애제자 하이젠베르크였다. 점잖고 겸손한 유대인 보른은 하이젠

베르크가 독일 국수주의에 매료되고 결국은 나치 당원이 됐음을 알게 되었다.

보른의 가장 뛰어난 제자였던 물리학자 클라우스 푸크스[8]는 미국 로스앨러모스 연구소에서 원자 폭탄의 연구 · 개발에 참여했었다. 보른은 전쟁 뒤 영국에 있었을 때, 푸크스가 원자 폭탄에 관한 결정적인 정보를 러시아 간첩에게 넘겨 주었다고 영국 당국에 고백했다는 말을 들었다.

바일

Herman Klaus Hugo Weyl, 1885~1955

바일은 1885년 11월 9일 독일 함부르크 근처의 엘름스호름Elmshorn에서 태어났다. 뮌헨과 괴팅겐 대학에서 수학과 물리학을 공부하고 힐베르트의 지도로 1908년 박사 학위를 취득했다. 괴팅겐 대학에서 무급 강사로 1913년까지 가르쳤고, 취리히 공과 대학 교수(1913~30)가 되어 그의 생애에서 가장 중요한 수학 업적으로 남겼다. 당시 아인슈타인 및 슈뢰딩거와 함께 근무하면서 물리학에도 관심을 가졌다.

그는 힐베르트의 후임으로 괴팅겐 대학 교수(1930~33)가 됐다가, 나치가 집권한 뒤 미국으로 건너가 고등 학술 연구소(1933~51) 교수를 지냈다. 수학의 기초와 수리 물리학을 포함해서 수학의 많은 분야에 공헌했으며, 일반 대중을 위해 수학을 설명하는 데도 큰 관심을 보였다.

[8] Klaus Fuchs(1911~1988), 독일 태생의 이론 물리학자

힐베르트의 매력

바일은 1904년에 뮌헨 대학에 입학해서 수학과 물리학을 모두 공부했고, 괴팅겐 대학으로 옮겨서도 그 두 과목을 모두 수강했다. 이때, 힐베르트의 강의를 듣고 그에게 완전히 매료됐는데, 나중에 다음과 같이 썼다.

> 나는 힐베르트가 쓴 것은 무엇이든 공부하기로 결심했다. 대학 1년을 마칠 무렵 《수론 보고서》[9]를 두 팔로 감싸고 집으로 가서, 여름 방학 동안 독파했다. 초등 수론이나 갈루아 이론 등을 미리 알 필요가 전혀 없었다. 그 기간이 내 인생에서 가장 행복한 몇 달이었으며, 미래에 대한 불확실성과 실패의 무거운 부담 속에 오랜 세월을 보낸 현재도 여전히 내 영혼에 큰 힘을 북돋워준다.

아내와 애인

무급 강사 시절에 바일은 후설[10]의 영향을 많이 받았는데, 후설은 1901년부터 1916년까지 괴팅겐 대학의 철학 교수를 지냈다. 바일은 후설의 제자였던 헬레네[11]와 1913년에 결혼했다. 헬레네는 유대인으로 스페인어 번역가로 활동했다. 문학에도 뛰어났던 바일은 부인과 함께 문학 및 철학에 모두 큰 관심을 가졌었다.

취리히에서 헬레네는 대범하고 원만한 성격으로 과학자와 부인들로 이루어진 사교계에서 지도자의 역할을 했다. 반면에 슈뢰딩거의 아내 애니Anny는

[9] *Zahlbericht*, 힐베르트가 저술한 대수적 수론에 관한 책으로, 쿠머, 크로네커, 데데킨트의 연구 결과를 훌륭하게 통합했으며 자신의 풍부한 발상을 포함시켰다. 특히, '유체론(class field theory)'의 모든 발상을 이 책에서 찾아볼 수 있다.

[10] Edmund Husserl(1859~1938), 독일에서 활동한 철학자로, 오스트리아 출신의 유대계 독일인의 집안에서 태어났고, 현상학을 창시했다. 할레 대학 강사, 괴팅겐 대학 조교수 · 교수, 프라이브르크 대학 교수를 역임했다. 19세기 후반에 지배적이었던 실증주의 · 상대주의 · 역사주의에 반대하여, 철학을 개인과 시대를 초월한 '엄밀한 과학'으로 만들고자 하여 현상학을 수립했다.

[11] Helene Joseph(1893~1948)

지적인 헬레네와는 거의 정반대의 스타일이었는데, 바일은 애니에게 매력을 느꼈고 두 사람은 깊은 사랑에 빠지기도 했다.⑫ 한편, 헬레네는 다른 사람에게 빠지기도 했다.

취리히에서 그들이 속해있던 사회는 미국보다 한 세대 앞서 성 개방을 향유하고 있었다. 혼외 정사를 눈감아주었을 뿐만 아니라 당연한 것으로 받아들였으며, 거의 문제시되지 않았다.

괴팅겐 대학과의 인연

바일은 수학뿐만 아니라 물리학과 철학에도 조예가 깊었다. 쿠란트는 1918년 철학자 후설의 후임으로 바일을 추천하는 편지를 힐베르트에게 보내기도 했다. 그러나 힐베르트는 다른 철학자를 후원했다.

1922년에 바일은 괴팅겐 대학으로부터 클라인 후임으로 초빙 제의를 받았다. 당시 세계 수학의 메카였던 괴팅겐 대학의 교수직은 그에게 더없이 좋은 자리였고 큰 영광이었다. 고향이 괴팅겐 근처인 아내도 이를 반겼다. 그러나 우체국에서 수락 편지를 부치기 직전에 이를 파기했다. 이유는 분명하지 않다. 바일은 힐베르트의 수제자였지만, 연구 분야도 바꿨고 브로우베르의 영향을 받아서 수학에 대한 관점이 달라졌다.⑬ 그래서 힐베르트와 지면을 통해 공개적인 논쟁을 벌인 적도 있었다. 인간적인 관계도 서로 원만하지 못했는데, 이런 것이 초빙을 거절한 이유였을 것이다. 그렇지만 1930년 힐베르트가 은퇴한 뒤, 괴팅겐 대학의 초빙 제의는 고심 끝에 받아들였다.

⑫ 당시 슈뢰딩거도 여러 여성과 바람을 피웠는데, 동료(Arthur March)의 아내인 힐데(Hilde)를 임신시키기도 했다. 더블린에 있을 때는 두 명의 아일랜드 여성으로부터 두명의 딸을 얻었다.

⑬ 브로우베르는 1920년에 바일을 암스테르담으로 초빙하려고 노력했다.

보어

Harald August Bohr, 1887~1951

보어는 1887년 4월 22일 덴마크 코펜하겐에서 코펜하겐 대학 생리학 교수의 아들로 태어났다. 1904년 코펜하겐 대학에 입학해서 수학을 전공했는데, 수학보다는 축구 선수로 큰 명성을 얻었다. 1910년 코펜하겐 대학에서 박사 학위를 취득하고, 1915년 코펜하겐에 있는 공과 대학의 수학 교수가 됐으며, 1930년에는 코펜하겐 대학의 수학 교수로 임명받았다. 괴팅겐 대학의 란다우와 리만 제타 함수에 대해 연구하기도 했다.

축구 선수 수학자

보어는 코펜하겐 대학에서 치른 박사 시험 결과가 신문 스포츠난에 실린 유일한 사람이라는 독특한 영예를 가지고 있다. 그는 유명한 축구 선수였는데, 1908년 런던에서 열린 올림픽 경기에서 준우승을 했던 덴마크 축구단의 일원이었다.(이 축구단은 한 경기에서 가장 많은 득점을 올린 기록을 세웠는데, 프랑스 축구단을 17 : 1로 이겼다.) 그가 수학 박사 학위를 취득했을 때, 신문에 나타난 그의 사진은 축구공을 들고 있는 모습이었다.

보어 형제

보어 형제
(오른쪽 닐스)

닐스 보어[14]는 하랄드 보어의 친형인데, 두 형제는 어렸을 때 모두 매우 멍청했던 것으로 보인다. 그래서 어머니는 친구들로부터 동정의 말을 들었다. 그런데 닐스는

[14] Niels Henrik David Bohr(1885~1962)

현대 원자론의 창시자로서 1922년 노벨 물리학상을 수상한 덴마크의 국가적인 영웅이 됐으며, 하랄드는 덴마크 제일의 수학자가 됐다.

쿠란트

Richard Courant, 1888~1972

쿠란트는 1888년 1월 8일 독일 루블리니치[15]에서 태어나 어린 시절을 보냈고, 1905년부터 브레슬라우 대학을 다녔다. 1907년에 괴팅겐 대학으로 옮겼고, 1908년부터 2년 동안 힐베르트의 조교가 됐으며, 1910년 박사 학위를 취득했다. 제1차 세계 대전이 끝나고 1919년부터 무급 강사로 괴팅겐 대학에서 가르치기 시작했고, 1921년 함부르크 대학으로 떠난 헤케를 대신해서 교수가 됐으며, 1922년에는 수학 연구소를 창설했다. 1934년 미국으로 건너가 뉴욕 대학 교수가 됐으며 또다시 수학 연구소를 창설했다. 그는 교육과 연구로 유명했을 뿐만 아니라, 미타그-레플러, 클라인, 베블런과 같이 행정가로서 더욱 큰 영향력을 발휘했다.

소년 가장

쿠란트의 부모는 모두 유대인이었다. 아버지와 큰아버지는 관계가 원만하지 못했는데, 사업이 어려워지자 큰아버지가 자살했고, 아버지는 파산했다. 그 뒤 2년은 대단히 심각한 상황이었지만, 쿠란트는 14세부터 가정 교사를 하면서 학비와 생활비를 벌었다.

[15] Lublinitz, 현재 폴란드의 루블리니에크(Lubliniec)

1904년에 부모가 베를린으로 이사를 갔지만, 쿠란트는 브레슬라우에 남아 학업을 계속했다. 당시 그는 셋집을 얻을 수 있을 정도로 충분히 벌었다. 나중에 괴팅겐에서 공부할 때는 베를린에 있는 부모에게 돈을 보내주어야 했고, 이에 가정 교사 일을 다시 해야 했다.

전쟁에서 살아남다

쿠란트는 1910년 학위를 취득한 뒤에 의무 복무를 했는데, 제1차 세계 대전이 발발하자 다시 징집됐다. 병사들이 절반이나 전사하는 전투에 참여하기도 했다.

그는 흙을 도체로 이용하는 전신 체계를 만들자고 제안했다. 이것이 받아들여졌고, 괴팅겐으로 돌아가서 발생된 신호를 전달하는 통신 상자를 만들었다. 쿠란트는 전투에 참여하지 않고 이 통신 장비를 사용하는 방법을 가르치면서 보냈기 때문에 전쟁에서 살아남을 수 있었다. 더구나 쿠란트는 수학을 연구하는 시간도 얻을 수 있었으며, 논문을 써서 1918년에 발표하기도 했다.

쿠란트 연구소

쿠란트는 괴팅겐 대학의 교수가 된 뒤인 1922년에 클라인이 꿈꾸었던 수학 연구소를 설립했다. 그러나 이 단계에서는 조직만 있을 뿐이었다. 건물은 록펠러 재단의 도움을 받아서 1929년에야 완공했다.

괴팅겐 수학 연구소

쿠란트는 뉴욕으로 이주한 뒤 처음에는 큰 어려움을 겪었다. 봉급은 적었고, 유능한 교수도 학생도 없었다. 1936년에 뉴욕 대학교의 교수가 되어 대학원을 신설하는 임무를 맡았는데, 다수의 우수한 학생을 확보해서 성공적으로 공동 연구를 시행했으며, 교육 · 재정 기관의 관리들과의 관계도 잘 유지했다. 그리고 괴팅겐 수학 연구소를 바탕으로 하여 1954년 뉴욕 대학에 수학 연구소를 세웠다. 1964년에 그의 이름을 따라 쿠란트 수학 연구소Courant Institute of Mathematical Science로 이름이 바뀌었다.

《수학이란 무엇인가?》

쿠란트는 로빈스(Herbert Robins, 1915~2001)와 함께 유명한 책 《수학이란 무엇인가(What Is Mathematics?, 1941)》를 저술했다. 그런데 쿠란트는 로빈스가 상당히 많은 부분을 썼지만 그의 이름을 책에 넣지 않으려고 했다고 한다. 계약서에도 로빈스가 인세를 받을 수 있게 되어 있지 않았다. 그렇지만 쿠란트는 자신의 판단에 따라 어느 정도의 돈을 로빈스에게 보냈다고 한다. 오늘날에도, 이 책의 판권은 쿠란트의 아들이 갖고 있으며, 로빈스 또는 그의 자손은 빠져 있다.

지겔

Carl Ludwig Siegel, 1896~1981

지겔은 1896년 12월 31일 베를린에서 태어났고, 1915년 베를린 대학에 입학해서 공부하다가 제1차 세계 대전으로 학업을 중단했다. 1919년에 괴팅겐 대학에서 공부를 다시 시작했고, 란다우의 지도로 박사 학위를 취득했다. 프랑크푸르트 대학 교수(1922~38)를 거쳐 1938년 괴팅겐 대학 교수가 됐다. 제2차 세계 대전이 일어나자 1940년 미국으로 건너가 고등 학술 연구소 연구원이 됐으며 1946년에는 종신 교수가 됐다. 1951년에 다시 괴팅겐 대학으로 돌아갔다. 그는 정수론에서 중요한 업적을 남겼다.

정신병자에서 수론학자로

지겔은 제1차 세계 대전 중 독일 육군 입대를 거부했다. 이에 따라 그는 정신 병원에 감금됐다. 이 병원은 란다우의 아버지가 소유한 개인 병원 옆에 있었다. 이에 따라 지겔은 괴팅겐 대학의 유명한 수론학자와 친하게 지냈다. 1919년 지겔은 괴팅겐 대학 수학과 학생이 됐고, 그 뒤 세계적으로 뛰어난 수론학자가 됐다.

허술한 예언

1900년 국제 수학자 대회에서 힐베르트가 제시한 23개의 중요한 미해결 문제 중 일곱째는 수 $2^{\sqrt{2}}$의 초월수 여부를 판정하는 것이었다.

1920년 힐베르트는 수론에 관한 강의 중 겉보기에는 간단하지만 알고보면 매우 어려운 문제의 예 몇 가지를 청중에게 보여주고 싶었다. 리만의 가설, 페르마의 마지막 정리, $2^{\sqrt{2}}$의 초월성 등을 선택했다. 리만의 가설 문제에 대해서는 진전이 있었으며, 자신이 죽기 전에 풀이를 볼 수 있을 것이라고 말했다. 또 청중 가운데 젊은 학생은 생전에 페르마의 마지막 정리가 해결되는 것을 볼 수 있을 것이라고 말했다. 그렇지만 그 자리에 있는 어떠한 사람도 $2^{\sqrt{2}}$의 초월성에 대한 증명이 발견되기까지는 살지 못할 것이라고 예측했다. 당시 23세의 괴팅겐 대학생이었던 지겔은 힐베르트의 이 강연을 들었다. 지겔은 그로부터 10년 뒤에, $2^{\sqrt{2}}$의 초월성을 증명한 러시아 수학자 겔폰트⑯의

⑯ Aleksandr Osipovich Gelfond (1906~1968), 러시아의 수학자

연구 결과 일부를 이용해서, $2^{\sqrt{2}}$가 초월수임을 증명하는 데 성공했다.

페르마의 마지막 정리는 이 강연이 있고 75년이 지난 뒤에 해결됐지만, 리만의 가설은 오늘날까지도 미해결 상태로 남아 있다.

《수학 연감》에 실린 어떤 논문

지겔은 《수학 연감》에 제출된 한 논문을 심사해 달라는 요청을 받은 적이 있었다. 그는 논문이 부분적으로 옳지 않고 불필요하게 길다고 생각해서 기각할 것을 제안했다. 그 잡지의 주 편집자였던 힐베르트는 논문을 지겔에게 되돌려 보내면서, 저자가 1910년 자신에게 볼리아이 상을 수여한 위원회에 속했었기 때문에 그 논문을 반드시 출판하는 것이 좋겠다고 말했다. 그러면서 지겔에게 부탁했다. "고칠 것이 있으면 무엇이고 고치시오." 그래서 지겔은 그 논문을 수정했고, 그렇게 바뀐 논문이 《수학 연감》에 실렸다. 힐베르트는 이에 대해 지겔에게 아무 말도 없었지만, 여러 달 뒤 지겔은 두 권으로 이루어진 민코프스키의 논문집을 소포로 받았다. 거기에는 "편집자의 간절한 소망과 함께"라는 문구가 적혀 있었다.

노이게바우어

Otto Neugebauer, 1899~1990

고대와 중세의 수학과 천문학에 대한 연구로 유명한 역사학자 노이게바우어는 1899년 5월 26일 오스트리아의 인스부르크에서 태어났다. 1926년 괴팅겐 대학에서 박사 학위를 받았고, 나치에 반대한다는 이유로 괴팅겐 대학의 교수직을 빼앗겼다. 하랄드 보어의 초청으로

1933년 덴마크로 이주해서 1934년 코펜하겐 대학의 교수가 됐다. 그 뒤 1939년 미국으로 건너가서 베블런의 도움으로 브라운 대학 수학 교수(1947년에는 수학사 교수)가 됐으며, 1980년대 중반부터 고등 학술 연구소에서 근무했다. 1990년 2월 19일 사망했다.

수학사 연구

노이게바우어는 그라츠Graz에 있는 김나지움을 다닐 때 수학에 흥미를 느꼈지만, 1917년 졸업 시험을 피하려고 포병 중위로 오스트리아 육군에 입대했다. 1918년 전쟁이 끝날 무렵에 이탈리아의 포로가 됐는데, 나중에 세계적인 명성을 날린 비트겐슈타인[17]과 함께 이탈리아의 포로 수용소에 수용됐다.

비트겐슈타인

그는 석방된 뒤, 1919년부터 1921년까지 그라츠 대학에서 전기 공학과 물리학을 배웠고, 그 뒤 뮌헨 대학에서는 좀머펠트로부터 수학과 물리학을 배웠다. 1922년 괴팅겐에 정착해서 진지하게 수학을 공부하기 시작했다. 이때 친하게 지낸 하랄드 보어와 함께 거의 주기적인 함수에 관한 논문을 썼는데, 이것이 노이게바우어에게는 처음이자 마지막인 수학 논문이었다. 그의 연구 방향이 곧 바뀌었다.

노이게바우어는 어학에 능통했는데 이집트어도 공부했다. 린드 파피루스에 관한 출판물을 정밀하게 검토해달라는 보어의 요청에 따라 연구하다가, 수학사가 자신이 원하던 연구 분야임을 깨닫게 됐다. 쿠란트와 힐베르트의

[17] Ludwig Josef Johann Wittgenstein(1889~1951), 오스트리아 출신의 철학자. 논리학의 기초, 수리 철학, 언어 철학, 정신 철학 등의 현대 철학에 획기적인 공헌을 했으며, 20세기에 가장 영향력이 큰 철학자의 한 사람으로 꼽힌다. 1911년부터 몇 년 동안 케임브리지의 트리니티 대학에서 러셀로부터 수리 논리학을 배웠다.

허락과 지도하에 이집트의 단위 분수에 관한 연구로 1926년 박사 학위를 받았다. 그리고 1927년 괴팅겐에서 고대 수학사를 가르치기 시작했는데, 학생 중에는 판 데르 바르덴이 있었다.

노이게바우어는 1927년부터 바빌로니아 수학을 연구했다. 1930년대에 수학 점토판에 관한 연구를 세 권의 책으로 펴냈는데, 이는 바빌로니아 수학이 대단히 발전했음을 입증했다.

《수학 평론》

1871년에 창간된 《수학 발달 연감》[18]은 각 해에 발표된 모든 수학 결과에 대한 평론을 한 권의 책으로 출판했다. 그렇지만 그런 식으로는 1920년대에 이르러 폭발적으로 증가하는 수학 정보를 처리할 수 없게 됐다. 노이게바우어는 다른 과학 분야의 요약 잡지들을 출판하고 있던 스프링거 출판사 Springer-Verlag를 설득해서 수학에 관한 요약 잡지를 발간하도록 했다. 그래서 《수학 중앙 신문 Zentralblatt für Mathematik》 창간호가 1931년에 등장했는데, 이 신문의 편집자가 바로 노이게바우어였다. 덴마크로 이주한 뒤에도 1938년까지 《중앙 신문》을 편집했지만, 나치 정부의 압력을 받고 있던 스프링거 출판사는 그에게 나치주의에 따라 편집해달라고 요청했다. 이에 노이게바우어는 사임했고, 서류를 파기했다.

미국으로 이주한 노이게바우어는 타마르킨[19] 및 베블런과 함께 미국 수학회의 지원을 받아서 《수학 평론Mathematical Reviews》을 1940년 1월부터 간행했다. 1945년까지 주편집자였던 노이게바우어는 평론의 길이는 논문의 중요성

[18] *Jahrbuch über die Fortschritte der Mathematik*

[19] Jacob[Yakov] David[Davydovich] Tamarkin(1888~1945), 우크라이나에서 태어나 상트 페테르부르크에서 김나지움과 대학을 다니고 여러 곳에서 가르치다가, 1925년에 미국으로 이주했다. 다트머스(Dartmouth) 대학을 거쳐, 1927년부터 여생을 브라운 대학에서 보냈다.

과 정비례해서는 안 된다고 언제나 주장했다. 나쁜 논문은 다른 사람이 보지 않도록 오히려 자세하게 평가할 필요가 있지만 정말로 중요한 논문은 다른 사람의 주의만 환기시키면 충분하다고 역설했다.

◙ 모국어

한 수학자는 노이게바우어가 모국어가 아닌 영어로 편지를 보냈을 때 깜짝 놀란 적이 있었다. 이에 노이게바우어는 자신의 모국어가 아니라 비서의 모국어가 문제라고 설명했다.

판 데르 베르덴

Bartel Leendert van der Waerden, 1903~1996

판 데르 베르덴은 1903년 2월 2일 네덜란드 암스테르담에서 태어났고, 암스테르담과 괴팅겐 대학에서 공부했다. [괴팅겐 대학에서 뇌터의 강의를 듣고 함부르크 대학을 방문해서 아르틴을 만난 뒤, 이들의 영향을 받아 유명한 교과서 《현대 대수학Modern Algebra》을 저술했다.] 1928년 로스토크 대학에서 가르쳤고, 같은 해에 그로닝겐 대학의 강사가 됐으며, 1931년 라이프치히 대학 교수가 됐다. 그렇지만 그는 독일에서 외국인이었기 때문에 제2차 세계 대전 이전부터 어려움을 겪었다.

그는 전쟁 뒤 암스테르담에 있는 셸 정유 회사에서 응용 수학자로 일했고, 1947년 미국 존스 홉킨스 대학, 1948년 암스테르담 대학을 거친 뒤 1951년 취리히에 정착해서 여생을 보냈다. 그는 대수 기하학, 추상 대수학, 수학사, 천문학사 등에서 많은 업적을 남겼다.

어린 시절

판 데르 베르덴이 어렸을 때, 중등학교 수학 교사였던 아버지는 그가 수학 공부를 하는 것보다 밖에 나가서 다른 아이들과 어울려 놀아야 한다고 생각했다. 그래서 모든 수학 책을 치워버렸다. 이것이 오히려 판 데르 베르덴에게 수학에 대한 호기심을 자극했다. 그는 스스로 삼각법을 재발견했다. 코사인의 의미를 알아내고 코사인 법칙을 발견했다. '1 빼기 코사인 제곱의 제곱근' 이라는 표현도 만들어냈다. 그 뒤 아버지는 그것이 '사인' 임을 알려주었고 그의 공부를 도와주었다.

괴팅겐 수학의 종말

나치가 정권을 장악한 1933년까지도 괴팅겐 대학은 여전히 수학의 세계 중심지로서 황금 시대를 구가하고 있었다. 다음은 1931년부터 1933년까지 이곳에서 박사 과정을 다닌 맥레인이 전한 괴팅겐 수학과의 마지막 모습이다.

당시 힐베르트는 은퇴한 상태였지만 1주일에 한 번씩 '현대 과학의 기초에 관한 철학 입문'에 대해 강의했다. 당시 괴팅겐 수학과의 정교수는 란다우, 바일, 쿠란트, 헤르글로츠[20], 펠릭스 베른슈타인[21]이었고, 조교수는 베르나이스[22], 헤르츠[23], 뇌터였다. 현재 시카고 대학 수학과 교수진의 5분의 1이고 버클리의 캘리포니아 대학 수학과 교수진의 10분의 1에 불과했지만, 이들은 세계 수학을 지배하고 있었다.

[20] Gustav Herglotz(1881~1953)
[21] Felix Berstein(1878~1956), 독일의 수학자로 집합론 · 응용 수학 연구
[22] Paul Isaac Bernays(1888~1977), 힐베르트와 함께 《수학의 기초(Grundlagen der Mathematik)》 저술
[23] Paul Hertz

1907년부터 괴팅겐에 근무한 펠릭스 베른슈타인은 통계학을 가르쳤다. 클라인의 후임 쿠란트는 1920년부터 학과장으로서 행정 업무를 맡았다. 힐베르트의 후임 바일은 1930년부터 미분 기하학, 대수적 위상 수학, 수리 철학에 관해 강의했다. 헤르글로츠는 다양한 주제에 대해 통찰력 있는 강의를 했다. 헤르츠는 인과 관계와 물리학에 관해 강의했다. 베르나이스는 힐베르트와 함께 논리학을 연구하면서 책 《수학의 기초》를 준비했고, (클라인이 시작한) 주로 고등학교 예비 교사를 위한 초등 수학을 담당했다. 뇌터는 군 표현과 대수학에 관한 자신의 최근 연구에 대해 강의했다.

젊은 무급 강사와 조교 중에는 노이게바우어, 레비, 렐리히, 슈미트, 부제만, 펜헬, 마그누스[24]등이 있었다. 그리고 뛰어난 학생[25]과 많은 방문 교수가 있었는데, 알렉산드로프[26], 아르틴, 베블런, 폰 미제스[27] 등은 자신의 관심 분야를 발표했다.

나치가 집권한 뒤, 교수와 무급 강사 및 조교는 모두 국가 공무원이 됐다. 그리고 1933년 4월 7일에 발령된 국가 공무원의 자격에 관한 새 법에 의해 1914년 이전에 임명됐거나 제1차 세계 대전에 군인으로 참전한 사람을 제외한 모든 유대인은 해고 대상이었다. 이에 따라 쿠란트, 뇌더, 베른슈타인은 즉각(4월 22일) 해고당했다. 쿠란트의 경우 제1차 세계 대전에 참여했지만 그의 정치적 견해와 수학에 대한 영향력 때문에 미움을 받아 자리를 유지할 수 없었다. 유대인이 아닌 노이게바우어가 학과장을 맡았지만 정치적 문제 때문

[24] Franz Rellich(1906~1955); Arnold Schmidt; Herbert Busemann; Werner Fenchel; Wilhelm Magnus(1907~1990)

[25] Gerhard Gentzen; Fritz John; Peter Scherk; Olga Taussky; Ernst Witt

[26] Pavel Sergeevich Aleksandrov(1896~1982), 러시아의 수학자

[27] Richard von Mises(1883~1953), 오스트리아 출신의 응용 수학자로 슈트라스부르크 대학(1909~18), 베를린 대학(1920~33)에서 가르쳤고, 이스탄불을 거쳐 1939년 미국으로 가서 하버드 대학 교수가 됐다.

에(또는 자신의 잔디밭을 깎지 않아서) 하루만에 해고당했다. 4월 27일 베르나이스, 헤르츠, 레비도 해고됐다. 바일은 1932년 베블런으로부터 프린스턴 고등 학술 연구소의 교수직을 제의받았다. 바일은 이를 고려했지만 포기했다. 그 뒤 나치가 집권했다. 바일은 유대인이 아니었지만, 그의 아내는 유대인이었고 나치의 규정에 따라 두 아들은 유대인이었다. 그래서 그는 고민하다가 베블런에게 편지를 띄워 예전의 제의가 유효한지를 물었다. 그리고 그 해 여름 학기가 끝나자 곧바로 떠나버렸다. 란다우는 해고 대상이 아니었지만 1933년 여름 학기에 강의를 맡지 말라는 조언을 들었고 이에 응했다. 그 뒤 겨울 학기에 강의를 시작했지만 학생들의 수업 거부로 사임하고 결국 1933년 11월 괴팅겐을 떠났다. 18명의 수학자가 떠나거나 해고당했고, 괴팅겐 수학과는 완전히 괴멸됐다.

그 뒤 괴팅겐 수학과의 네 개의 교수직은 하세, 헤르글로츠, 칼루자[28], 지겔로 채워졌다. 학과장을 맡은 하세는 수학과를 재건하려고 시도했지만 나치를 지지하는 수학자들[29]로부터 견제를 받고 어려움을 겪었다. 하세는 영향력을 높이기 위해 나치 당원이 되려고 시도했지만, 조상 중에 유대인이 있었기 때문에 이것도 좌절됐다. 전쟁 뒤 괴팅겐 수학과는 독일의 다른 대학 수학과와 다를 바 없이 되었다.

힐베르트의 평가

당시 70대였던 힐베르트는 명예 교수로 남아 있었다. 하지만 괴팅겐 대학은 예전과는 분위기가 매우 달랐다. 힐베르트는 자신의 이름인 다비드David가 유대 혈통과는 전혀 무관하다는 사실을 입증해야 했던 일도 있었다. 어느

---

[28] Theodor Franz Eduard Kaluza(1885~1945)

[29] Oswald Teichmüller; Werner Weber; Edward Tornier

만찬회 자리에서 나치 정권의 한 장관이 유대인 축출 때문에 괴팅겐 대학의 수학이 타격을 입지는 않았느냐고 힐베르트에게 물었다. 그 장관은 교활하고 해로운 유대인의 분석적 방법론을 솎아내고, 대신 선하고 순수한 독일 고유의 종합적 방법론을 취했기 때문에 수학 분야가 크게 발전해 나가기 시작했다는 답변을 기대하고 있었다. 그러나 힐베르트가 깊은 슬픔과 분노를 담은 목소리로 다음과 같이 답변했을 때 장관은 크게 당혹스러웠다. "타격을 입었느냐고요? 타격 정도가 아니죠. 이제 괴팅겐에는 수학이라는 학문이 아예 존재하지 않습니다."[30]

[30] 조지 G. 슈피로 저/심재관 역, 《케플러의 추측》, 영림카디널, 2004, pp. 199.

시카고 대학교 수학과

시카고 대학교

The University of Chicago
Department of Mathematics

시카고 대학 수학과는 1892년 설립된 이후 약 1910년까지 황금기를 구가했다. 초기의 이런 명성은 초대 학과장 엘리아킴 무어 및 독일 괴팅겐 대학에서 학위를 받은 볼차와 마쉬케의 지도로 성취됐다. 당시 시카고 대학은 상당히 많은 자금을 확보하고 있었으며, 여성도 똑같은 대우를 받으며 대학원을 다닐 수 있었다.

제1의 전성 시대

엘리아킴 무어(Eliakim Hastings Moore, 1862~1932)
볼차(Oskar Bolza, 1857~1942)
마쉬케(Heinrich Maschke, 1853~1908)

엘리아킴 무어는 1862년 1월 26일 오하이오 주의 작은 도시에서 태어나 어린 시절을 주로 애선스Athens에서 보냈다. 17세 때(1879년) 예일 대학에 입학해서 수학과 천문학을 공부했고, 1883년에 학사 학위를 받았다. 허버트 뉴턴[1]의 지도로 1885년에 박사 학위를 취득했다. 곧 유럽으로 가서 주로 베를린 대학에서 크로네커와 바이어슈트라스의 강의를 들었으며, 독창적인 연구의 중요성을 인식했다.

그는 미국으로 되돌아가서 노스웨스턴 대학 강사(1886~87), 예일 대학 수학 개인지도 강사(2년), 노스웨스턴 대학 조 · 부교수(1889~92)를 역임한 뒤, 1892년에는 신설된 시카고 대학의 수학과 교수 겸 학과장이 되어 1931년 은퇴할 때까지 자리를 지켰다. 그는 총장 하퍼❷를 설득해서 독일의 젊은 수학자 볼차와 마쉬케를 초빙했다.

무어는 미국 수학회 부회장(1898~1900)과 회장(1901~1902)을 역임했고 대수학과 기하학의 기초론에서 뛰어난 업적을 남겼는데, 다음과 같은 말을 들었다.

> 무어는 특출한 천재로 활동적이고 상상력이 풍부했으며, 미국 수학자들을 외국 대학의 의존 상태에서 해방시킨 뛰어난 지도자였다.

볼차는 1857년 베를린 대학에 입학해서 언어학을 공부하다가 전공을 물리학으로 바꾸었고, 실험에 싫증을 느껴서 1878년 가을에 다시 전공을 수학으로 바꾸었다. 슈트라스부르크 대학에서 크리스토펠과 라이에Reye, 괴팅겐 대학에서 슈바르츠, 베를린 대학에서 바이어슈트라스의 지도를 받았다. 특히 바이어슈트라스의 영향으로 변분법을 연구했다. 1882년에 중등학교 교사 자격 시험에 합격해서 김나지움에서 가르치기도 했다. 학문에 뜻을 두고 여러 분야에 도전했는데, 결국 괴팅겐 대학에서 클라인의 지도로 1886년 박사 학위를 취득했다. 베를린 대학에서 공부할 때 마쉬케

❶ Hubert Anson Newton(1830~1896), 예일 대학에서 학사 학위를 받고 곧 가르치기 시작했다. 뛰어난 연구를 수행했지만, 박사 학위를 받지는 않았다.

❷ William Rainey Harper(1856~1906), 미국의 교육자 · 헤브루 학자로, 시카고 대학 초대 총장을 지냈다.

를 만났고 절친하게 지냈다. 1888년에 미국으로 이민 가서 존스 홉킨스 대학과 클라크 대학을 거쳐 1892년에 시카고 대학 교수가 됐다. 1908년 마쉬케가 죽자 1910년 다시 독일로 돌아갔다.

마쉬케는 1853년 10월 24일 브레슬라우에서 태어났다. 1872년 하이델베르크 대학에 입학해서 쾨니히스베르거의 지도를 받았고, 1년 동안의 군 복무를 마치고 베를린 대학으로 옮겨서 바이어슈트라스, 쿠머, 크로네커의 지도를 받았다. 여러 대학을 옮겨 다니는 당시의 관행에 따라 괴팅겐 대학으로 옮겨 클라인의 지도로 1880년 박사 학위를 취득했다. 그 뒤 고등학교에서 가르쳤는데, 1886~87년에는 괴팅겐 대학에서 클라인과 함께 연구하기도 했다. 볼차가 미국으로 이민가자, 그를 뒤따라 1891년에 미국으로 이주해서 웨스턴 전기 회사에서 1년 동안 근무한 뒤, 1892년 볼차의 추천으로 시카고 대학 수학 교수로 임명받았다. 그는 클라인의 영향으로 군론을 연구했고, 미분 기하학도 연구했다.

세 사람은 서로를 매우 훌륭하게 보완했다. 무어는 당시 인기 있던 수학 연구 운동에 매우 큰 관심을 가진 광신자였다. 바이어슈트라스가 지도하는 독일 해석학파의 소산인 볼차는 유능하고 널리 인용되는 연구 수학자였다. 마쉬케는 두 사람보다 더욱 꼼꼼하여 연구에서 빈틈이 없고 뛰어났으며, 대단히 유쾌한 기하학 교수였다. 1892년부터 1908년까지 시카고 대학은 고등 수학 연구 기관으로서 미국 내에서 누구의 추월도 불허했다.

무어, 볼차, 마쉬케의 지도로 1892년과 1910년 사이에 39명의 박사 학위를 배출했다. (이 중에서 볼차는 9명, 마쉬케는 5명을 배출했다.) 그 중에는 딕슨, 블리스[3], 베블런, 조지 버코프 등이 있다. 그리고 로버트 무어는 베블런의 지도로 1905년 시카고 대학에서 박사 학위를 취득했는데, 텍사스 대학을 다닐 때는 시카고 대학 출신인 딕슨의 강의를 들었다.

독일 체계의 잔영

니벤

니벤[4]는 1936년부터 1938년까지 시카고 대학에서 공부하고 박사 학위를 받았다. 니벤은 매우 열심히 공부했지만, 약간 실망했다. 학기말 시험이 거의 없었기 때문이었다. 사실, 학기말 시험을 치르는 교수는 기하학자 레인 E.P. Lane뿐이었다. 다른 교수들은 강의만 하다 종강하면서 "다음 학기에 봅시다."라는 말만 남기고 떠났다. 이것은 독일 체계의 모방으로 마쉬케와 볼차가 도입한 것이었다.

마쉬케의 자명한 말씀

문제를 푸는 것은 방법이 아니라 사람이다.

---

❸ Gilbert Ames Bliss(1876~1951), 미네소타, 시카고, 미주리, 프린스턴 대학을 거쳐 1908년부터 시카고 대학 교수를 역임했다.

❹ Ivan Morton Niven(1915~1999), 캐나다 밴쿠버에서 태어났고, 브리티시컬럼비아 대학에서 학사(1934)와 석사(1936) 학위를 취득했다. 1938년에 시카고 대학에서 박사 학위를 받았는데, 딕슨과 공동 연구했다. 펜실베이니아, 일리노이(3년), 퍼듀(5년) 대학을 거쳐 1947년부터 은퇴한 1981년까지 오리건 대학 교수를 지냈다.

아다마르 Jacques Hadamard

1865~1963

아다마르는 1865년 12월 8일 프랑스 베르사유에서 태어났다. 에콜 노르말 쉬페리외르에서 공부했고, 1892년에 박사 학위를 취득했다. 보르도 대학(1893~1897), 콜레주드프랑스와 파리 대학을 거쳐 1912년에는 에콜 폴리테크니크의 교수가 됐다. 소수 정리를 증명한 것은 1896년이었다. 1940년 제2차 세계 대전 중 파리가 함락되자 미국으로 피신했다가 2년 뒤에 영국으로 갔고, 1944년 프랑스로 되돌아갔다. 그는 만년에 이르기까지 연구 생활을 계속했다.

산술의 골찌에서 그랑제콜 입시의 수석으로

아다마르는 학창 시절, 수학에서는 형편 없었지만 다른 모든 과목에서 뛰어났다. 특히, 그리스어와 라틴어를 잘했다. 그래서 "…5학년까지 산술에서 꼴찌이거나 거의 꼴찌였다."라고 말한 적이 있다.

아다마르의 아버지는 라틴어 교사로 1875년에 유명한 루이르그랑 리세로 전근했는데, 아다마르도 아버지를 따라 전학했다. 그곳에서 훌륭한 교사를 만나 수학과 과학에 몰두했으며, 1884년 에콜 폴리테크니크와 에콜 노르말 쉬페리외르의 입학 시험에서 모두 일등을 차지했다.

위의 두 대학은 입학하기가 극히 어려웠다. 해마다 40~50명을 뽑는데 천여 명이 응시했다. 에콜 노르말 쉬페리외르의 경우 입학 시험의 첫 단계는 프랑스 전역의 고등학교와 대학에서 이틀 동안 동시에 진행됐다. 첫째 날에는 수학, 물리학, 철학에 관한 필기 시험을 여섯 시간 동안 치렀고, 둘째 날에 응시생들은 네 시간 동안 라틴어를 번역했다. 이런 시험을 통과한 응시생은 파리의 에콜 노르말 쉬페리외르에서 마지막으로 시행하는 구두 시험과 필기 시험에 초대됐다. 초대받은 학생들의 명단은 성적순으로 발표됐다.

아다마르는 에콜 폴리테크니크와 에콜 노르말 쉬페리외르 두 대학에 모두 일등으로 합격하고는 어느 곳을 선택할지를 놓고 고민했다. 19세기 후반에 이르러 에콜 폴리테크니크의 수학 교육의 질은 다소 떨어진 반면에, 에콜 노르말 쉬페리외르의 명성은 커졌다. 그는 고심한 뒤에 약 20년 전 다르부가 세운 사례를 따랐다. 다르부도 두 시험에서 모두 일등을 했는데, 좀 더 학술적인 에콜 노르말 쉬페리외르를 선택했다. 그 뒤 보렐❶도 두 시험에서 모두 일등을 했고, 역시 에콜 노르말 쉬페리외르를 선택했다.

순수 수학의 응용력

아다마르는 에콜 노르말 쉬페리외르를 1888년에 졸업한 뒤 파리에서 1년 더 공부했다. 그리고 리세 뷔퐁Lycée Buffon에서 1890년부터 1893년까지 가르쳤는데, 그가 가르친 학생 중에 프레셰❷가 있었다.

아다마르는 리세에서 근무하는 중에 에르미트의 지도를 받으며 박사 학

❶ Félix Eduouard Justin Emile Borel(1871~1956), 최초의 효과적인 측도론을 창시했으며 발산하는 급수와 게임 이론을 연구한 프랑스 수학자다. 1893년에 릴(Lille) 대학 강사, 1897년에 에콜 노르말 쉬페리외르 교수가 됐고, 소르본 대학 함수론 교수(1909~41)를 겸임했다. 여러 가지 행정 업무를 맡았는데, 1910년부터 10년 동안 에콜 노르말 쉬페리외르의 책임자로 일하기도 했다. 1924년 이후에는 정치가로 활동했는데, 국회의원(1924~36)과 해군 장관(1925~40)을 역임했다. 1941년에는 독일 당국에 체포되어 구금되기도 했는데, 석방된 뒤에 레지스탕스에 관여했다.

❷ Maurice René Fréchet (1878~1973), 프랑스의 수학자

위 논문을 썼다. 심사를 받기 위해 논문을 제출했을 때, 에르미트는 논문의 주요 결과에 대한 어떤 응용을 찾아낼 수 있으면 더욱 좋을 것이라고 지적했다. 그런데 당시 아다마르는 어떠한 응용도 알고 있지 않았으며, 찾아보려고 노력하지도 않았었다. 그렇지만 논문을 제출하고 승인받을 때까지 논문의 결과로 해결할 수 있는 중요한 문제를 찾아냈다. 그래서 그의 논문은 '쓸모 있음' 이 판명됐는데, 이것은 그가 논문 주제에 매력을 가졌던 순수한 느낌이 그를 옳은 방향으로 유도했다는 점을 보여주었다.

이와 비슷한 사건이 행렬식에 관한 아다마르의 아름다운 정리(1893)와 관련해서도 일어났다. 7년 뒤인 1900년에 프레드홀름 이론은 아다마르의 행렬식 정리가 필수적이라는 사실을 밝혀냈다.

발견과 응용

두 가지 종류의 발견이 있는 것으로 보인다. 한 가지는 목표가 먼저 주어지고, 목표로부터 수단을 좇는, 즉 문제로부터 해를 구하는 경우다. 다른 경우는 수단으로부터 목표를 향하는 방법인데, 이 방법은 먼저 어떤 사실을 발견한 뒤 그것의 용도를 찾는 경우다. 수학 및 다른 과목에서 대부분의 중요한 발견은 둘째 종류의 경우다. 아다마르가 말한 대로, "실용적인 응용은 그것을 찾아내려는 노력으로 발견되지 않는다. 문명의 전체 과정은 이런 원리에 있다고 말할 수 있다." 이 말을 옹호하는 훌륭한 예는 원뿔 곡선에 대한 그리스 사람들의 철저한 연구다. 놀랍게도 약 2000년 뒤 케플러는 원뿔 곡선인 타원을 태양계 행성들의 운동에 응용했다.

반역자

유명한 드레퓌스 사건의 주인공 드레퓌스❸ 대령이 아다마르의 아내와 친척이었기 때문에, 아다마르는 드레퓌스를 열렬히 지지했다. 반면에 보수주의자 에르미트는 드레퓌스를 맹렬히 비난했다. 그런데 에르미트가 젊은 아다마르의 논문을 심사하는 일이 벌어졌다. 아다마르는 이런 정치적 견해 때문에, 심사 날짜가 다가오자 매우 불안해했다. 그리고 그의 불안감은 심사가 시작된 뒤 에르미트가 "아다마르, 당신은 반역자야."라고 호통을 쳤을 때 최고조에 달했다. 아다마르가 당혹스러워하며 어찌할 바를 모르고 있을 때, 에르미트가 덧붙였다. "당신은 해석학을 위해 기하학을 버렸어."

해답의 출현

꿈과 관련된 현상으로 많은 수학자가 말한 것은, 잠에서 깨는 순간에 어떤 문제의 해가 갑자기 나타나는 일시적인 환영이다. 아다마르도 그런 경험을 이야기한 적이 있다. 아다마르는 소음으로 생각되는 어떤 것 때문에 갑자기 깼을 때, 오랫동안 연구해온 어떤 문제의 풀이가 전혀 생각하지도 않았는데 떠올랐다. 더욱 놀랍게도, 그 풀이는 그가 이전에 시도했던 방법과 완전히 다른 방향이었다.

정신병자 1

아다마르는 미국 순회 강연을 계획했다. 미국 수학자들을 만나고 싶었고, 수학 문제에 대해 많은 대화를 나누고 싶었다. 그래서 여러 대학에 편지를 보냈는데, 그 중에는 시러큐스 대학도 있었다. 시러큐스 대학의 수학과 학과장이 멀리 여행을 갔기 때문에 총장이 그 편지를 읽었다. 그런데 총장은 아다마르의 강연 요청을 거절했다. 왜냐하면 아다마르가 금전적인 보수에 대해 전

❸ Alfred Dreyfus(1859~1935), 유대계의 프랑스 육군 포병 대위로 독일 첩자라는 용의로 유죄 판결을 받았다가 1906년 무죄를 인정받음.

혀 언급하지 않아서 틀림없이 정신병자라고 생각했기 때문이다.

정신병자 2

아다마르가 어떤 수학 잡지의 편집자로 근무할 때, 전혀 모르는 사람으로부터 꽤 훌륭한 논문을 접수한 적이 있었다. 그래서 그 사람을 저녁 식사에 초대했는데, 그는 자신이 현재 초대에 응하기 힘든 상황에 있으므로 아다마르가 직접 방문하면 고맙겠다는 편지를 보냈다. 그래서 아다마르는 그렇게 했다. 그 투고자는 놀랍게도 범죄자들을 위한 정신 병원에 감금되어 있었다. 그는 자신의 가족을 살해한 것을 제외하고는 매우 정상적으로 보였다. 그의 이름은 앙드레 블로크[4]였다.

블로크는 1913년 에콜 폴리테크니크를 입학했고, 1914년 징집됐다가 사고로 제대했다. 1917년 11월 17일 저녁 식사 후 자신의 형제 및 숙모와 숙부를 살해했다. 그는 정신 병원에 감금되어 있는 동안 함수론, 기하학, 수론, 대수 방정식, 운동학 등 광범위한 주제를 연구했다. '블로크의 상수'는 그의 이름이 붙은 수학 용어다. 폴리아와 공동 논문을 쓰기도 했으며, 'René Binard'와 'Marcel Segond'와 같은 필명으로 중요한 논문을 많이 발표했다. 그는 "나에게 수학이면 충분하다."고 말하면서 퇴원을 거부했으며, 의사에게 살해한 이유를 다음과 같이 설명했다. "이것은 수리 논리학의 문제다. 우리 가족은 정신병을 앓고 있었다."

---

❹ André Bloch(1893~1948)

전쟁의 참화

아다마르는 박사 학위를 받은 1893년에 결혼했는데, 1894년에 피에르 Pierre, 1897년에 에티엔Etienne, 1899년에 마티유Mathieu, 1901년에 세실Cécile, 1902년에 재클린Jacqueline 등 모두 3남 2녀의 자녀를 두었다. 제1차 세계 대전 전까지 그는 학문적으로 가정적으로 모두 매우 행복했었다.

전쟁이 발발할 당시 장남은 에콜 폴리테크니크에 입학했고 차남은 2년 뒤에 에콜 노르말 쉬페리외르에 입학했는데, 둘은 모두 프랑스 서부 전선에서 전사했다. 에콜 폴리테크니크로 가기로 되어 있던 삼남은 전쟁이 끝나갈 무렵 징집됐는데, 덜 위험한 이탈리아 전선에 배치되어 살아남았다. 그렇지만 그도 제2차 세계 대전 중에 사망했다.

아다마르는 어렸을 때도 전쟁 때문에 가족을 잃은 적이 있었다. 어린 시절 파리에 살고 있을 때 프로이센 · 프랑스 전쟁이 발발했다. 여동생은 1870년 파리가 프로이센에 함락되기 전에 죽었고, 파리에서 전투가 벌어졌을 때 아마마르의 집이 화재로 붕괴됐다. 1871년에 태어난 다른 여동생은 1874년에 죽었다.

아다마르는 96세였던 1962년에 손자 에티엔Etienne을 등반 사고로 잃는 비극을 겪기도 했다.

하우스도르프 Felix Hausdorff

1868~1942

하우스도르프는 1868년 11월 8일 독일 브레슬라우에서 태어났다. 부모는 모두 유대인이고 부유한 직물 상인이었다. 하우스도르프는 어린 시절 라이프치히로 이사해서 학창시절을 보냈다.

그는 라이프치히 대학에서 1891년 천문학에 수학을 응용한 논문으로 박사 학위, 1895년에는 천문학과 광학에 관한 연구로 교수 자격을 취득하고 무급 강사가 됐다. 1902년에 모교 수학과의 조교수가 됐고, 1904년부터 명성을 얻게 된 위상과 집합론 분야를 연구하기 시작했다. 1910년에 본 대학, 1913년에 그라이프스발프Greifswalf 대학, 1921년에 다시 본 대학으로 돌아가서 1935년 나치 정권에 의해 강제로 퇴직할 때까지 가르쳤다. 1914년에는 위상 공간과 거리 공간 이론을 창시한 유명한 교과서 《집합론의 기본적 특징Grundzüge der Mengenlehre》을 발간했다. 이 책에 위상 공간의 개념과 분리 공리가 들어 있다. 그런데 그가 죽고 60년이 지난 극히 최근에야 학자들은 그의 논문들을 연구했고, 그의 연구에 대한 좀 더 분명한 평가를 내리기 시작했다.

다양한 관심사

하우스도르프는 학창 시절에 수학뿐만 아니라 문학과 음악에도 큰 관심을 가졌다. 사실 그는 작곡가가 되려고 노력했는데, 부모의 만류로 포기하고 수학을 전공했다. 그렇지만 수학을 전공하면서도 그의 주 관심사는 문학과 철학이었으며, 친구도 과학자보다는 주로 작가와 예술가였다. 수학계보다는 문학계에서 자신의 이름을 남기고 싶었던 것으로 보이는데, 'Paul Mongré' 라는 필명으로 문학 작품을 출간하기도 했다. 니체의 철학에 영향을 받아 1897년에 발표한 최초의 문학 작품 《자라투스트라 나라의 생각Sant' Ilaria: Thoughts from Zaratustra's Country》은 378쪽에 달한다. 철학 책 《우주 선택의 혼돈Das Chaos in kosmischer Auslese, 1898》과 시집 《환희Ekstasses, 1900》를 냈으며, 철학과 문학에 관한 글을 많이 썼다. 그가 쓴 희곡 《의사의 명예Der Arzt seiner Ehre, 1904》는 베를린에서 실제로 상연되기도 했다.

하우스도르프는 1902년에 괴팅겐 대학으로부터 교수 초빙을 받았지만, 이를 거부했다. 그에게는 라이프치히에서의 문학과 예술 활동이 수학 연구보다 더 매력적이었다. 부유한 집안에서 태어난 그는 수학자로서 경력을 쌓는 데 고심하지 않았다. 수학을 연구하고 가르쳤지만 그에게 수학은 부업에 불과했다.

나치 치하에서

하우스도르프는 1932년에 닥쳐오는 나치의 재앙을 감지하고 피신할 수도 있었지만 그러지 않았다. 1934년 11월에 히틀러에게 충성 서약까지 했지만, 다음 해 1월에 새로운 법이 통과되면서 교수직을 포기해야 했다. 위상과 집합론에 관한 연구를 계속했지만 독일에서는 발표할 수 없었다. 1939년에야 이민을 가려고 쿠란트에게 연구직을 찾아달라고 부탁했지만, 쿠란트도 도움이 되지 못했다.

유대인이었던 하우스도르프의 처지가 더욱 악화됐다. 1941년에는 가까스로 수용소 수감을 피할 수 있었다. 그러나 1942년 1월에 수용소로 가야 한다는 말을 듣고, 부인과 함께 자살했다.

러셀 Bertrand Arthur William Russell

1872~1970

논리학자 · 분석 철학자 · 평화 운동가로 명성을 얻은 러셀은 1872년 5월 18일 웨일즈의 명문가에서 태어났다. 할아버지는 빅토리아 여왕이 재위할 때 수상을 두 번 역임한 존 러셀[1] 경이었다. 어머니는 1875년, 아버지는 1876년, 할아버지는 1878년에 죽었고, 할머니가 그를 키웠다. 그는 케임브리지의 트리니티 대학을 졸업하고, 1910년부터 모교에서 논리학과 수리 철학을 강의했다. 그는 수학의 기초와 현대적인 형식 논리학에 대한 공헌 때문에, 통상 괴델과 함께 20세기의 가장 중요한 논리학자로 간주되고 있다.

도덕적 신념이 매우 강하고 사회에 대한 관심이 컸던 러셀은 자유, 평등, 반전, 반권력을 주장했을 뿐만 아니라 이를 위해 투쟁했다. 제1차 세계 대전에 반대해서 1916년 교수직에서 쫓겨났고 2년 뒤에는 6개월간 투옥됐다. 이때, 《수리 철학 입문(Introduction to Mathematical Philosophy, 1919)》을 저술했다. 그 뒤 실험 학교를 운영하고 미국에서 가르쳤으며, 1944년 트리니티 대학에 복직해서 죽을 때까지 자리를 지켰다. 1950년 노벨 문학상을 수상했다.

[1] John Russell(1792~1878), 영국의 수상(재직 1846~52, 1865~66) 역임

첫사랑

러셀은 11세 때 유클리드의 《원론》을 공부하기 시작했다. 당시 18세였던 형이 개인 지도해 주었다. 러셀은 《자서전》[2]에 다음과 같이 썼다. "이것은 내 인생에서 하나의 거대한 사건이었는데, 마치 첫사랑과 같이 짜릿했다. 나는 이 세상에서 이것보다 더 달콤한 것을 상상할 수 없었다. … 그 순간부터 38세 때까지 수학은 나의 주요한 관심사였으며, 행복의 주요한 원천이었다."

자살 못하는 이유

러셀은 《자서전》에 다음과 같이 썼다. "16번째 생일 직전에 나는 올드사우스게이트Old Southgate에 있는 육군 학교에서 단기 교육을 받았다. … 그때 나는 매우 우울했다. 거기에는 들판을 가로질러 뉴사우스게이트New Southgate에 이르는 좁은 길이 있었는데, 그곳으로 혼자 가서 저녁놀을 바라보며 자살할까 생각했다. 그렇지만 자살하지 않았다. 나는 수학을 더 많이 알고 싶었기 때문이었다."

언젠가 러셀은 자신의 믿음 때문에 죽을 각오가 되어 있느냐는 질문에 즉석 대답했다. "물론, 아니다. 최종적으로는 내가 틀릴 수 있기 때문이다."

식자우환

러셀이 깊은 상념에 빠져 있는 것을 본 친구가 이유를 묻자, 러셀이 난감한 표정을 지으며 대답했다. "이상한 사실을 발견했기 때문이야. 학자와 이야기할 때는 행복이 결코 가능하지 않음을 분명히 확신하게 되네. 그런데 내 정원사와 이야기할 때는 그 반대의 상황을 확신하게 되거든."

[2] *The Autobiography of Bertrand Russell*, 1872-1914, George Allen and Unwin, 1967, p. 36

▣ '나는 교황이다'

형식 논리학에서는 논리적으로 잘못된 임의의 명제를 참으로 받아들이면 다른 어떠한 명제도 '증명'할 수 있다는 것을 통상 하나의 원리로 간주한다. 러셀은 뉴욕 시립 대학에서 논리학을 가르치던 어느 날 이 원리를 이야기했다. 그러자 한 학생이 도전했다.

"좋습니다. 1+1=1이라고 가정하고, 교수님이 교황임을 증명하십시오."

러셀은 조금도 주저하지 않고 눈빛을 번뜩이며 다음과 같이 대답했다. "나는 1이고 교황도 1이다. 그리고 우리를 함께 생각하면 1+1인데, 이것은 1이다. 그래서 우리는 한 사람이고, 나는 교황이다."

▣ 강연 1

러셀은 냉전이 시작되던 시기에 영국의 보수적인 여성들의 모임에 초빙되어 〈영국의 정치〉라는 제목으로 강연한 적이 있었다. 평소대로 러셀은 자신이 좌파 철학자며 무신론자임을 거리낌없이 말했다. 자신의 견해를 차분하고 신중하게 전달하려고 노력했지만, 여성 청중들은 전혀 받아들이지 않았다. 실제로, 강연이 끝날 무렵에는 러셀에게 달려들어 양산을 비롯하여 여러 가지 물건으로 공격하기에 이르렀다. 경호원이 구조에 나섰다. 러셀을 보호하면서, 한편으로는 여성들을 진정시키려고 했다. 경호원이 소리쳤다. "진정하십시오! 이 분은 위대한 수학자입니다." 소용이 없었다. 계속해서 러셀을 공격했다. 그러자 경호원이 다시 소리쳤다. "진정하십시오! 이 분은 위대한 철학자입니다." 역시 소용이 없었다. 드디어 경호원이 소리쳤다. "진정하십시오! 이 분의 형은 백작입니다." 그러자 잠잠해졌다.

▣ 강연 2

러셀이 영국에서 천문학에 관해 대중 강연한 적이 있었다. 물론, 지구가 태양 주위를 공전한다는 코페르니쿠스 이론을 설명했다. 그리고 계속해서 태양은, 은하수라고 부르는 별들의 거대한 모임의 중심을 공전한다고 주장했다. 강연 끝에 질의 응답 시간이 있었다. 강단 끝에서 한 나이든 늙은 여자가 일어나서 말했다. "당신이 말한 내용은 쓸데없는 소리입니다. 세상은 실제로 평평한 판이고, 이 판은 거대한 거북의 등 위에 있습니다." 러셀이 반문했다. "그렇다면 거북은 어디에 서 있습니까?" 그 여자가 대답했다. "당신은 참 영리한 젊은이입니다. 정말 영리해요. 그렇지만 거북은 그 아래로 계속 연이어 있습니다."

▣ 러셀의 역설

러셀은 1901년에 단지 집합 자체의 개념에만 근거한 역설을 발견했다. 러셀의 역설을 설명하기 전에, 집합은 자신의 원소이거나 자신의 원소가 아니라는 사실을 지적한다. 예를 들면, 추상적인 개념 전체의 집합은 그 자체로 추상적인 개념이지만, 사람 전체의 집합은 사람이 아니다. 또, 집합 전체의 집합은 그 자체로 집합이지만, 별 전체의 집합은 별이 아니다. 자신의 원소가 되는 집합 전체의 집합을 M으로 나타내고, 자신의 원소가 되지 않는 집합 전체의 집합을 N으로 나타내자. 이제, 집합 N은 자신의 원소인지 또는 자신의 원소가 아닌지를 알아보자. 만약 N이 자신의 원소이면, N은 M의 원소가 되고 N의 원소가 되지 않는다. 즉, N은 자신의 원소가 아니다. 반면에, 만약 N이 자신의 원소가 아니면, N은 N의 원소이고 M의 원소가 아니다. 즉, N은 자신의 원소이다. 이 역설은 모든 경우에 모순에 이른다는 사실에 놓여 있다.

프레게[3]가 산술의 기초에 관한 두 권의 뛰어난 책을 완성한 직후에, 러셀은 이 역설을 프레게에게 편지로 알려주었다. 프레게는 자신의 책 끝에 다음과 같이 비감 어린 문장으로 이 사실을 인정했다. "자신이 방금 끝마친 연구 결과를 포기해야만 하는 것보다 더 바람직하지 않은 경험을 과학자는 거의 겪지 못할 것이다. 내 책의 인쇄가 거의 끝나가고 있었을 때, 러셀 씨로부터 한 통의 편지를 받았다." 그래서 십여 년 이상의 노력이 수포로 돌아갔다.

러셀의 역설은 여러 가지 형태로 대중화됐다. 가장 잘 알려진 형태 중 하나는 러셀 자신이 1919년에 제시한 것으로 어떤 마을의 이발사가 처한 곤경에 관한 것이다. 그 이발사는 스스로 면도하지 않는 사람을 그리고 그런 사람만을 면도해주겠다는 원칙을 선언했다. 이 상황의 역설적인 특성은 "그 이발사는 스스로 면도할까?"라는 문제에 답하려고 할 때 알 수 있다. 만약 그가 스스로 면도한다면, 자신의 원칙을 따르지 않게 된다. 또, 만약 그가 스스로 면도하지 않는다면, 그는 자신의 원칙을 따라야 한다.

칸토어의 집합론 내에서 위와 같은 모순이 발견된 이후, 또 다른 역설이 다량으로 만들어졌다. 집합론의 이와 같은 현대적인 역설들은 논리학에서 고대의 몇 가지 역설과 관계가 있다. 이를테면 기원전 4세기 에우블리데스[4]는 다음과 같은 문장을 만들었다고 전해진다. "내가 지금 만들고 있는 이 문장은 거짓이다." 만약 에우블리데스의 문장이 참이면, 이것이 말하고 있는 바에 의해 그 문장은 반드시 거짓이어야 한다. 반면에, 만약 에우블리데스의 문장이 거짓이면, 그의 문장은 반드시 참이어야 한다. 따라서 에우블리데스의 문장은 모순을 일으키지 않고는 참도 될 수 없고 거짓도 될 수 없다. 에우블리데스의 역설보다 더 오래된 것으로 출처가 분명하지 않은 에피메니데스의

[3] Friedrich Ludwig Gottlob Frege(1848~1925), 독일의 논리학자 · 수학자 · 철학자로, 명제 논리와 술어 논리를 공리 체계로 조직화함으로써 기호 논리학 창시.

[4] Eubulides, 밀레투스 출신의 그리스 철학자

역설이 있다. 기원전 6세기의 크레타 철학자인 에피메니데스[5]가 "크레타 사람은 모두 거짓말쟁이다."라는 문장을 만들었다고 전해진다.

위에 설명한 것과 같이 집합론에 존재하는 역설들은 무엇인가 잘못됐음을 지적한다. 이 역설들이 발견된 이후, 이 주제에 관해 대단히 많은 양의 문헌이 출판됐으며, 해결하기 위한 시도가 많이 있었다.

코끼리와 거북

러셀은 수학의 견고한 기초를 세우려고 노력했지만, 결국 실패했다. 그는 다음과 같이 토로했다.

> 나는 사람들이 종교를 믿는 것과 마찬가지로 수학에서 확실성을 원했다. 나는 그 어느 학문보다 수학에서 좀 더 확실한 확실성을 찾을 수 있다고 생각했다. 그러나 나의 스승들이 받아들이라고 말했던 많은 수학적 논증들이 오류임을 발견했다. … 나는 끊임없이 코끼리와 거북의 우화를 생각했다, 수학 세계의 기반이 되는 코끼리를 구축한 그 순간에 나는 코끼리가 비틀거리는 것을 발견했고, 코끼리가 쓰러지는 것을 막기 위해 거북을 구축했다. 그러나 거북도 코끼리만큼이나 불안정했다. 이렇게 20년 동안 힘들게 노력해 오다가 나는 수학적 지식을 명명백백한 것으로 만들려는 나의 노력이 부질없음을 깨달았다.[6]

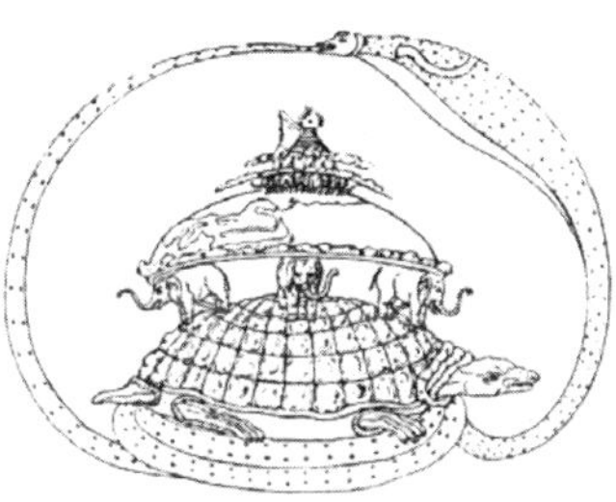

고대 인도의 우주론

[5] Epimenides, 크레타 그노소스 출신의 그리스 예언가 · 철학자 · 시인
[6] 폴 호프만 저 / 신형용 역, 《우리 수학자 모두는 약간 미친 겁니다》, 승산, 1999, p. 158-159.

▣ 러셀의 말

1. 자명한 이치 모든 기하학적 논리는, 마지막 결과에서는 순환이다.
2. 상징적 표현 상징적 표현은 유용하다. 왜냐하면 사물을 어렵게 만들기 때문이다. 자명함은 언제나 정확성의 적이다. 그러므로 우리는 모든 것이 자명하지 않은 새롭고 어려운 상징적 표현을 만들어야 한다. 산술과 대수학은 세 개의 정의할 수 없는 개념과 다섯 개의 증명할 수 없는 명제가 필요하다는 사실을 보여주었다.
3. 수학의 아름다움 정확히 보면, 수학은 진실뿐만 아니라 최상의 아름다움을 갖고 있다. 이것은 조각품의 아름다움과 같이 우리의 나약한 감정의 어떠한 부분에도 호소하지 않고 그림이나 음악과 같이 화려한 장식도 없지만, 최고로 순수하고 단지 최고의 예술만이 보여줄 수 있는 것과 같은 완벽성을 갖고 있는 냉정하고 준엄한 아름다움이다.

《수학적 원리》

화이트헤드와 러셀은 수학의 기초를 엄밀한 논리적 기반 위에 세우려는 의도로 세 권으로 이루어진 기념비적인 책 《수학적 원리(Principia Mathematica, 제1권 1910년, 제2권 1912년, 제3권 1913년)》를 썼다.

▣ 읽을 필요가 없는 걸작

러셀과 화이트헤드의 책 《수학적 원리》는 읽을 필요가 없는 명작의 훌륭한 예라는 말이 있다. 이 책을 러셀과 화이트헤드 및 교정자 등 단 세 사람만이 읽었다는 이야기가 있었다. 그런데 이 명단에 러셀과 화이트헤드가 속할지에 대한 회의가 있었다.

▣ 러셀의 악몽

러셀은 끔찍한 악몽을 꾸었다. 그는 꿈 속에서 대영 박물관의 거대한 도서관에 있었나. 한 사시가 비퀴가 달린 큰 휴지통을 끌고 천천히 서가 사이를 돌아다니고 있었다. 사서는 책을 꺼내어 잠시 동안 훑어보고는 다시 꽂거나 아니면 휴지통에 집어넣었다. 드디어 사서는 책 《수학적 원리》를 꺼냈다. 저자들은 이 책을 쓰기 위해 고통스럽고 탈진할 정도의 노력을 기울였는데, 러셀의 꿈에서는 그 책이 현존하는 마지막 책이었다. 사서는 책의 제목을 보고는 휴지통에 던져버리려는 듯이 하다가 마음을 바꾸어 서가에 다시 꽂으려고 했다가 다시 꺼내는 등 어물어물하는 바로 그 순간 러셀은 꿈에서 깨어났다.

딕슨 Leonard Eugene Dickson

1874~1954

수론과 군론의 연구로 유명한 딕슨은 1874년 1월 22일 미국 아이오와 주 인디펜던스에서 태어났다. 가족은 그가 어렸을 때 텍사스로 이주했고, 이에 따라 딕슨은 텍사스에서 교육을 받았다. 텍사스 대학에서 홀스테드[1]의 지도로 기하학을 전공하고 학사 학위1893와 석사 학위1894를 받았다. 시카고 대학에서 엘리아킴 무어의 지도로 1896년 박사 학위를 취득했다. 이것은 시카고 대학 최초의 수학 박사 학위였다. 그 뒤 라이프치히에서 리 그리고 파리에서는 조르당과 연구하고 미국으로 돌아가서, 버클리의 캘리포니아 대학과 오스틴의 텍사스 대학을 거쳐 1900년 시카고 대학의 교수가 되어 1939년까지 그 자리를 지켰다.

일과

니벤은 1936년부터 1938년까지 시카고 대학에서 공부하고 딕슨의 지도로 박사 학위 논문을 썼다. 니벤은 당시 딕슨이 시카고 대학 수학 교수 중에서

[1] George Bruce Halsted(1853~1922), 미국의 수학자로, 프린스턴 대학에서 학사(1875)와 석사(1878) 학위, 존스 홉킨스 대학에서 실베스터(J.J. Sylvester)의 지도로 박사(1879) 학위를 취득했다. 프린스턴 대학에서 강사로 가르치다가, (1883년에 개교한) 오스틴의 텍사스 대학의 교수로 1884년부터 19년 동안 가르쳤다. 딕슨과 함께 로버트 무어에게도 수학과 수학 교육 방법에 큰 영향을 주었다. 공격적이고 자기 주장이 강했던 홀스테드는 1902년 텍사스 대학의 교수직을 잃었으며, 다른 대학으로 옮겨서도 이런 성격 때문에 번번이 물러나야 했다. 결국 말년에는 전기 기사로서 전기 제품 가게를 운영하면서 수학 논문을 썼다.

가장 뛰어난 인물이라면서, 그의 일과는 다음과 같았다고 말했다.

딕슨은 오전 10시경에 출근했는데, 곧바로 교수 클럽에 가서 친한 동료들과 브리지 놀이를 했다. 그리고 점심 식사를 한 뒤 또다시 브리지 놀이를 했다. 그리고 일주일에 4일 동안 2:30부터 3:30분까지 강의했고, 또다시 교수 클럽으로 갔다. 형식상 학생 면담 시간이 있었지만, 기다리는 학생이 없으면 즉시 떠났다. 교수 클럽이 연구실 가까이 있었기 때문에 틈만 나면 그곳으로 가서 브리지 놀이를 즐겼다. 그리고 집으로 가서 부인과 함께 저녁 식사를 한 뒤, 저녁 7시 30분 또는 8시경에 다시 연구실로 갔다. 그리고 8시 30분부터 1시 30분경까지 연구하고 집으로 돌아갔다. 이렇게 늦은 밤에 결실이 풍부한 연구를 했지만 낮에는 브리지 놀이와 강의로 시간을 보냈다.

게임 매너

칼슨

수론의 대가 딕슨은 겨우 13×4개가 관련된 카드 놀이를 제대로 못했던 것으로 보인다. 거의 언제나 자신의 패보다 터무니없이 올려 불렀다. 연속해서 서너 패를 잃으면 카드를 탁자 위에 던져 버리고 화를 벌컥 내면서 방을 나갔으며, 언제나 출구에서 생리학자 칼슨❷을 비난했다. 다른 사람이 실수를 저지르더라도 언제나 칼슨을 비난했다. 탁자에 던진 카드가 여전히 요동 치고 있는 동안 딕슨이 외쳤다. "칼슨, 도대체 자네는 왜 실험실로 돌아가지 않는 거야? 개들에게 먹이나 주지. 자네가 개를 죽이는 방법을 이이런

❷ Anton Julius Carlson(1875~1956), 스웨덴 출신으로 1891년에 미국으로 가서 스탠퍼드 대학에서 생리학으로 1902년에 박사 학위를 받았고, 1904년부터 1940년까지 시카고 대학 교수, 미국 생리학회 회장(1875~25)을 역임했다.

캐슬Irene Castle이 보지 못하도록 해야지."

이 뛰어난 수학자는 연속해서 서너 패를 잃고 불쌍한 생리학자를 비난하고 나면, 제정신을 차리는 것 같았다. 연구실로 전속력으로 뛰어가서 수론에 관한 고전적인 연구를 다시 시작했다.

칼슨도 브리지 게임을 잘 하지는 못했지만, 생리학의 과학적 방법의 해설자로서 큰 명성을 얻었다.

× 묻은 돼지가 × 묻은 돼지 나무란다

미국 수학회의 한 모임에서 어떤 논문이 발표된 뒤 토론 시간에, 딕슨은 그 논문 주제를 비판하며 다음과 같이 말했다. "신문 기자가 이 모임에 참석하지 않은 것은 참 다행입니다. 신문 기자가 참석했다면, 우리의 연구 활동 내용이 사회의 실질적인 필요와 거의 관련이 없음을 확인했을 것입니다."

15분 뒤, 그는 충분히 큰 모든 정수는 1140개의 열째 제곱수가 아니라 1046개의 열째 제곱수의 합으로 표현할 수 있다는 사실을 증명한 논문을 발표했다.

논문 지도

딕슨은 학생들을 매우 퉁명스럽게 대했다. 박사 학위 논문 지도를 부탁하면, 다음과 같이 말했다. "자네에게 박사 논문에 적합한 문제 대신에 짧은 예비 문제를 주겠네. 이 문제를 석 달 안에 풀면, 박사 논문을 위한 문제를 알려주겠네." 그는 자신이 풀었지만 발표하기에 충분하지 못하다고 생각하는 문제들을 정리해 놓고 있었다. 그래서 이런 문제 중에서 하나를 학생에게 주었다. 예비 문제를 풀지 못한 학생은 다시는 기회를 얻을 수 없었다.

잠꼬대

수학과 관련된 꿈이나 잠꼬대를 기록한 경우는 매우 적다. 그런데 미국 수학자 딕슨은 그런 놀라운 예를 기록했다. 그의 어머니와 이모는 학창 시절 기하학에서 경쟁자였다. 그들은 어떤 문제를 풀기 위해 저녁 내내 노력했지만 성공하지 못했다. 그날 밤, 딕슨의 어머니는 그 문제에 대한 꿈을 꾸었고 잠을 자면서 문제의 답을 소리내어 말했다. 그 소리가 매우 명확했기 때문에 깨어 있던 딕슨의 이모는 이를 받아 적을 수 있었다. 다음 날 아침, 기하학 수업 중에 이모는 정확한 답을 말했다. 반면에 딕슨의 어머니는 전혀 기억하지 못했다.

하디 Godfrey Harold Hardy

1877~1947

하디는 1877년 2월 7일 영국 서리Surrey 카운티의 길퍼드Guilford 근처에서 태어났다. 1896년 케임브리지의 트리니티 대학에 입학해서 공부하고, 1906년부터 1919년까지 모교에서 가르쳤다. 1919년에는 옥스퍼드 대학에 [실베스터의 뒤를 이었던 이슨William Esson이 물러난] 새빌의 기하학 교수로 초빙됐다. 1928~29년 프린스턴 대학 객원 교수로 있다가 1931년 케임브리지 대학으로 복귀해서 1942년 퇴직할 때까지 새들리언Sadleirian 순수 수학 교수로 재직했다. 디오판토스 해석학, 푸리에 급수, 리만 제타 함수, 소수의 분포 등 순수 수학의 많은 주제를 연구했다. 응용 수학에 대한 공헌도 한 가지 있는데, 그것은 유전학에 관한 하디 · 바인베르크Weinberg의 법칙이다.

20세기 전반기, 영국 최고 수학자의 한 사람인 하디는 대단히 글을 잘 썼는데, 대표적인 작품으로 《어느 수학자의 변명A Mathematician' s Apology, 1940》이 아직도 읽히고 있다. 그렇지만 논문, 특히 리틀우드와의 공동 논문은 읽기가 결코 쉽지 않다. 매우 어려운 문제를 취급했고 어쩔 수 없이 매우 복잡한 방법을 이용했다. 그는 명확성을 추구했지만, 수학에서 가장 큰 가치를 둔 것은 명확성이 아니라 힘이었는데, 다른 사람들이 절망적으로 포기한 거대한 장애물을 극복할 수 있는 힘에 가치를 두었다.

하디는 리틀우드와 함께 1911년부터 35년 동안 연구했으며, 100편 이상의 공동 논문을 남겼다. 이 두 사람과 관련된 일화는 리틀우드에 관한 항목에서 다룬다. 하디는 1913년 초에 인도 라마누잔의 첫 편지를 받고, 그를 초빙해서 공동 연구를 하기도 했다.

하디의 연구와 강의

▣ 수학을 전공하게 된 계기

하디는 전통 때문에 케임브리지의 트리니티 대학을 선택했다. 그러나 당시의 파리나 베를린의 대학에 비해서 트리니티 대학은 수학 연구를 목표로 하는 학생에게 해줄 수 있는 것이 거의 없었다. 무엇보다도 시험 제도를 개혁할 필요가 절실했다. 하디는 학생의 능력과 통찰력을 측정하지 않고, 공식을 외우는 능력과 며칠 동안의 긴 시험을 이겨내는 인내심이나 평가하는 시험을 혐오했다. 이에 따라 그는 수학 우등 졸업 시험Mathematics Tripos Exam을 완전한 시간 낭비로 생각했고 전공을 수학에서 역사학으로 바꾸려고 했다. 그러다가 다음과 같은 계기를 얻었다.

> 내 눈은 러브[1] 교수 덕분에 처음으로 열렸다. 그는 몇 학기 동안 나를 가르쳤는데, 해석학의 중요한 개념을 처음으로 심어주었다. 그러나 그는 본질적으로 응용 수학자였는데, 그가 나에게 준 가장 큰 선물은 조르당의 《해석학 강의》를 읽어보라는 조언이었다. 그리고 나와 같은 시대에 살았던 매우 많은 수학자에게

러브

[1] Augustus Edward Hough Love(1863~1940), 영국의 수학자로, 케임브리지의 세인트존스 대학에서 공부하고, 1899년 옥스퍼드 대학의 새빌리언 자연 철학 교수가 됐다. 수학적 탄성 이론과 파동을 연구했다.

도 첫 영감을 준 그 뛰어난 책을 읽으면서 느낀 놀라움은 결코 잊을 수 없었으며, 수학이 진정으로 의미하는 바를 처음으로 알았다. 그때부터 나는 수학에 대한 진지한 정열과 포부를 확실히 지닌 내 나름대로의 수학자가 됐다(《어느 수학자의 변명》, 제29장).

이렇게 조르당의 책은 하디로 하여금 수학을 전공하게 만들었고, 수학 우등 졸업 시험을 몹시 혐오함에도 불구하고 참을성 있게 그 시험을 준비하게 했다. 하디는 1898년의 그 시험에서 1급 합격자 중에서 4등을 했다.

▣ 수학 우등 졸업 시험과 폴리아

케임브리지 대학에는 18세기부터 내려오는 전통적인 수학 우등 졸업 시험이 있는데, 오랫동안 필사적으로 공부한 학생만이 도전할 수 있는 구두 시험이다. 하디와 리틀우드 시절에 이 시험은 3학년 때 시행했는데, 일부 학생은 2학년 말에 이 시험을 치렀다. 시험은 하루에 10시간씩 4일 동안 계속됐는데, 지식과 속도 및 정확성을 요구했다. 당시 이 시험은 세계에서 가장 가혹한 시험으로 생각됐는데, 오늘날 이와 유사한 시험은 없다. 1753년부터 수험생을 세 등급, 즉 1급 합격자Wrangler와 2급 합격자Senior Optime 및 3급 합격자Optime로 분류됐다.

그런데 이 시험은 훌륭한 순수 수학자를 많이 배출하지 못한 것으로 보이지만, 응용 수학자를 교육하는 데는 성공적이었다. 하디는 수학 우등 졸업 시험이 무의미하다면서 이에 반대했다. 이와 관련해서 하디와 폴리아 사이의 일화에 대해 다음과 같이 상반되는 인용문이 있다.

하디는 케임브리지 대학의 수학 우등 졸업 시험이 무의미하다고 믿었다. 그는 이를 입증하기 위해서, 고전 해석학의 계산과 조작의 대가인 폴리아를 설득해서 사전에 아

무런 준비 없이 수학 우등 졸업 시험을 치르게 했다. 예상대로 폴리아의 성적은 비참했다. - 울람[2]

폴리아가 케임브리지에 있었을 때, 하디는 수학 우등 졸업 시험을 개혁하려는 운동을 벌이고 있었는데, 폴리아에게 그 시험을 비공식적으로 치르라고 요청했다. 하디는 폴리아의 성적이 낮을 것이라고 예상했고, 이것은 졸업 시험 대부분의 문제가 '현대의 대륙 수학'과 관계가 없음을 입증하는 예가 될 것이라고 예상했다. 불행하게도, 하디의 계획은 수포로 돌아갔다. 폴리아의 성적은 최고였고, 그가 학생이었다면 1급 합격자로 기록됐을 것이다. - 로이든[3]

로이든[4]은 폴리아의 제자이자 동료였기 때문에, 둘째 인용문이 진실에 더 가까울 것이다.

폴리아 비판

폴리아가 하디와 함께 연구할 때의 일이다. 폴리아는 하디가 인정한 어떤 발상을 갖고 있었다. 그런데 그 뒤 폴리아는 그 생각을 진척시키기 위해 노력하지 않았고, 하디는 이에 불만이었다. 물론 폴리아를 직접 비난하지 않았지만, 마르셀 리츠와 함께 스웨덴의 한 동물원을 방문했을 때 그 불만이 표출됐다. 우리에 곰 한 마리가 있었다. 그 우리에는 문이 있었고, 문은 자물쇠로 채워져 있었다. 곰은 자물쇠에 입을 대고 킁킁거리며 냄새를 맡고 발로 치고는,

[2] Stanislaw M. Ulam, *Adventures of a Mathematicians*, Scribners, 1970, p. 60

[3] Halsey L. Royden, "A History of Mathematics at Stanford," *A Century of Mathematics in America*, vol. 2, Amer. Math. Soc., 1989, pp. 250-251.

[4] Halsey L. Royden(1928~1993), 미국의 수학자로 스탠퍼드 대학에서 학사(1948) · 석사(1949) 학위, 하버드 대학에서 알포르스의 지도로 1951년에 박사 학위를 받았고, 1951년부터 스탠퍼드 대학에서 가르쳤다. 교과서 《실 해석학(Real Analysis)》의 저자로 유명하다.

조금 더 으르렁거리다가 뒤돌아 가버렸다. 하디가 말했다. "저 곰은 폴리아 같군. 훌륭한 발상을 갖고 있지만, 그 발상을 실천하지 않고 있어."

학생의 불평

하디는 학생의 시험지에 저속하고 모욕적인 단어를 써넣은 적이 있었다. 곧 적절치 못한 행위라고 생각하고는 그 단어를 지우려고 했다. 그렇지만 지울 수 없었다. 그래서 하디는 그 학생에게 시험지를 잃어버렸다고 말했다. 학생이 되돌려 달라고 아우성을 치며 불평했지만, 어쩔 수 없었다.

하디가 영국에서 기차를 탄 적이 있었다. 건너편 자리에 앉은 학생이 초등 대수학 책을 보고 있었다. 하디는 친해지려고 그 소년에게 무엇을 읽고 있는지 물었다. 그 대답은 다음과 같았다. "이것은 고급 수학입니다. 아저씨는 이해할 수 없습니다."

우울한 수학자

클라인 또는 하디와 같이 위대한 수학자 중 많은 사람들은 일정 기간 심한 우울증에 시달렸다. 쿠란트는 이런 현상이 자연스럽다고 생각했는데, 창조적인 일에 종사하는 거의 모든 사람은 자신의 힘을 잃었다고 느끼는 시기가 있게 마련이라고 했다. 이것은 놀라운 충격이 되고 곧 우울증을 발작시킨다.

사망 증명

하디는 친구인 러셀에게 다음과 같이 말한 적이 있다. "만약 자네가 5분 내에 죽을 것이라고 내가 증명할 수 있다면, 자네를 잃게 되어 분명히 슬프기는 하겠지만, 슬픔보다는 증명했다는 즐거움이 훨씬 더 클 것이야." 수학자들의 생리를 잘 알고 있는 러셀은 전적으로 공감했고, 전혀 화를 내지 않았다.

강의 3막

1막 : 하디는 강의 중 어떤 수학적 관계가 자명하다고 말했다는 이야기가 있다. 그 뒤 잠시 머뭇거리다가 의문을 제기했다. "이것이 정말 자명한가?" 그리고 양해를 구하고는 강의실을 떠나서 자신의 연구실로 가버렸다. 연구실에서 20분 동안 확인한 뒤에 강의실로 되돌아가서 선언했다. "예, 그것은 자명합니다."

2막 : 하디는 이전 강의를 복습하며 시간을 소비하는 것을 싫어했다. 학생들이 이미 다룬 내용을 기억하고 있기를 기대했다. 케임브리지 대학에서 하디의 일련의 강의가 긴 휴가로 중단된 적이 있었다. 휴가 뒤 첫 강의에서 그는 분필을 손에 들고 칠판에 다가서서 말했다. "따라서…"

3막 : 1954년 하디는 하버드 대학에서 라마누잔의 업적에 관해 12회의 강의를 했다. 청중이 대단히 많았다. 하디는 필요한 공식을 제시하는 것이 힘들 것 같자 음악회 프로그램과 같이 공식에 번호를 붙이고 미리 인쇄해서 배포했다.

수학 교육 논문

하디는 1909년 《수학 신문Mathematical Gazette》에 '학교 수학' 이라고 생각한 글을 실었다. 오늘날에는 수학 교육에 관한 글이 넘쳐난다. 집단 학습으로부터 자가 발견까지 그리고 컴퓨터를 이용한 교육까지의 주제를 다루고 있다. 이에 비해, 하디의 주제는 논문 제목 〈$\int_0^\infty \frac{\sin x}{x} dx$의 적분〉에서 분명하게 제시된다. 이 글에서 그는 이 유명한 적분을 계산하는 일곱 가지 방법을 정성들여 설명했다. 각 방법에 28점부터 108점까지 점수를 매겼는데, 점수가 클수록 좋지 않은 방법이다.

논문 편집 원칙

하디는 《런던 수학회 잡지》의 편집자였을 때, 심사 위원들에게 다음 세 가지 질문을 유념하라고 말하곤 했다. 새로운가? 참인가? 흥미로운가? 셋째 질문이 가장 중요했다. 그리고 흥미롭지만 서투르게 쓴 논문은 대학원생을 시켜 다시 쓰게 했다.

하디의 성격

사진과 거울

하디는 특이한 성격의 소유자로 유명하다. 사진기 앞에 서는 것을 몹시 싫어했는데, 단지 다섯 장의 스냅 사진만이 전해진다. 그리고 거울을 몹시도 혐오였다. 그는 머무는 곳의 모든 거울을 없애 버렸다. 그리고 호텔에 묵을 때는 우선 방에 있는 모든 거울을 뒤집어 놓거나 덮어놓았다.

고양이와 크리켓

평생 독신으로 지낸 하디는 모든 것에 대해 매우 독단적이고 분명한 견해를 갖고 있었다. 고양이를 좋아했지만, 개는 싫어했다. 크리켓을 좋아했지만, 로잉❺은 혐오했다. 그는 장학금을 받고 윈체스터 기숙학교를 다녔지만, 학교를 대표하는 크리켓 선수로 활약하는 기회를 얻지 못했기 때문에 그 학교를

❺ 기다란 경주용 보트로 하는 경주

결코 좋아하지 않았다.

하디는 케임브리지 대학 출신이지만, 한때 옥스퍼드 대학 교수였다. 옥스퍼드 대학에서 하디의 특이한 성격을 모르는 어떤 사람이 하디에게 물었다. "운동 경기를 하면 어느 대학을 응원하십니까?" 하디가 대답했다. "경우에 따라 다릅니다. 크리켓은 케임브리지 대학을 응원하고, 로잉은 옥스퍼드 대학을 응원합니다."

가장 바라던 소망

하디는 반항적인 기질이 있었다. 자신이 가장 열망하는 네 가지 소망이 다음과 같다고 말한 적이 있었다.

(1) 리만의 가설을 증명하기
(2) 중요한 크리켓 경기에서 뛰어난 역할을 하기
(3) 신이 존재하지 않음을 증명하기
(4) 무솔리니를 저격하기

1920년대에 한 친구에게 보낸 엽서에 '새해 여섯 가지 소원'을 적었는데, 그것은 위의 네 가지에 다음의 두 가지가 추가되어 있었다.

(5) 에베레스트 정상을 최초로 등정하기
(6) 영국과 독일의 소비에트 사회주의 공화국 연방USSR 최초의 대통령이 되기

하세가 1933년 트리니티 대학에 있는 하디의 연구실을 방문했을 때, 벽난로 선반 위에 있는 세 개의 사진을 발견했다. 레닌, 예수, 홉스(당시 영국의 크리켓 선수)의 사진이었다. 세 개의 사진만이 있는 이유를 묻자, 하디는 자신의 견해

로는 자기가 원하던 바를 100% 달성한 중요한 사람은 그들뿐이라고 말했다.

▣ 리만의 가설

하디는 일광욕을 즐겼지만, 영국에는 햇빛이 충분하지 않다. 그래서 여름 휴가 기간에 크리켓 시즌이 끝나면 곧 정기적으로 유럽 대륙으로 떠났고 친구들을 방문했다. 그의 절친한 친구는 하랄드 보어였다. 그들은 언제나 일과를 정했다. 먼저 함께 앉아서 이야기한 다음에 산책을 했다. 그들이 함께 앉아 있을 때 의제를 정해 써놓았는데, 그 의제의 첫째 항목은 언제나 똑같았다. '리만의 가설을 증명하라.' 물론 이 문제는 결코 해결되지 않았다. 그래도 하디는 언제나 이 문제를 써놓자고 고집했다. 뛰어난 수학자 하디는 '리만의 가설'에 심취했었다.

▣ 신과의 대결 3장

1장 : 하디는 신의 존재를 믿지만 신을 자신의 개인적인 적으로 생각했다. 신은 항상 그를 괴롭히는 존재에 불과했다. 하디가 신과 벌린 재치 있는 대결에 관한 이야기가 많이 있다. 다음은 그 중 가장 잘 알려진 예다.

하디는 어느 해 여름 휴가가 끝날 때까지 보어와 함께 덴마크에 머물렀다. 사정상 급히 영국으로 되돌아가야 했는데, 매우 작은 배를 타야만 했다. 북해는 때론 거칠 수 있었기 때문에 작은 배가 전복될 확률은 결코 0이 아니었다. 그렇지만 하디는 작은 배를 탔고, 다음과 같은 내용의 엽서를 보어에게 보냈다. "나는 리만의 가설을 증명했네. 하디."

이 말에 담긴 뜻은 다음과 같다. 만약 배가 전복되어 하디가 익사하면, 모든 사람은 하디가 리만의 가설을 증명했다고 믿어야 한다. 그러나 신은 하디에게 그렇게 큰 영예를 주지 않을 것이기 때문에, 신은 그 배를 가라앉히지 않을 것이다.

2장 : 어느 해 여름, 하디는 폴리아 부부 및 수학자이자 철학자인 폴리아의 친구 곤세트[6]와 함께 엥겔베르크Engelberg에 머물렀다. 이곳은 스위스의 한 알프스 계곡이었는데, 그들은 작은 농가를 갖고 있었다. 하디는 일광욕을 좋아했지만 매일 비가 내렸다. 그래서 그들은 브리지 놀이 이외에 아무것도 할 수 없었다. 하디는 브리지를 매우 잘했다. 얼마 뒤 곤세트가 떠나야 했는데, 기차를 이용했다. 폴리아는 하디가 곤세트에게 다음과 같이 말하는 장면을 목격했다. "제발, 기차가 출발하면 창문을 열고 머리를 밖으로 내밀어 하늘을 올려보고는 큰 소리로 '저는 하디입니다.' 라고 외쳐주세요."

하디의 의도는 다음과 같다. 신은 하디가 떠난다고 생각하면, 하디를 화나게 하기 위해 맑은 날씨를 만들 것이다.

하디는 자신이 사랑하는 크리켓 경기를 할 때면 언제나 우산을 들고 갔다. 왜냐하면 신은 비 올 것을 대비한 하디를 즐겁게 만들지 않을 것이라고 확신했기 때문이다.

3장 : 언젠가 하디는 학술 모임에 참석하기 위해 비행기로 프랑스를 여행해야 하는 일이 있었다. 그는 비행기 여행을 두려워했기 때문에 내키지 않았다. 결국 갈 수밖에 없었는데, 자신이 떠난 뒤 비서가 볼 수 있도록 책상 위에 쪽지를 남겼다. 그 쪽지에는 다음과 같이 쓰여 있었다. "나는 방금 페르마의 마지막 정리에 대한 증명을 발견했다. 자세한 내용은 프랑스에서 돌아와서 제시하겠다." 동료들은 이에 대단히 흥분했고, 하디가 돌아왔을 때 곧바로

[6] Ferdinand Gonseth (1890~1975), 스위스의 수학자 · 철학자

그에게 달려갔다. 그들이 물었다. "증명은 어떻게 됐습니까?" 하디의 대답은 다음과 같았다. "아, 그것. 그것은 단순히 보험에 불과합니다. 페르마의 마지막 정리를 증명하는 영예가 나에게 돌아오지 못하도록 하기 위해서 신은 이 여행에서 나를 죽이지 않을 것이라고 확신했기 때문입니다."

하디의 말

◙ 귀류법

하디는 작지만 아름답고 감동적인 작은 책 《어느 수학자의 변명》에서, 수학에서 대단히 많이 사용되는 간접 증명법인 '귀류법' 에 대해 통찰력 있는 지적을 했다. 다음과 같이 말했다. "이것은 서양 장기에서 어떠한 갬빗[7]보다 훨씬 더 훌륭한 갬빗이다. 왜냐하면 장기를 두는 사람은 졸 또는 졸 이외의 말을 희생의 제물로 바치지만, 수학자는 경기 한 판을 제물로 바치기 때문이다." 귀류법은 상상할 수 있는 가장 방대한 작전으로 나타난다.

◙ 수학의 아름다움

또 수학의 아름다움에 대해서 다음과 같이 말했다. "화가 또는 시인과 마찬가지로 수학자의 양식은 아름다워야 한다. 색 또는 말과 같이 개념들은 조화로운 방법으로 결합되어야 한다. 아름다움은 최초의 시금석이다. 이 세상에서 추한 수학이 발붙일 곳은 없다."

[7] gambit, 유리한 공격을 시도하기 위해 졸이나 그 이외의 말을 희생시키는 모든 작전

란다우 Edmund Georg Hermann Landau

1877~1938

란다우는 1877년 2월 14일 독일 베를린에서 태어났다. 베를린 대학에서 공부하고 1899년 프로베니우스[1]의 지도로 수론에 관한 연구로 박사 학위를 취득했으며 무급 강사로 1909년까지 모교에서 가르쳤다. 민코프스키의 후임으로 1909년부터 1933년까지 괴팅겐 대학 교수를 지냈다.

란다우는 최초로 해석적 수론을 체계적으로 제시했는데, 이 분야에서 그와 견줄 만한 사람은 거의 없다. 그리고 해석 함수론에서 중요한 결과를 제시했다. 그는 유대인이라는 이유로 1933년 교수직에서 추방됐고, 케임브리지와 네덜란드에서 잠시 동안 가르쳤다. 베를린에서 사망했다.

유복한 아이

란다우는 부유한 은행가 집안에서 태어나 모든 호사를 누리며 자랐다. 작고 토실토실 했으며 천진난만한 얼굴을 가졌다. 작지만 거센 딕수염을 길렀는데, 자존심이 매우 강했다. 괴팅겐 대학 교수 시절, 괴팅겐에 있는 자기 집을 찾는 방법을 질문 받으면 다음과 같이 순진하게 대답했다. "우리 집을 찾기는 조금도 어렵지 않습니다. 이 도시에서 가장 좋은 집입니다."

[1] Ferdinand Georg Frobenius(1849~1917), 독일의 수학자로, 대수학의 추상화와 군론의 발전에 기여했다.

란다우는 또한 대식가였고, 이에 따라 점심 식사 뒤에는 80분 동안 낮잠을 자는 버릇이 있었다. 란다우는 규칙적으로 운동을 하지 않았지만, 산책은 길게 했다. 때로는 30여 킬로미터를 걷기도 했다.

▣ 란다우 게임

란다우는 동료 수학자들을 괴팅겐에 있는 그의 멋진 집으로 자주 초대했다. 만찬 뒤에는 그들을 부추겨서 자기 연구방에서 매우 복잡한 게임을 했다. 그런 게임 중 하나는 제시된 두 수학자(또는 일반적으로 과학자), 이를테면 힐베르트와 오일러를 그들이 만났던 사람들을 이용해서 가장 짧은 사슬로 연결하는 것이다.

고르단

예를 들면, 다음과 같이 말할 수 있다. "힐베르트는 고르단[2]을 만났다, 고르단은 클레브쉬를 만났다, 클레브쉬는 리만을 만났다, 리만은 가우스를 만났다, 가우스는 케스트너[3]를 만났다, 케스트너가 오일러를 만났다." 그러면 다른 사람은 "정말 케스트너가 오일러를 만났을까?" 라고 질문함으로써, 그 사슬에서 흠을 들추어 낼 수 있고, 또 이보다 더 짧은 사슬을 제시할 수 있다.

이 게임을 시도해 보자. 워싱턴 또는 오일러 또는 마르틴 루터까지 거슬러 올라가는 사슬을 완성하기 위해서는 얼마나 많은 사람의 연결 고리가 필요할까? 여기서 사람들이 반드시 과학자일 필요는 없으며 어떠한 사람도 관계없다.

이 게임을 동시대 사람 사이에서 '수평적으로' 진행할 수도 있다. 예를

❷ Paul Albert Gordan(1837~1912), 독일의 수학자로 불변론 연구
❸ Abraham Gotthelf Kästner(1719~1800), 독일의 수학자

들어 모택동과 슈바이처를 연결하기 위해서는 얼마나 많은 연결 고리가 필요할까?

근면성과 오만함

리틀우드는 수학자가 하루에 8시간을 연구하는 것은 지나치다라고 믿었다. 반면에 란다우는 엄청나게 정력적으로 일했는데, 엄격한 규칙에 따라 종종 하루에 12시간씩 연구했다. 리틀우드와 란다우가 케임브리지에서 함께 연구한 적이 있었다. 어느 순간 리틀우드가 말했다. "1~2분 쉬겠습니다." 그가 돌아왔을 때, 란다우가 말했다. "2분 47초."

란다우는 지칠 줄 모르는 근면성과 수학에 대한 순수한 열정으로 모든 사람의 존경을 받았다. 그러나 오만하고 고압적인 태도 때문에 괴팅겐 대학의 동료와 학생들을 종종 분개시켰다.

강직성과 진실성

많은 사람은 란다우의 번뜩이는 재치와 잔인할 정도로 올곧은 강직함을 두려워했다. 그가 논문 심사를 의뢰 받은 적이 있었는데, 그 논문을 오랫동안 돌려보내지 않았다. 여러 달 뒤 논문을 보낸 사람이 란다우를 만났을 때, 다 읽어봤는지를 물었다. 그가 대답했다. "예, 저는 철저하게 한 글자 한 글자 읽었습니다."

제1차 세계 대전 뒤에 하디는 란다우에게, 자신은 광적인 독일 반대자가 아니며 예전과 같은 관계를 회복하기를 희망하리라 믿는다는 취지의 편지를 보냈다. 란다우는 다음과 같이 답장했다. "사실, 나도 당신 의견과 똑같습니다. 사소한 기호의 변화만 있을 뿐입니다."

사람이라면 대개 다른 사람의 발전을 내심 어느 정도 시샘하게 마련이지만 란다우는 놀라울 정도로 이런 감정을 갖고 있지 않았다고 하디가 말한 적이 있다.

▣ 좌석표

란다우는 대학원생들에게 연례적인 연회를 베풀었다. 그때 란다우는 좌석표 대신에 학생들 논문의 어떤 특징적인 문장이나 공식을 적은 표를 만들었다. 한 학생이 논문 주제에 대해 어떠한 진전도 이루지 못했기 때문에, 자신의 표에 무엇이 적혀 있을지 궁금하게 생각했다. 그런데 그 학생은 자신의 자리를 찾는 데 전혀 어려움이 없었다. 한 장의 표는 백지로 되어 있었다.

▣ 인정사정 볼 것 없다

란다우는 무급 강사(사강사)들에게 매우 엄했다. 언젠가 병원에 입원한 무급 강사가 있었는데, 점차 건강을 거의 되찾았다. 그러자 란다우는 사다리로 올라가서 창문을 통해 그에게 일거리를 넣어주었다는 말이 있다.

다른 예로, 한 무급 강사가 신혼 여행을 떠나려 했다. 란다우는 자신이 저술한 수론에 관한 책 3권의 교정쇄를 그에게 건네면서 교정을 보게 했다. 신부는 매우 언짢아했지만, 란다우는 전혀 개의치 않았다. 그때 란다우 부인이 중재해서 그 강사는 한 권만 갖고 떠나는 것으로 결론을 지었다.

▣ 기브스

더글러스[4]가 즐겨 이야기한 재담이 있다. 그는 괴팅겐 대학에서 란다우가 푸리에 급수에 관해 강의하는 것을 들은 적이 있었다. 란다우는 '기브스

[4] Jesse Douglas(1897~1965), 미국의 수학자로 1936년 필즈 메달 수상

현상' 에 대해 설명하다가 다음과 같이 말했다. "Dieses Phenomen ist von dem englischen Mathematiker Gibbs[이를 Dzjibs라고 발음했음] in Yale[이를 jail이라고 발음했음] entdeckt worden." 더글러스는 그의 말을 가로막으면서 말했다. "존경하는 교수님, 교수님의 말씀은 몇 가지를 제외하고는 절대적으로 옳습니다. 첫째, 그는 영국 사람이 아니라 미국 사람입니다. 둘째, 그는 수학자가 아니라 물리학자입니다. 셋째, 그의 이름은 Gibbs이지 Dzjibs가 아닙니다. 넷째, 그는 감옥jail에 있지 않고 예일Yale 대학에 있습니다. 그리고 다섯째, 그는 이 현상을 발견한 사람이 아닙니다."

기브스는 예일 대학Yale College 교수로 물리학자이자 수학자였다. 당시의 교수들은 대학으로부터 거의 봉급을 받지 못했는데, 기브스 역시 별다른 대가 없이 교수로 근무했다. 상류 사회의 젊은이를 가르치는 것은 봉급을 받는 직업이 아니라 행복한 소수의 특권으로 생각되던 시절이었다.

어느 날, 기브스는 새로 창설된 존 홉킨스 대학으로부터 초빙을 받았다. 그것은 기금을 얻어 만든 교수좌로 연봉이 100달러였다. 기브스가 이 제의를 즐겁게 받아들였는지는 확실하지 않지만, 어쨌든 볼티모어로 떠나기 위해 짐을 꾸렸다. 이를 본 한 동료가 급히 학장에게 달려갔다. 학장은 그에게 기브스가 예일에 남게 할 수 있는 방법이 있는지를 물었다. 그가 대답했다. "그냥 그에게 예일에 남아주었으면 좋겠다고 말하면 어떻겠습니까?" 학장은 기브스를 불러 그렇게 말했다. 기브스는 존 홉킨스의 제의를 거부하고 여생을 예일에서 보냈다.

괴팅겐을 떠나다

독일 국수주의가 고개를 들 때, 많은 유대 교수와 학생이 괴팅겐 대학을 떠나기 시작했다. 그 뒤, 히틀러가 독일 수상이 됐을 때, 모든 대학은 순수한 유대인을 교수직에서 해임시키라는 명령을 받았다. 그래서 유대 지식인의 대이동이 시작됐다. 큰 재산과 은행 예금을 보유하고 있던 란다우는 독일을 떠날 수 없었고 강의를 계속하려고 시도했다. 그러나 그가 미분 적분학 강의를 개설했을 때 타이히뮐러[5]를 중심으로 한 일단의 학생들은 그가 강의실에 들어가지 못하도록 막았다. 그래서 그도 결국 괴팅겐을 떠났다. 하디 교수는 그를 위해 영국에서 강좌를 개설했다. 하디 교수가 회상했다. "그가 다시 칠판 앞에 섰을 때 기뻐하는 모습을 보면서, 그의 좋은 시절이 끝이 났을 때 그가 얼마나 슬퍼했을지 생각만 해도 매우 가슴 아프다."

[5] Paul Julius Oswald Teichmüller(1913~1943), 독일의 수학자

아인슈타인 Albert Einstein

1879~1955

상대성 이론의 창시자 아인슈타인은 1879년 3월 14일 독일 남부의 울름Ulm에서 태어났지만 첫돌도 되기 전에 뮌헨으로 이주했고, 그곳에서 초등학교와 중등학교를 다녔다. 스위스 취리히 공과 대학을 졸업하고, 1902년부터 1909년까지 베른Bern 특허국에 근무하면서 마땅히 참고할 과학 문헌도 없고 논의할 동료 과학자도 없는 가운데 여가 시간을 활용해서 물리학 연구에 몰두했다. 1905년에 취리히 대학에서 박사 학위를 받았으며, 1905년에 광양자설, 브라운 운동, 특수 상대성 이론, 1907년에 고체의 비열 양자론, 1916년에는 일반 상대성 이론을 발표했다. 그가 수리 물리학에서 이룩한 모든 업적은 20세기를 특징짓는 추상 수학과 과학 이론 사이의 밀접한 관계를 보여준다.

아인슈타인은 1908년 베른 대학 무급 강사, 1909년 취리히 대학 이론 물리학 조교수, 1911년 프라하의 카를-페르디난트 대학 교수를 거쳐 1912년에 모교인 취리히 공과 대학 교수가 됐다. 1914년에는 베를린으로 가서 프로이센 과학원의 연구직과 베를린 대학의 (강의 의무가 없는) 교수직을 얻었으며, 카이저 빌헬름 연구소의 물리학 부장이 됐다. 1922년에는 광전자 효과에 관한 1905년의 논문으로 노벨상을 받았다. 나치 독일에서의 일련의 사건 때문에, 1933년 미국 뉴저지의 프린스턴에 있는 고등 학술 연구소 교수가 됐고, 그곳에서 여생을 보내면서 흑인 차별 반대와 국제 평화 운동에 참여했다.

아마도 현대 수학자와 과학자 중에서 아인슈타인보다 더 널리 알려지고 존경받은 사람은 없을 것이다. 그는 수줍음을 타고 겸손했으며 정직했다. 그리고 교제를 즐겼고 유머가 넘쳤다. 그에 관한 일화가 대단히 많이 있는데, 그런 이야기 대부분은 그가 단순하면서도 헤아리기 어렵고 순진하면서도 복잡한 면을 가졌다는 점을 보여준다.

아인슈타인의 어린 시절

대기만성

아인슈타인은 말문이 아주 늦게 트였다. 그가 처음 한 말은 거의 만 3세가 됐을 때로 "이 스프는 너무 뜨거워요."였다고 한다. 그가 말하기를 안타깝게 기다리던 부모는 안도의 한숨을 내쉬었는데, 그동안 한 마디의 말도 하지 않은 이유를 묻자, 그는 "이제야 모든 것이 제대로 됐다."고 대답했다고 한다.

아인슈타인은 학교에 다닐 때 덧셈 계산에서도 큰 어려움을 겪었으며, 곱셈 구구는 손가락을 맞아가면서 배웠다.(실제로 아인슈타인은 평생 동안 간단한 산술에도 서툴렀다.) 지극히 평범한 학생이었기 때문에, 7세 때 '아무것도 좋은 점이 없음' 이라는 선생님의 평가를 받았다. 취리히 공과 대학[1]에 입학하고 싶었지만, 1895년의 입학 시험에서 떨어졌고, 재수를 준비해야만 했다. 1900년에 대학을 졸업했는데, 대학에서 연구직을 얻을 수 없었다. 중등학교에서 임시 교사직을 몇 번 하다가, 친구 아버지의 도움으로 1902년에 베른 특허국의 임시직인 3급 기사직을 겨우 얻을 수 있었다. (1904년에 영구직, 1906년에 2급 기사로

[1] Eidgenössische Technische Hochschule, 현재 스위스 연방 공과 대학

승진했다.)

의사 소통을 위해 말을 늦게 사용한 아인슈타인은 말에 의존하지 않고 개념화하는 특이한 능력을 개발한 것으로 보인다. 그는 말에 의존하지 않은 추상적인 개념들을 성인 시절까지도 사용했다. 언젠가 자신이 생각하는 방법에 대해 어떤 친구와 대화를 나누다가 다음과 같이 지적한 적이 있다. "이런 생각들은 어떤 언어적인 형식으로부터 나오지 않았다. 나는 거의 말로 생각하지 않는다. 어떤 생각이 떠오르고 나면, 그 뒤에 말로 표현한다." 다음과 같이 쓰기도 했다. "글로 표현되거나 발설된 말은 나의 사고 체계에서 어떠한 역할도 하지 않는다." 아인슈타인의 사고 요소는 형상들의 모임이었던 것으로 보인다. 이것들을 자유자재로 재생산하거나 결합시킬 수 있었고, 때로는 어떤 강렬한 암시가 시각적인 상징을 대신해서 사용되기도 했다.

▣ 난독증 환자

어린이의 복합적인 정신 장애 현상 중에 난독증이 있다. 난독증은 뇌의 장애로 인해 글자 모양이 바뀌어 보이고 단어가 마구 뒤섞여 보이는 증상이다. 인쇄된 글자가 흐릿해 보이기도 하고 움직이는 것으로 보이며, 때로는 글자의 순서가 뒤집혀 보이기도 한다. 이에 따라 난독증 환자는 글을 읽을 때 자주 한 단어 또는 한 줄 전체를 빼먹기도 하고 읽고 있는 위치를 잊기도 한다. 단어의 뜻을 이해하지 못하면 매우 당혹스러워하면서 몇 번이고 반복해서 다시 읽는다. 수학을 배울 때, 난독증 환자는 뎃셈표나 곱셈 구구와 같은 시계적인 암기에서 어려움을 겪는다. 그렇지만 수학적 개념을 이해할 수는 있다.

뉴욕 대학 의학 센터의 정신의학 교수 레빈슨Harold N. Levinson 박사는 난독증을 연구했다. 그는 아인슈타인이 나중에는 방대한 수학적 개념들을 성공적으로 다루었지만, 초등 수학을 배우는 데 어려움을 겪었던 이유는 그가 어렸을 때 난독증 환자였기 때문일 것이라고 진단했다.

레빈슨 박사

레빈슨 박사가 난독증 환자로 판정했던 사람 중에는 미술가, 시인, 과학자, 의사 등과 같이 매우 고도의 재능을 가진 사람들도 있었다. 그는 말했다. "사실, 난독증을 겪지 않았다면, 노력해도 성공하거나 명성을 얻지 못했을 사람도 있다. 난독증은 실제로 이런 사람들에게는 성공을 위한 자극제였다."

엄청난 자극제

아인슈타인은 12세 때 유클리드 기하학에 관한 작은 교과서를 읽고 대단히 큰 감동을 받았다. 그 책에 완벽히 사로잡혀 후에 《자서전Autobiographical Notes》에서 그 '신성하고 작은 기하학 책'의 황홀함에 대해 다음과 같이 썼다. "이를테면 삼각형의 세 수선이 한 점에서 만난다는 정리와 같은 명제들이 있었다. 비록 그런 명제들이 결코 자명하지는 않았지만, 그럼에도 어떠한 의심도 품을 수 없는 확실한 증명이 있었다. 증명의 명쾌함과 확실성은 나에게 형언할 수 없는 감동을 주었다." 여기에서 유클리드 기하학으로부터 수학에 대한 최초의 큰 자극을 받은 저명한 수학자의 또 다른 예로 본다.

아인슈타인은 자기 인생에 특별한 영향을 준 물건이 두 가지 있었다고 말년에 말한 적이 있었다. 하나는 위에서 지적한 작은 기하학 책이었고, 다른 하나는 그가 4~5세 때 아버지로부터 받은 나침반이었다. 나침반의 바늘을 제어하는 자연의 힘(자기장)에 엄청난 신비로움을 느꼈다. 아인슈타인은 이 두 가지 물건에 대단히 큰 감동을 받았기 때문에 평생 동안 가까이 간직했다.

아인슈타인의 미국 생활

고등 학술 연구소

아인슈타인은 미국을 1921년에 처음 방문했고, 1930년에 두 번째로 다녀갔다. 그리고 1932년 6월 4일 고등 학술 연구소의 초빙을 승낙했는데, 당시에는 7개월은 베를린에서 5개월은 프린스턴에서 지낼 계획이었다. 그는 3천달러 정도의 연봉을 요구했는데, 초대 연구소장인 플렉스너[2]는 1만 달러를 제시했다. 이에 따라 순조롭게 연봉 협상(?)이 타결됐다. 1932년 12월에 독일을 떠나서, 유럽의 여러 곳을 방문했다. 그러던 중 독일에 나치 정권이 들어섰고, 다시는 돌아갈 수 없었다. 그는 1933년 10월 17일 미국에 도착했다.

아인슈타인은 고등 학술 연구소 최초의 수학과 교수 중 한 사람이 됐다. 그의 한 친구는 이렇게 말했다. "바티칸 궁전이 로마에서 신세계로 옮겨진 것이나 다름없다. 물리학의 교황이 미국으로 온 것이다. 이제 자연 과학의 중심은 미국이 될 것이다." 고등 학술 연구소는 아인슈타인과 폰 노이만의 연구를 지원하기 위해 설립됐다는 말도 있었다.

아인슈타인은 프린스턴 머서 가Mercer Street 112번지의 하얀 목조 건물을 사서 그곳에서 여생을 보냈다. 그는 1940년에 미국 시민권 취득했는데, 1896년에 독일 시민권을 포기하고 1901년부터 갖고 있던 스위스 시민권은 그대로 유지했다.

오펜하이머와의 첫 만남

아인슈타인은 고등 학술 연구소에 가고 얼마 지나지 않을 때, 공원을 산

[2] Abraham Flexner(1866~1959), 미국의 교육자로, 설립 때부터 1939년까지 고등 학술 연구소 소장을 지냈다.

책하다가 인도교 위에서 오펜하이머와 마주쳤다. 당시 아인슈타인은 영어를 전혀 몰랐고, 오펜하이머는 독일어를 몰랐다. 물론 그들은 서로에 대해 들어서 잘 알고 있었으며, 친해지고 싶었다. 그렇지만 어찌할 바를 몰랐다. 잠시 뒤에 오펜하이머가 물 아래를 가리키며 말했다. "Fish물고기." 그러자 아인슈타인이 말했다. "Ja, Fisch."❸

오펜하이머 Julius Robert Oppenheimer 1904~1967

오펜하이머는 '원폭의 아버지' 로 불리는 미국의 이론 물리학자로 원자핵, 양자 역학, 우주선 연구 등 많은 업적을 남겼다. 최초의 원자 폭탄 제조를 위한 맨해튼 계획의 과학 분야 책임자로 있었다. 그는 카리스마적인 교육자, 지도자로서도 유명하며 우수한 물리학자들을 숱하게 배출했다. 1947년부터 19년 동안 고등 학술 연구소장을 맡았다.

그는 시인이며 단편 소설 작가이기도 했다. 철학과 문학에도 조예가 깊었으며 어학에는 정말 능통했다. 플라톤의 대화편을 그리스 원어로 읽었고, 산스크리트어로 된 고대 인도의 영웅시 '바가바드기타' 를 외우곤 했다. 언젠가 친구들이 단테를 이탈리아어로 읽는 것을 보자, 이를 부러워한 오피(오펜하이머의 애칭)는 한 달 가량 혼자서 이탈리아어를 배워 마침내 그들과 함께 단테를 읽었다고 한다. 또, 네덜란드에서 물리학 세미나를 맡아 달라고 요청했을 때, 네덜란드어로 재미있게 세미나를 끝내고는, '네덜란드어를 썩 잘한 것 같지는 않다.' 고 능청을 떨기도 했다.

❸ 독일어로 "예, 물고기"를 뜻한다.

긴박한 순간

파노프스키Hans Panofski는 자기 아버지와 아인슈타인을 모시고 미술 전시회에 간 적이 있었다. 그는 만료된 운전 면허증을 소지하고 있었는데, 두 사람을 모시고 집으로 되돌아올 때 경찰이 차를 세웠다. 그는 심장이 멈추는 듯한 느낌을 받았다. 그런데 그는 바로 안심할 수 있었다. 경찰이 차를 세운 이유는 위대한 과학자가 정말로 자신의 곁을 지나가고 있는지를 확인하기 위해서였다.

배 타기

아인슈타인은 배 타기를 아주 즐겼다. 그가 좋아했던 것은 경주나 긴 항해가 아니라, 바람이 부는 대로 떠도는 배 위에서 공상하며 생각하는 것이었다. 미국에 있을 때는 자신의 작은 배 티네프(Tinef, '가치 없음' 이란 뜻)를 탈 기회를 자주 만들었다.

그런데 아인슈타인이 수영을 못했기 때문에 가까운 친구들은 그가 배 타러 나가는 것을 걱정했다. 실제로 그는 1944년에 생명을 잃을 뻔했다. 몇 명의 친구와 파도가 이는 물 위에서 배를 타다가 바위에 부딪혀 배가 뒤집힌 적이 있었다. 아인슈타인은 돛에 걸렸고, 다리에 걸린 밧줄을 풀고 나올 때까지 꽤 오랫동안 물 속에 빠져 있었다. 다행히 물은 따뜻했고, 지나가던 모터보트가 구출해줬다. 그 절박한 상황 속에서도 아인슈타인은 담뱃대를 손에서 놓지 않았다고 한다.

강제 수용소

프린스턴 고등 학술 연구소장인 플렉스너는 방문객과 대중의 요구로부터 아인슈타인을 아주 세심하게 보호했고 아인슈타인에게 온 편지를 가로채거나 답장을 대신 쓰기도 했다. 그래서 언젠가 아인슈타인은 화를 냈고 친구인 랍비 와이즈Wise에게 분통을 터뜨렸다. 그는 편지에 자신의 주소를 '프린스턴 강제 수용소'라고 썼다.

성가대

아인슈타인은 프린스턴을 쾌적한 도시라고 생각했으며, 작고 수수한 나무 집에서 검소하게 생활했고 가끔 있는 강의를 즐겼다.

한 성탄절에 성가대가 아인슈타인 집 앞에서 노래를 부르고 있었을 때, 이 과학자는 양말도 신지 않고 와이셔츠 바람으로 현관에 나타났다. 그가 성가를 경청하고 있자 비서가 나와서 어깨에 외투를 덮어 주었다. 노래가 끝났을 때, 그는 성가대에 감사하고 일일이 악수를 청했다.

또 다른 경우로 성탄절 성가대가 아인슈타인 집 앞에서 노래를 부르고 있었을 때, 아인슈타인이 밖으로 나와 미소를 지었다. 그리고 그는 다시 집 안으로 들어가서, 자기 바이올린을 갖고 나왔다. 그는 성가대와 합류해서 여러 집을 돌았다.

아인슈타인의 얼빠진 행동

집 찾아가기

아인슈타인이 프린스턴에서 얼빠진 교수의 명성을 얻기까지는 그렇게 오랜 시간이 걸리지 않았다. 이런 명성은 주로 그가 자기 집을 제대로 찾아가지 못해서 발생했다. 두 번이나 그는 지나가는 사람에게 나소 홀Nassau Hall로 가는 길을 물었다. 왜냐하면 나소 홀부터는 자신의 집을 찾아갈 수 있기 때문이라고 말했다. 두 경우 모두 행인은 그의 집 주소를 묻고는 직접 그의 집으로 가는 길을 가르쳐 주었다. 행인에게 감사를 표했지만, 두 경우 모두 그는 먼저 나소 홀로 가는 것이 좋겠다고 말했다.

아인슈타인은 자기가 살고 있는 거리에서 다른 집과 자기 집을 제대로 구별하지 못했던 것으로 보인다. 그래서 집을 쉽게 찾기 위해서 놀랍게도 현관문에 밝은 빨강 색 페인트를 칠했다고 한다.

그래도 아인슈타인은 어느 날 귀가하다가 잘못된 길에 접어든 적이 있었다. 혼란 속에 빠져 동네를 배회하다가 경찰서를 발견하고는 안으로 들어갔다. 그리고 안내 데스크에 있던 경찰에게 자신을 '아인슈타인 교수 집'까지 안내해 달라고 부탁했다.

▣ 파기된 사진

아인슈타인은 깊은 생각에 잠겨 집으로 걸어가다가 난처한 곤경에 빠지기도 했다. 그가 다니는 길에 땅을 깊이 파고 공사를 한 적이 있었는데, 그는 이런 상황을 모르고 걷다가 그 구멍에 빠졌다. 이때 프린스턴의 사진 기자 리처즈Alan Richards가 이 장면을 목격하고는 현장을 사진에 담았다.

아인슈타인은 리처즈의 도움으로 구멍에서 기어 나올 수 있었다. 다치지는 않았지만 몹시 부끄러웠고, 리처즈에게 사진을 인화하지 말아달라고 간청했다. 이에 리처즈는 아인슈타인에게 필름을 정중하게 건네주었다.

아인슈타인과 리처즈는 그 뒤 절친하게 지냈으며, 리처즈는 무료로 이 위대한 과학자를 모델로 삼아 더 많은 사진을 찍을 수 있었다.

▣ 전화 번호

아인슈타인은 사생활을 보장받기 위해 자기 집 전화를 전화 번호부에 등재하지 않았다. 그런데 불행하게도 자기 집 전화 번호를 제대로 기억하지 못했다. 그래서 자신의 집 주소를 잊었을 때 확인을 위해 집으로 전화를 걸 수도 없었다. 아인슈타인은 집 주소를 확인하기 위해 프린스턴 대학 전화 교환대로 전화를 걸었다는 기록도 있다.

▣ 급여 수표

아인슈타인은 고등 학술 연구소의 교수로서 첫 봉급을 받았는데, 미국에서의 관례에 따라 수표로 받았다. 그런데 그는 수표를 여느 종이와 같이 생각해서 수표 뒷면에 계산을 했고 곧 잃어버렸다. 그 사건 뒤로는 안전을 위해 그의 봉급은 아인슈타인 부인에게 직접 전달됐다.

▣ 복장

아인슈타인은 꾸밈이 없고 관습에 얽매이지 않는 복장으로 유명했다. 사실, 매우 부주의하고 복장에 무심했다. 비 오는 어느 날 맨발에 방수용 덧신만을 신은 채 공개석상에 나타난 적도 있었다. 통상 헐렁한 바지와 헌 스웨터에 가끔씩 양말도 신지 않고 나타나곤 했다. 지퍼를 채우지 않고 돌아다니는 경우도 종종 있었다.

아이들은 아인슈타인에게 양말을 신지 않는 이유를 물었다. 한 계집아이가 말했다. "아저씨 어머니는 아저씨가 감기에 걸릴까봐 걱정하실 거예요." 그는 어떤 사내아이에게 다음과 같이 변명한 적이 있다. "누가 나에게 양말을 신으라고 해도 나는 꼭 그럴 필요가 없는 나이가 됐단다."

날씨가 찌푸린 어느 날 아침, 아인슈타인이 외출하려고 할 때, 아내는 그에게 모자를 쓰고 가라고 일러주었다. 당시의 관례적인 복장의 하나인 모자를 거의 사용하지 않았던 아인슈타인은 이를 거절했다.

"그렇지만 비가 올 것 같아요!" 아내가 주의를 주었다.

"그래서?" 그는 대답했다. "내 머리카락이 모자보다 빨리 마를 거야."

머리카락을 자르다

이브스[4]는 대학원 시절 프린스턴 대학에서 1년을 보냈다. 아인슈타인이 고등 학술 연구소의 회원이 된 바로 그 해였으며, 이브스는 이 위대한 사람과 만날 수 있었다. 이브스는 아인슈타인의 집에서 두 구역 건너편에 있는 동네에 살았기 때문에, 학교를 오가는 중에 종종 아인슈타인과 동행했다.

비 오던 어느 날 이브스는 아인슈타인과 함께 대화를 나누면서 파인 홀에 있는 아인슈타인의 연구실로 도착했다. 그런데 비에 맞은 아인슈타인의 머리카락이 자꾸 이마 위로 흘러내렸다. 아인슈타인은 짜증스러운 표정으로 흘러내린 머리카락을 여러 번 쓸어 올렸지만 소용없었다. 그러자 그는 갑자기 책상으로 뛰어가서는 가위를 꺼내어 성가시게 하는 머리카락을 잘라내어 쓰레기통에 던져버렸다. 항상 수학 박물관에 대해서 생각하고 있던 이브스는 나중에 쓰레기통에서 그 머리카락을 꺼내어 경건하게 봉투에 담아 간직했다.

피아노 연습

아인슈타인은 유명한 피아노 연주자인 슈나벨[5]을 어느 주말에 초청했다. 그들은 꽤 복잡한 모차르트 소나타를 연습했는데, 아인슈타인은 연주에 어려움을 겪었다. 슈나벨은 여러 번 설명하다가 결국 화를 내고 말았다. 손으로 건반을 내려치면서 불만을 토로했다. "아니야, 아니야, 알베르트. 세상에, 자

[4] Howard Whitley Eves(1911~2004), 미국 수학자로 오리건 주립 대학교에서 박사 학위를 취득하고, 기하학자, 작가, 편집자, 수학사학자 등으로 명성을 얻었으며, 오랫동안 메인(Maine) 대학 교수를 지냈다.

[5] Arthur Schnabel(1882~1951), 미국에 귀화한 오스트리아 출신의 피아노 연주자 · 작곡가. 1925년에 베를린 음악 대학 교수로 있다가, 1933년에 미국으로 이주했다.

네는 셀 줄도 모르나? 하나, 둘, 셋, 넷, …"

영양 실조

아인슈타인은 오랫동안 복통으로 고생했다. 드디어 이런 복통은 아인슈타인이 식사를 자주 잊기 때문에 생긴 영양실조로 발생한 통증이라는 진단을 받았다.

아인슈타인의 친구인 의사 플레쉬Janos Plesch는 다음과 같이 말했다. "그의 마음은 한계를 모르기 때문에, 몸은 정해진 규칙을 따를 수 없다. 깨우기 전까지는 자고, 침대에 들라고 할 때까지는 깨어 있다. 먹을 것을 줄 때까지 굶고, 제지할 때까지는 계속 먹는다."

종이 집게

어느 날 아인슈타인은 조교 슈트라우스[6]와 함께 서류 작업을 마치고, 종이를 고정시킬 집게를 찾았다. 여러 개의 서랍을 뒤진 끝에, 구석진 곳에 숨어 있던 종이 집게를 한 개 찾았다. 그런데 그것은 휘고 굽어져서 그대로 사용할 수 없었다. 그래서 망가진 종이 집게를 고칠 수 있는 도구를 찾기 시작했다. 더 많은 서랍을 뒤지다가, 드디어 한 번도 사용하지 않은 종이 집게가 가득 든 상자를 발견했다. 그러자 아인슈타인은 곧바로 새 종이 집게 하나를 변형시켜서, 망가진 종이 집게를 고칠 수 있는 도구로 만들었다. 슈트라우스는 그 장면을 보고 의아한 생각이 들었다. 새로 찾은 종이 집게를 사용하면 되는데, 왜 그렇게 하는지 물었다. 아인슈타인이 대답했다. "나는 일단 목표

❶ Ernst Strauss(1922~1983), 독일 뮌헨에서 태어난 유대인으로, 1933년 암으로 아버지를 잃고 의사였던 어머니를 따라 예루살렘으로 가서 학창 시절을 보냈다. 1941년 미국으로 가서 컬럼비아 대학을 다녔고, 1944년부터 아인슈타인의 조교를 했다. 아인슈타인과는 수리 물리학을 연구했고, 아르틴, 셀버그, 지겔 등과 수론을 연구했다. 1948년부터 UCLA에서 가르쳤다.

를 정하면, 중간에 바꾸기가 어렵다네."

아인슈타인의 유머

▣ 시험 문제

젊은 시절 아인슈타인이 대학에서 가르치고 있을 때, 한 학생이 찾아와서 말했다. "아인슈타인 교수님, 올해 시험 문제가 작년과 똑같습니다!" 그러나 아인슈타인이 말했다. "맞습니다. 그렇지만 올해 답들은 모두 다릅니다."

▣ 피로 회복제

아인슈타인은 꽤 위험한 수술을 받은 적이 있었다. 그리고 얼마 지나지 않았을 때, 많은 물리학자가 강연하는 모임에 참석했다. 모임이 끝나고 수술 뒤의 회복 단계에 있던 아인슈타인이 피로해하지 않는 것을 보고 한 사람이 놀라움을 표시했다. 아인슈타인은 미소를 지으며 대답했다. "만약 내가 오늘 강연 내용을 모두 이해했다면, 나는 피로했을 겁니다."

▣ 눈뜨고 볼 수 없는 장면

어느 날 밤 뉴욕에서 과학자 아인슈타인은 자신을 위해 열린 연회에 참석했는데, 감기에 걸린 아인슈타인 부인은 그와 동행할 수 없었다.

연회는 공식적인 행사였기 때문에, 남자는 흰 넥타이를 맸고 여자는 어깨가 드러난 야회복을 입고 참석했다.

아인슈타인이 집에 돌아올 때까지 부인은 잠을 자지 않고 기다렸다. 아인슈타인은 연회에 참석한 유명한 과학자들에 대한 이야기로 행사를 설명하기 시작했다. 그러자 부인이 그의 말을 가로막았다.

"그런 건 관심 없어요. 여자들이 어떤 옷을 입고 있었지요?" 부인이 물었다.

"나는 정말 몰라요." 아인슈타인이 대답했다. "식탁 위로는 아무것도 걸친 것이 없었어요. 그래서 감히 식탁 밑을 볼 수 없었소!"

▣ 무한대의 새로운 정의

아인슈타인은 언젠가 만찬 뒤에도 계속되는 연설을 참을성 있게 듣고 있다가 옆 사람을 돌아보며 속삭였다. "나는 지금 무한대에 관한 새로운 정의를 발견했어요."

▣ 동물과의 대화

아인슈타인이 기르고 있던 고양이 타이거는 비가 올 때마다 슬픔에 잠긴 듯이 보였다. 아인슈타인은 측은한 생각에 고양이에게 말했다. "얘야, 나는 무엇이 잘못됐는지 알고 있지. 그렇지만 비를 멈추게 하는 방법을 정말로 모른단다."

아인슈타인은 또 치코라는 테리어 종의 흰색 개를 키운 적이 있었다. 치코는 아인슈타인을 특별히 좋아했다. 아인슈타인은 그 개에 대해 다음과 같이 평했다. "치코는 영리한 개다. 그리고 치코는 매일 홍수처럼 쌓이는 편지에 대해 나를 동정한다. 왜냐하면 치코는 나에게 너무 많은 편지를 전달해 주는 우체부를 물으려고 하기 때문이다."

▣ 위험한 결혼

아인슈타인은 유대인이 이교도와 결혼하는 것이 가능한가 라는 질문을 받은 적이 있었다. 그는 크게 웃으면서 대답했다. "물론 위험하다. 그렇지만 모든 결혼이 위험하다."

아인슈타인과 어린이들

▣ 막대 사탕과 숙제

프린스턴에 산술 숙제를 어려워하는 어린 소녀가 있었다. 그런데 갑자기 숙제를 아주 잘했다. 이에 놀란 교사가 이유를 물자 소녀가 대답했다. "아, 그거요. 머서 가에 저를 도와주는 친절한 할아버지가 있습니다." 교사는 그녀의 어머니에게 자초지종을 알려주는 것이 좋겠다고 생각했다. 어머니는 그 친절한 할아버지가 누구인지를 확인하고는 몹시 놀랐다. "그런데 아인슈타인 교수님. 왜 제 딸을 도와주시느라 아까운 시간을 낭비하셨습니까? 무엇인가 얻은 것이 있었습니까?" 아인슈타인이 대답했다. "물론이지요. 내가 도와줄 때마다 그 아이는 막대 사탕을 주었습니다."

그런데 위대한 사람에 관한 많은 일화는 종종 상당히 왜곡되곤 한다. 위의 어린 소녀와 산술에 관한 실제 이야기는 다음과 같다.

1930년대 말 애들레이드 들롱Adelaide Delong은 프린스턴에 있는 미스 파인스 조능학교의 3학년 또는 4학년 학생이었다. 들롱 가족은 아인슈타인과 같은 거리에 살고 있었지만, 1.6킬로미터 정도 떨어져 있었다. 어느 날, 아인슈타인의 집을 지나쳐 갈 때, 들롱 부인은 어린 딸에게 저 집에 세계에서 가장 위대한 수학자가 살고 있다고 말했다.

그러던 어느 날 오후 애들레이드는 학교가 파한 뒤 집으로 바로 가지 않고 아인슈타인의 집을 방문했다. 겨우 8세밖에 안 된 그 아이는 집에 들어갈 수 있었고 아인슈타인과 만날 수 있었다. 아이는 아인슈타인에게 엿을 한 줌 주면서, 산술 문제를 풀어 달라고 부탁했다. 아인슈타인은 엿은 받았지만, 아이의 부탁은 정중하게 거절했다. 자신이 산술 숙제를 도와주면 애들레이드의 선생님과 다른 학생들에게 공평하지 않다고 설명했다. 그러면서 엿에 대한 보답으로 애들레이드에게 과자를 주었다. 애들레이드는 산술 문제를 푸는 도움을 받지는 못했지만 아인슈타인의 집에서 귀여움을 받았고, 일요일마다 아인슈타인 집을 방문할 수 있었다.

▣ 어린이의 친구

아인슈타인은 어린이를 좋아했으며, 자신의 귀를 꿈틀꿈틀 움직여서 어린이들을 즐겁게 해주었다. 말년에 많은 어린이와 친하게 지냈고, 어린이로부터 많은 편지를 받았다.

아인슈타인은 물총을 잘 쐈다. 이 사실을 안 두 명의 사내아이는 매년 여름이면 자신들과 아인슈타인의 물총을 마련했다. 아인슈타인은 몇 걸음 걷다가 돌아서서 총을 쏘는 결투 방식의 총 싸움과 직접 총을 뽑아 쏘는 카우보이 스타일의 총 싸움에서 모두 명사수였다고 한다. 아인슈타인과 두 소년이 이 나무에서 저 나무로 몸을 숨기면서 서로 총을 쏘아대는 장면이 종종 목격됐다.

언젠가 아인슈타인은 자기에게 소포를 건네주러 온 부인에게 아이들의 건강 상태를 물었다. 그녀는 아이들이 수두에 걸린 것 이외에는 매우 건강하다고 대답했다. "아이들은 어디에 있습니까?" 아인슈타인이 물었다. 그녀가 대답했다. "아이들은 차 속에서 기다리고 있습니다." "저런, 나도 그 병에 걸렸던 적이 있습니다."라고 웃으면서 화답한 아인슈타인은 그 아이들과 잡담을 나누기 위해 밖으로 나갔다.

◙ 아인슈타인의 머리카락

아인슈타인의 머리 모양을 상상하면서 다음 이야기를 음미해보자. 아인슈타인이 지나가고 있는 것을 본 한 아이가 어머니에게 물었다. "저 분이 아인슈타인 부인인가요?"

아인슈타인 집을 방문한 어떤 아이는 아인슈타인에게 인사하기 위해 이층에 올라갔다가 뛰어 내려오면서 큰 소리로 외쳤다. "엄마, 엄마 말이 맞아요. 아인슈타인은 정말 사자처럼 생겼어요."

아인슈타인의 성격

◙ 미국에서의 공개 강연

아인슈타인이 경우에 따라서는 얼마나 순진했는지를 보여주는 이야기가 있다. 예루살렘에 헤브루 대학을 건립하기 위한 기금을 모으려고 1921년에 처음으로 미국을 방문했는데, 프린스턴 대학 수학자들을 대상으로 강연해 달라는 부탁을 받았다. 머뭇거리면서 누구나 이미 알고 있는 것 이외에 더 이상 할 말이 없다면서 이를 우회적으로 거절했지만, 결국 상대성 이론을 수학적으로 다루는 데 필수적인 도구인 텐서 해석학에 대해 강연하기로 했다. 강연이 열릴 파인 홀의 게시판에 강연자, 시간, 장소 등을 알리는 작은 공고가 붙었다.

강연 날이 됐을 때, 프린스턴 대학 교정은 프린스턴 대학과 예일 대학 사이의 미식 축구 시합을 연상시킬 정도로 많은 자동차로 가득 찼다. 그리고 수많은 군중이 파인 홀 주변에 떼를 지어 몰려들었으며, 파인 홀의 작은 강연장으로 들어가려고 아우성이었다. 파인 홀에 게시된 작은 공고는 관심 있는 수학자만을 위한 것이었는데, 이를 본 학생들은 다른 학생에게 알렸고, 부모에게 편지로 알렸으며, 부모들은 오는 길에 친구들을 데리고 왔다. 프린스턴 시민들도 또한 몰려들었다. 누구나 이 위대한 인물의 강연을 듣고 싶어했다.

아인슈타인은 밀려드는 군중 사이를 헤치고 나가서 작은 강당의 앞자리에 앉아서 자신이 소개되기를 기다렸다. 아인슈타인은 고개를 돌려서 강당 안으로 들어오려고 애쓰는 흥분된 군중을 놀라운 눈으로 바라보면서 탄성을 질렀다. "이렇게 많은 미국 사람이 텐서 해석학에 관심을 갖고 있었는지는 전혀 알지 못했는데."

외판원에게 약해서

어느 날 아인슈타인의 수수한 이층 목조 가옥 앞에 거대한 트럭이 나타났다. 그 트럭은 그 집에 설치할 상당히 큰 엘리베이터를 싣고 있었다. 아인슈타인은 이렇게 비싼 사치품을 절대로 원하지 않았고 필요성도 느끼지 못했지만, 외판원에게 결코 무례하게 대할 수 없어서 이를 주문했던 것으로 보인다. 아인슈타인 부인은 엘리베이터 설치를 거부하고 짐을 실은 트럭을 물리쳤다.

이해심 많은 사람

미국의 이론 물리학자인 휠러[7] 박사는 1950년대 초 프린스턴 대학에서 가르쳤다. 그는 다음과 같이 회상했다. "아인슈타인 박사는 학교에서 집으로 갈 때 우리 집 앞을 지나가곤 했는데, 종종 우리 집 고양이가 그를 따라 그의 집까지 가곤 했다. 그는 집에 도착하자마자, 나에게 전화를 걸어서 우리 고양이가 자기 집에 있다는 사실을 알려 주었다. 그는 우리를 걱정시키고 싶지 않았다."

큰 슬픔

아인슈타인의 둘째 아들 에두아르트Eduard는 정신 분열증에 시달렸고, 성인 시절의 대부분을 스위스에 있는 집에서 보냈다. 아인슈타인과 첫 부인은, 극도로 예민한 에두아르트가 겨우 네 살 때 이혼했다. 아인슈타인은 아들을 버린 것이 생애에서 가장 고통스러운 경험이었다고 말했다. 그리고 에두아르트의 계속된 병은 아인슈타인의 슬픔을 한층 더 깊게 했다.

아인슈타인의 사상

종교관

아인슈타인은 우주 현상이 합리적이며 보편적인 법칙을 따르는 방식에 깊이 감명 받았다. 우주의 합리적인 움직임과 함께 이런 법칙들의 작용을 우주의 지혜에 대한 증거로 생각했으며, 이를 '신' 이라고 불렀다. 반면에, 제도화된 종교와 밀접하게 관련된 인격화된 신, 즉 심판하고 징벌하는 신 또는 사랑하고 보답하는 신과 같이 인간적인 특성을 지닌 신은 받아들이지 않았다. 그는 이런 특성들을 예언적인 가르침에 대한 오해 또는 오역에 의해 도입됐

❼ John Archibald Wheeler (1911~), 미국의 이론 물리학자로, 1938~76년에 프린스턴 대학에서 그 뒤에는 오스틴의 텍사스 대학에서 물리학 교수를 지냈다. 아인슈타인의 통일장 이론을 실현시키려는 연구에 가담했다.

다고 생각했다. 이에 따라 자신을 '매우 종교적인 무신론자' 라고 불렀다.

애국심

제1차 세계 대전이 절정에 달했던 1915년 10월 23일, 베를린에 살던 아인슈타인은 괴테 학회로부터 글을 청탁 받았다. 그러자 다음과 같이 답장했다. "귀 학회에서 내 견해에 동조하지 않는다고 해도 물론 나는 놀라거나 분개하지 않을 것입니다. 그렇지만 그런 경우에는 내 원고를 즉시 되돌려주기 바랍니다."

아인슈타인은 원고를 보낸 뒤에 독일 민족주의와 직면했으며, 결국 자신의 글에서 일부 문장을 삭제할 수밖에 없었다. 사실, 괴테 학회는 아인슈타인이 제출한 글에 대단히 놀랐다. 왜냐하면 아인슈타인은 애국심을 가장 사악한 동물적인 본능과 같게 생각한다는 내용이 포함되어 있었기 때문이었다. 이에 따라 그는 이 부분을 삭제해달라는 요청을 받았다. 왜냐하면 전쟁터의 진흙투성이 참호 속에서 막다른 길에 이른 독일 병사들의 사기를 떠받치고 있는 주요한 지주는 바로 애국심이었기 때문이었다. 아인슈타인은 결국 그 문장을 삭제하는 데 동의했다.

아인슈타인은 열렬한 인도주의자이고 국제주의자이며, 민족주의와 애국심을 사악한 침략 행위의 원인으로 간주했다.

제4차 세계 대전의 무기

아인슈타인은 제3차 세계 대전에서 사용될 무기에 대해 질문을 받은 적이 있었다. 그가 대답했다. "저는 모릅니다. 그렇지만 제4차 세계 대전에서 사용될 무기는 분명히 알고 있습니다." "어떤 무기가 사용될까요?" 라는 질문을 받자, 그가 대답했다. "나무 막대와 돌멩이."

아인슈타인은 수소 폭탄이 개발된 뒤에 있던 한 토론에서, 적대적인 정치 집단들이 원자력에 의지할 때 발생할 수 있는 매우 가능성이 높은 이 지구의 멸망과 같은 무서운 문제를 제기했다. 그는 얼굴에 무시무시한 공포감을 나타내며 매우 슬픈 목소리로 말했다. "누구도 모차르트의 음악을 다시 들을 수 없게 될 것입니다."

국가 원수급

아인슈타인은 유대인 국가 창설을 위해 오랫동안 노력했다. 그 꿈은 1948년 5월 15일 팔레스타인에 이스라엘 독립 국가의 건설로 실현됐다. 1952년 이스라엘 정부는 아인슈타인에게 바이츠만[8]의 뒤를 이어 이스라엘 대통령직을 수락해달라고 요청했다. 아인슈타인은 자신에게 그런 직책이 적합하지 않다고 주장하면서 그 영광된 자리를 극구 사양했다.

아인슈타인은 대통령직을 사양했지만, 국가 원수급의 대우를 받은 것으로 보인다. 인도 수상 네루는 1949년 11월 5일 아인슈타인의 집을 방문했다. 두 사람은 오래 전부터 서로를 존경하고 있었다. 방문이 있은 지 며칠 뒤, 네루로부터 감사의 선물이 아인슈타인 집으로 배달됐다. 그 선물은 진달래였는데, 집 앞에서 정성 들여 키웠고, 네루 진달래라고 불렀다.

현인 아인슈타인

아인슈타인은 말년에 세인의 눈에는 철학적인 현인으로 비쳤다. 그래서

[8] Chaim Weizmann(1874~1952), 러시아에서 태어난 이스라엘의 화학자 · 정치가로 세계 시오니스트 연맹 회장(1920~31; 35~46)과 이스라엘 초대 대통령(1948~52)을 역임했다.

많은 사람이 그에게 편지를 보내서 자신의 개인적인 문제에 대한 조언을 구했다. 이런 편지 중에서 가장 가슴 아픈 내용은 1950년 한 랍비로부터 받은 편지였다. 랍비는 편지에서 자신의 열아홉 살 된 딸이 열여섯 살의 나이에 죽은 여동생을 생각하며 슬퍼하는 것을 아무리 애써도 위로해 주지 못했다고 썼다. 슬퍼하는 딸에게 '전통적인 종교적 교리에 근거한' 위안은 도움이 되지 못했기 때문에, 근심스러운 아버지는 과학자가 도움이 될 수 있을 것이라고 생각했다.

아인슈타인은 답장에서 다음과 같이 썼다. "사람은 우리가 '우주'라고 부르는 전체의 일부인데, 이 일부는 시간 또는 공간적으로 제한되어 있다. 사람은 자신이 다른 나머지로부터 분리되어 있는 어떤 것이라고 생각하고 느낀다. 이것은 일종의 시각적 망상과 같은 인간의 의식이다. 이런 망상은 우리에게는 감옥과 같은 것이어서, 가장 가까운 몇 사람에 대한 애정과 개인적인 욕망으로 우리를 제한시킨다. 따라서 우리 동정심의 한계를 모든 생명체와 자연 전체를 그 자체의 아름다움으로 포옹하도록 확대함으로써 이 감옥에서 탈출하는 것이 우리의 과제가 되어야 한다. 아무도 이것을 완벽하게 달성할 수는 없다. 그렇지만 이를 달성하기 위한 노력은 그 자체로 탈출의 일부이며 내적 방어를 위한 기초다."

◙ 아첨 경멸

어떤 유명한 심리학자의 부인은 어린 아들의 책에 아인슈타인의 자필 서명을 받고 싶어서 아인슈타인의 집을 방문했다. 비서에게 자신의 방문 목적을 말하고, 아인슈타인을 매우 위대한 과학자라고 격찬하면서 아첨의 말을 하고 있을 때, 그 과학자가 계단을 내려왔다. 대화를 어깨 너머로 듣고 있던 아인슈타인은, 평소와 달리 몹시 분개해서, 아첨은 개인 숭배이고 히틀러와 스탈린을 낳게 한 원인이라고 소리쳤다.

당시 그 자리에 있던 아인슈타인의 동료는 난처한 상황을 무마하기 위해 노력하면서 부인에게는 책을 놓고 가라고 했다. 당황한 부인은 공중에 붕 뜬 기분으로 떠났다. 그 뒤 아인슈타인은 책에 서명을 해서 부인에게 돌려주었다.

좋아하는 단편 소설

아인슈타인이 좋아했던 단편 소설은 톨스토이[9]의 《사람은 얼마나 넓은 땅을 필요로 하는가?》였다. 이 소설은 어떤 사람에 대한 매력적인 우화인데, 그 사람은 악마로부터 자신이 단 하루 동안 걸어서 돌아올 수 있는 만큼의 땅을 소유할 수 있는 기회를 얻었다. 그는 욕심을 부려서 무리하게 돌아다니다가, 그 날이 끝나기도 전에 죽어버렸다. 그래서 톨스토이는 이 소설의 제목에서 제기한 질문에 대한 답을 6피트 곱하기 2피트(180센티미터×60센티미터), 즉 한 사람의 무덤으로 충분한 넓이의 땅이라고 했다.

인종 차별에 대해

뛰어난 콘트랄토 가수 앤더슨Marian Anderson이 피부 색 때문에 프린스턴에 있는 여인숙에서 숙박을 거절당했다. 이에 아인슈타인은 그녀를 자신의 집에 머물도록 초청했다. 그 뒤 앤더슨은 프린스턴에서 행사가 있을 때마다 그의 집에 머물렀다.

아인슈타인은 미국 사회에서 '가장 나쁜 병'이 '흑인에 대한 처우'라고 지적한 적이 있다. 어린 시절부터 미국 사회에 익숙해져 있지 않은 사람은 누구나 이런 상황을 불공평하게 느낄 뿐만 아니라, 미국 건국의 아버지들이

[9] Leo Nikolaevich Tolstoy(1828~1910), 러시아의 소설가

'모든 사람은 평등하게 태어났다.' 는 주장을 조소하게 된다. 이런 점에서, 아인슈타인은 나중에 다음과 같이 썼다. "미국에 오래 살수록 이런 상황은 나를 더욱 가슴 아프게 만들었다. 단지 이렇게 말함으로써 공범의 느낌을 피할 수밖에 없었다."

아인슈타인의 상대성 이론

물리학을 선택한 이유

아인슈타인은 수학의 아름답고 매력적인 많은 문제를 연구하려고 정력을 소비하다가 핵심적인 문제를 찾지 못하는 경우를 두려워해서 수학 대신 물리학을 선택했다고 그의 조교로 일했던 슈트라우스가 말했다.

간단한 설명

아인슈타인의 비서인인 헬렌 두카스Helen Dukas의 임무 중 하나는 아인슈타인을 일반 대중으로부터 보호하는 것이었다. 그녀는 아인슈타인을 대신해서 그의 과학 업적에 대해 종종 질문을 받았는데, 답하기가 항상 쉽지는 않았다. 이에 따라 아인슈타인은 상대성에 대해 질문을 받으면 다음과 같이 설명하라고 그녀에게 말했다. "예쁜 여자와 함께 공원 벤치에 한 시간 앉아 있는 것은 마치 1분처럼 지나가지만, 뜨거운 난로 위에 1분 앉아 있는 것은 1시간처럼 지나간다."

아인슈타인의 이론을 어느 정도는 반영한 것이라고 생각되는 '상대성' 에 관한 이야기가 많이 있다. 예를 들면, 우리는 세계의 어느 곳이라도 $\frac{1}{7}$초 내에 정보를 보낼 수 있다. 그러나 간단한 개념이 6밀리미터의 두개골을 통과하는 데는 몇 년이 걸릴 수도 있다.

▣ 눈먼 친구

다음 이야기는 아인슈타인이 때로는 매우 복잡한 사람이라는 점을 보여준다. 그는 프린스턴에 도착하고 얼마 지나지 않았을 때, 프린스턴 대학 수학과의 어떤 교수 부인으로부터 다과 모임의 주빈으로 초대를 받았다. 아인슈타인은 마음이 내키지는 않았지만 초대에 응했다. 여주인은 대단히 유명한 손님을 모시게 된 것에 감격해서 흥분해 있었는데, 다과 모임 중에 중앙으로 나가서 두 팔을 들어 사람들의 시선을 모았다. 그녀는 감격과 기쁨에 겨워 거품을 물며 몇 마디 떠든 뒤, 아인슈타인을 돌아보며 요청했다. "아인슈타인 박사님, 여기에 있는 제 손님들에게 상대성 이론이 정확하게 무엇인지를 몇 마디 말로 설명해 주시겠습니까?"

아인슈타인은 주저하지 않고 자리에서 벌떡 일어나 이야기를 시작했다. 어느 날 눈먼 친구와 산책한 적이 있었다고 말했다. 그 날은 몹시 더웠는데, 그는 눈먼 친구를 돌아보며 말했다. "우유 한 잔을 마시고 싶네."

"잔이 무엇인지는 알아. 그런데 우유는 무엇을 의미하지?" 눈먼 친구가 반문했다.

"음? 우유는 하얀 액체야." 아인슈타인이 설명했다.

"그래 액체, 그것이 무엇인지 알아. 그런데 하얗다는 것은 무엇을 뜻하지?" 눈먼 친구가 또 되물었다.

"오, 백조 깃털의 색깔이 하얗지."

"깃털은 알겠는데, 그러면 백조는 무엇이지?"

"백조는 꼬부라진 목을 가진 새야."

"목이 무엇인지 알겠어. 그런데 꼬부라졌다는 것은 무엇을 의미하지?"

여기에 이르러 아인슈타인은 인내심을 잃었다고 말했다. 그는 눈먼 친구의 팔을 잡아서 곧게 폈다. "봐, 이제 자네 팔은 곧게 됐어." 그리고 눈먼 친구의 팔을 안으로 꺾었다. "자, 이것이 꼬부라진 것이야."

"아, 이제야 우유가 무엇인지 알았네." 눈먼 친구가 말했다.

여기까지 말한 아인슈타인은 자리에 앉았다.

▣ 동문서답

1946년, 당시 플로리다 주 상원 의원이었던 페퍼Claude Pepper가 프린스턴 대학에서 동유럽의 상황에 대해 강연했다. 강연이 끝난 뒤, 아인슈타인은 페퍼를 자기 집으로 초대했다. 왜냐하면 동유럽의 상황에 대해 더 많이 알고 싶었기 때문이었다. 그런데 페퍼는 상대성 이론에 대해 알고 싶어했다. 잠시 동안 두 사람은 본질적으로 서로 다른 자신들의 관심거리를 상대편에게 질문했다. 결국 페퍼가 승리했고, 아인슈타인은 그에게 상대성 이론의 기초에 대해 설명했다.

▣ 아인슈타인 타도

영국의 저명한 물리학자 헤비사이드[10]는 과학자이면서도 기이한 점이 많은 사람이었다. 그는 전자기 이론과 연산자법의 연구로 명성을 얻었다. 25세가 되기 전부터 점점 귀가 어두워져서 그는 고립된 생활을 하게 되었다. 해밀턴[11]의 장황한 사원수 대수학 대신에 활용성이 더 뛰어난 벡터 해석학을 옹호하는 뛰어난 예지력을 갖기도 했다. 그렇지만 아인슈타인과 상대성 이론을 공공연하게 비난하는 맹점이 있기도 했다. 당시 그는 아인슈타인을 비난 공

[10] Oliver Heaviside(1850~1925), 영국의 물리학자

[11] William Rowan Hamilton(1805~1865), 아일랜드의 수학자로, 사원수 발견

격하는 유일한 일류 물리학자였는데, 상대성 이론에 대한 그의 비난은 때로는 어리석어 보이기도 했다.

필사본 경매

'책과 저자 전쟁 채권 위원회The Book and Author War Bond Committee' 라는 단체가 제1차 세계 대전 중에 창설됐다. 이 위원회의 목적은 전쟁 채권을 위해 경매에 붙일 유명한 필사본 원본을 수집하는 것이었다. 이 위원회는 아인슈타인에게 특수 상대성 이론을 발표한 1905년 논문의 필사본 원본을 요청했다. 아인슈타인은 논문이 출판된 뒤에 버렸기 때문에 원래의 필사본이 존재하지 않는다고 대답했다. 그 대신에 자신의 최근 논문인 'Bivector Fields' (Valentine Bargmann과의 공저)의 필사본은 기증할 수 있다고 했다. 위원회는 그 필사본을 정중히 받아들였다. 그리고 조금 머뭇거리다가 이미 인쇄된 1905년의 논문을 다시 손으로 써 달라고 부탁했다. 아인슈타인은 마지못해 동의했다. 1944년 두 필사본은 함께 종이 케이스로 말끔하게 제본되어 캔자스시티의 한 경매에서 1,150만 달러에 팔렸다. 그리고 구매한 사람은 이를 곧바로 의회 도서관에 기증했다. 이에 대해 아인슈타인은 다음과 같이 말했다. "경제학자들은 가격 이론을 수정해야 할 것이다."

정말?

언젠가 비서가 아인슈타인의 초기 논문 중 하나를 그에게 읽어주고 있을 때, 그는 이를 막고 물었다. "내가 정말 그렇게 말했나?" 확실하다는 대답을 들은 그는 중얼거렸다. "훨씬 더 간단하게 말할 수 있었는데."

아인슈타인 전설?

나무에서 떨어져 뉴턴의 머리를 때린 사과가 뉴턴에게 중력에 대한 개념을 일깨워주었다는 이야기가 있다. 이 이야기와 유사하게, 아인슈타인이 중력장 이론을 발견하게 된 계기에 대한 다음과 같은 이야기가 있다. 어느 날, 높은 건물에서 떨어졌지만 짚더미 위에 떨어져서 전혀 다치지 않은 어떤 노동자를 봤다. 그 노동자에게 위에서 떨어지면서 중력이 끌어당기는 것을 인식했는지를 물었다. 끄는 힘을 전혀 느끼지 못했다는 말을 들은 아인슈타인은 곧 바로 '중력'은 관찰자의 기준 좌표계⑫의 가속도로 대체할 수 있다는 사실을 발견했다.

에너지 방정식의 유래?

아인슈타인이 유명한 에너지 방정식 $E=mc^2$을 발견한 과정을 설명하는 우스꽝스런 이야기가 있다.

이 위대한 과학자는 에너지 방정식의 후보를 칠판에 하나하나씩 적고는 적절한 것을 고르려고 했다. 그는 $E=mc^2$, $E=mc^3$, $E=mc^4$, $E=mc^{10}$ 등을 썼다. 이런 공식들에 X자로 퇴짜를 놓고 있을 때, 청소부가 뛰어 들어왔다. 아인슈타인이 방 안에 있는 것을 모르고 있던 그녀는 걸레와 총채를 뽑아들고 청소를 했고 책상 위의 물건들을 재빨리 정돈했다. 그녀는 뒤로 물러나 자신이 '정리한squared away' 결과가 아주 좋아 보인다고 큰 소리로 말했다. '스퀘어드squared'라는 말을 들은 아인슈타인의 얼굴에 섬광이 빛났고,

⑫ 관찰자의 무게 중심을 중심으로 하는 좌표계.

드디어 공식 $E=mc^2$을 되살렸다.

아인슈타인 부인의 평가

제1차 세계 대전 뒤 대부분의 독일 사람들과 같이 아인슈타인 가족도 경제 사정이 매우 어려웠다. 아인슈타인 부인은 오래된 편지와 봉투 그리고 종이 조각을 모아서, 아인슈타인이 계산하고 기록할 수 있도록 했다.

그 뒤 아인슈타인이 미국에서 고등 학술 연구소의 창설 멤버가 되고 크게 환영받을 때, 부인은 사회 봉사에 참여했다. 중요하고 영향력 있는 과학 연구소에서 홍보 업무를 맡기로 했다. 의무에 충실한 부인은 수십만 달러에 달하는 고가의 장비로 가득 찬 연구실을 차례로 방문했다. 미국 과학자들은 그녀에게 그 비싼 장비들을 설명해줬다. 그러던 중 아인슈타인 부인은 높은 곳에 있는 한 관측소로 안내됐다. 그곳에는 괴상하게 생긴 엄청나게 크고 위압적인 기계가 있었다. 그녀는 그 기계의 용도를 물었다. "아인슈타인 부인, 이 장비는 우주의 심오한 비밀을 탐구하는 데 사용합니다."

"그게 전분가요?" 아인슈타인 부인이 콧방귀를 치면서 말했다. "내 남편은 오래된 편지 봉투 뒷면에다 그런 연구를 했습니다."

통일장 이론

1939년 아인슈타인은 친구[13]와 함께 미국 대통령에게 편지를 보냈는데, 우라늄과 같이 핵분열이 쉬운 물질을 사용해서 '새로운 형태의 극도로 강력한 무기'를 만들 수 있다고 조언했다. 이 물리학자들은 대통령에게 당시에 진행되고 있던 '실험적인 연구를 가속할 것'을 요구했다. 아인슈타인은 전쟁

[13] Léo Szilárd(1894~1964)

을 위해 편지 쓰기 이상의 일을 할 의욕도 있었다. 그래서 1941년 12월 과학 연구 개발 국장인 부시[14]는 우라늄 235를 다른 우라늄 동위 원소로부터 분리하는 기체 확산 방법에서 제기된 어떤 문제에 대해 아인슈타인에게 도움을 청했다. 아인슈타인은 도울 수 있어서 기뻤으며, 풍부한 기술 정보가 담긴 필사 원고를 부시에게 보냈다. 아인슈타인은 더 많은 일을 할 수 있다며 추가적인 과학 자료를 요구했다.

그런데 부시는 필요한 정보를 아인슈타인에게 제공할 수 없었다. 그 유명한 과학자는 국가 안전에 위험하다는 요주의 인물로 분류됐다. 부시는 말했다. "나는 그에게 모든 것을 보여주고 모든 비밀을 털어놓을 수 있기를 간절히 원했다. 그러나 그의 전력을 조사한 워싱턴 사람들에게 그것은 전혀 불가능했다." 그 결과, 아인슈타인은 전쟁 중에 고등 학술 연구소의 펄드 홀에서 보내야 했고, 헛되게 통일장 이론 연구에 매달렸다. 중력과 전자기를 통일시키려 했던 그의 시도는 완전히 실패했다. 그리고 세계 평화를 이루기 위해 지구상에 세계 정부를 세우려 했지만, 그것 역시 실패로 끝났다.

아인슈타인의 사후

아인슈타인의 뇌

가우스의 수학의 왕자에서 가우스와 디리클레의 뇌가 괴팅겐 대학 생리학과에 보관되어 있다는 이야기를 했다. 아인슈타인은 1955년 뉴저지 주 프린스턴에 있는 병원에서 동맥류動脈瘤로 죽었는데, 그의 뇌는 사망 뒤 부검

[14] Vannevar Bush(1890~1974), 미국의 전기 과학자 · 발명가로, 제2차 세계 대전 중 미국 군사 과학 개발의 지도자로 일했다.

과정에서 제거됐다. 그의 뇌는 그의 천재성에 대한 실마리를 찾기 위한 연구를 위해 추출됐다. 아인슈타인 뇌의 일부가 캔자스의 위치타Wichita에 있는 실험실에 소장되어 있다는 사실이 밝혀지기까지는, 이 뇌의 소재는 해부 뒤 최근까지도 일반인에게 공개되지 않았다.

최근(2007.2.22)에 아인슈타인의 두뇌에 관한 연구 결과가 발표됐다.

과학자들이 알베르트 아인슈타인의 천재적 두뇌의 비밀을 밝혀낼 단서를 찾아냈다고 영국 가디언 인터넷판이 21일 보도했다.

이 신문은 《네이처 뉴로사이언스》에 게재된 로잔 대학 연구진들의 연구 결과를 인용해 보통 남자들에 비해 아인슈타인의 뇌 속에 더 많이 들어 있었던 것으로 여겨지는 글리알 세포가 모종의 역할을 하고 있다는 사실을 확인했다.

안드레아 볼테라 교수가 이끄는 연구진은 이 특수 세포를 연구한 결과 이 세포가 주변의 신경 단위에 칼슘을 공급하고 뇌 주변의 메시지를 통제한다는 사실을 발견했다.

글리알 세포는 신경회로에 영양을 공급하고 신경 단위들을 결합시켜 뇌 구조를 더 복잡하게 만드는 것으로 알려져 왔다.

볼테라 교수는 "우리는 무척추 동물이 다른 동물 또는 영장류로 진화하면서 지능이 높아지고 동시에 신경 단위들에 대한 글리알 세포의 비율도 높아진다는 사실을 알고 있다."고 말했다.

1985년 미국 버클리의 캘리포니아 대학 과학자들은 아인슈타인의 두뇌 조각을 떼어 내 연구한 결과 아인슈타인이 신경 단위들에 대한 글리알 세포의 비율이 사망한 빅사들에 비해 훨씬 높다는 사실을 밝혀낸 바 있다. (서울=연합뉴스)

▣ 고향의 명예

아인슈타인은 독일 울름에서 태어났지만, 첫돌도 되기 전에 가족이 뮌헨

으로 이사했다. 그렇지만 울름은 그 도시에서 태어난 위대한 수리 물리학자를 명예로운 시민으로 기리기 위해, 울름의 한 거리의 이름을 '아인슈타인슈트라세Einsteinstrasse'로 명명했다.

그런데 나치는 이런 방법으로 명예를 얻은 유대인을 용납할 수 없었고, 울름에 새로 부임한 나치 시장은 부임 첫날 그 거리의 이름을 18세기 독일의 철학가이자 웅변가이며 애국자인 피히테⑮의 이름을 따서 '피히테슈트라세'로 바꾸었다.

나치가 몰락한 뒤에, 예전 이름 아인슈타인슈트라세가 복원됐으며 현재도 그렇게 부르고 있다. 그렇지만 아인슈타인이 태어난 집은 제2차 세계 대전 중 폭격으로 산산조각이 되어 더 이상 존재하지 않는다.

오페라의 영웅

동독의 저명한 작곡가 데사우⑯는 아인슈타인을 주인공으로 하는 오페라를 만들기 위해 거의 20년 동안 노력했다. 그 오페라는 자전적이거나 상대성 이론에 대한 것이 아니었으며, 세계에 발표한 파괴적인 발견에 대해 한 과학자가 느낀 책임감을 소재로 한 도덕적인 희곡과 같은 것이었다. 드디어 1974년 80세가 된 데사우는 이 오페라를 완성했고 무대에 올렸다. 오페라 《아인슈타인》은 슈트너⑰의 지휘로 동베를린 국립 가극장에서 매우 성공적인 초연을 했다.

⑮ Johann Gottlieb Fichte(1762~1814)
⑯ Paul Dessau(1894~1979), 독일의 작곡가 · 지휘자
⑰ Otmar Suitner(1922~), 오스트리아의 오페라 지휘자

回 "아인슈타인은 소련 스파이를 사랑했다"

1998년 6월 3일, 일간지에는 아인슈타인에 관한 '충격적인' 기사가 게재됐다. 신문의 기사 내용을 종합하면 다음과 같다.

"아인슈타인은 소련 스파이를 사랑했다"

2차대전 終戰후 쓴 연애편지 발견

◇아인슈타인과 연인 마르가리타 코넨코바가 함께 찍은 사진. 촬영일자는 확인되지 않았다.

조선일보 1998. 6. 3

"아인슈타인은 소련 스파이를 사랑했다"

최근 발견된 과학자 알베르트 아인슈타인의 편지에서 제2차 대전 당시와 종전 후 그가 소련 스파이와 사랑을 나누었던 사실이 밝혀졌다고 《뉴욕타임스》가 1일 보도했다.

화제의 러브레터는 아인슈타인이 66-67세이던 1945년 11월부터 46년 7월까지 미국 뉴저지 주 프린스턴에서 소련 조각가 세르게이 코넨코프의 아내 마르가리타 코넨코프(당시 51~52세)에게 보낸 9통.

마르가리타는 아인슈타인으로부터 미국의 원자력 기밀을 알아내려 한 '1급 스파이' 로 알려져 있으며 코넨코프는 프린스턴 대학 구내의 아인슈타인 흉상을 조작한 인물이다. 전 소련 스파이 책임자 파벨 수도플라토프의 95년 회고록에 따르면 코넨코프는 프린스턴에서 만난 일단의 과학자들에게 영향을 미치고 아인슈타인을 소련 영사 파벨 미하일로프에게 소개하는 임무를 띠고 있었다. 그는 임무에 성공, 45년 모스크바로 귀환했을 때 보상을 받았다고 이 회고록을 적고 있다.

아인슈타인은 1945년 마르가리타 부부가 모스크바로 소환된 뒤 쓴 편지에서 "모든 것이 당신을 생각나게 한다. 알마르의 담요, 사전들, 없어졌다고 생각했던 근사한 파이프, 그리고 잡동사니 물건들과 고독한 둥지 등 ……"이라고 고백하고 있다. '알마르' 는 알베르트와 마르가리타를 합성한 이름, '둥지' 는 프린스턴 고등 학술 연구소 내 아인슈타인 사무실을 가리킨다.

아인슈타인은 1945년 12월 30일자 편지에서 "인류는 가득히 드리워진 새로운 위험이 마치 없는 것처럼 살아가고 있다. 그들은 앞서 경험한 공포에서 아무런 교훈도 얻지 못했음이 분명하다." 고 적기도 했다.

아인슈타인은 두 번째 부인 엘사가 죽기 1년 전인 1935년 마르가리타와 만난 것으로 알려졌으나, 이들의 애정 관계가 얼마나 오래 지속됐는지 그리고 애인의 스파이 신분과 임무를 알고 있었는지는 편지에서도 드러나지 않았다. 하지만 아인슈타인이 원폭제조 계획 '맨해튼 프로젝트' 에 직접 참여하지 않았기 때문에 원폭 관련 기밀이 누설되지는 않았을 것이라고 《뉴욕타임스》는 전했다.

아인슈타인의 9통의 편지는 익명의 코넨코프 친척이 뉴욕 소더비 경매장에 위탁한 것이다. 《뉴욕타임스》는 26일 붉은 색 가죽 표지의 코넨코프 주소록, 두 사람이 함께 찍은 스냅 사진들, 그리고 파이프를 입에 문 아인슈타인과 탁자에 엎드려 그의 편지를 읽고 있는 코넨코프 스케치(아인슈타인이 그린 것으로 추정) 등이 경매될 예정이라고 전했다.

"아인슈타인, 연애도 천재"

2006년 7월 12일, 각 언론 매체에서는 다음과 같이 '아인슈타인의 여성 편력 보여주는 서신이 공개됐다' 는 소식을 전하고 있다. 다음은 《동아일보》 홈페이지에서 따온 기사다.

'천재 과학자' 알베르트 아인슈타인(1879~1955)의 여성 편력을 보여주는 편지들이 공개됐다고 미 ABC뉴스 인터넷 판이 11일 보도했다.

이스라엘 예루살렘의 헤브루 대학이 10일 공개한 1천 400여 통의 편지에는 아인슈타인이 두 번째 부인 엘사와 결혼 생활 중이었을 때 만난 에스텔라, 에델, 토니, '러시아 스파이' 마가리타를 비롯해서 이니셜로만 표기된 M, L 등을 포함해 모두 6명의 여성에 대한 내용이 담겨 있다.

조선일보 2006. 7. 13

이번에 공개된 엘사에게 보낸 편지에서 아인슈타인은 "내가 원하지 않는데도 이들이 애정 공세를 퍼붓는다." 고 설명했으며, 의붓딸 마고에게 쓴 서신에서는 "M이 영국까지 자신을 뒤따라왔으며 이러한 그녀의 행동은 통제 불능 상태." 라고 전했다. 심지어 그는 마고에게 엽서를 보내 다른 사람들의 눈을 피해 마가리타에게 자신의 편지를 건넬 것을 부탁하기도 했다.

아인슈타인이 엘사에게 보낸 편지 중에는 당시 독일의 반 유대 감정에 대해 묘사한 글도 포함돼 있다. 나치를 피해 옥스퍼드에서 수학하던 아인슈타인이 1930년대 엘사에게 쓴 편지에서 독일인 동료가 "(독일인들이) 자신에 대한 감정이 좋지 않으니 독일 국경 근처에 오지 말 것." 을 요구했다며 "사람들이 머리 좋은 유태인들과의 경쟁을 두려워해 유태인들은 약점이 아니라 자신들의 강점으로 인해 더욱 큰 부담을 지게 됐다." 고 밝혔다.

헤브루 대 아인슈타인 세계 전시회 의장인 하녹 굿프로인드는 "아인슈타인과 엘사와의 결혼 생활이 '편의를 위한 것' 이었다고는 하지만 아인슈타인은 강의를 위해 유럽 국가들을 돌아다니는 동안 거의 매일 엘사에게 자신의 일상을 담은 편지를 보냈다." 고 설명했다.

한편 아인슈타인이 첫 번째 부인이었던 밀레바 마리치와 두 아들들로부터 받은 답장이 처음으로 공개돼 이 '천재 과학자' 가 자신의 가족들에게 무관심했다는 일반인들의 편견과 달리 우정과 이해심을 가지고 전 부인과 아들들을 대한 것으로 나타났다.

아인슈타인은 1903년 학문적 동반자 관계였던 마리치와 결혼하지만 16년만인 1919년 이혼했으며, 넉 달 만에 내연의 관계였던 사촌 엘사와 혼인했다. 그러나 엘자와의 재혼 기간 중에도 아인슈타인은 자신의 비서 베티 노이만을 비롯하여 여러 여성들과의 염문을 뿌리고 다녔다.

이번에 공개된 편지들은 1986년 7월 사망한 아인슈타인의 의붓딸 마고가 1980년 초 헤브루 대학에 기증한 것들로 마고는 자신이 죽은 뒤 20년간 편지를 공개하지 말 것을 요구했으나 약속했던 20년이 경과돼 지난 10일 공개됐다. (서울=연합뉴스)

아인슈타인의 말

▣ 신은 교활하다

아인슈타인은 자신의 종교관에 따른 '신'에 대해 다음과 같이 말한 적이 있다. "신은 교활하다. 그러나 심술궂지는 않다." 당시 프린스턴 대학 수학과 교수였던 베블런은 이 말을 듣고 기록해 놓았다. 1930년 수학과를 위해 프린스턴에 파인 홀이 건설됐을 때, 베블런은 교수 휴게실에 있는 벽난로 위의 대리석에 이 문장을 새겨 놓을 수 있도록 아인슈타인의 허락을 얻었다. 아인슈타인은 이 말의 뜻이 다음과 같다고 설명했다. "자연은 절대적인 고결함으로 자신의 비밀을 숨기고 있는 것이지, 계략으로 비밀을 숨기고 있는 것은 결코 아니다."

▣ 신의 주사위 놀이

아인슈타인은 양자 역학에 대해 닐스 보어와 논쟁을 벌이기도 했는데, 물리학의 이해를 위한 적절한 기초로서 양자 이론을 확률적으로 해석하기를 좋아하는 사람에게 다음과 같이 말했다. "나는 신이 우주를 갖고 주사위 놀이를 한다고는 믿을 수 없다."

실용성과 아름다움

실용성은 수학의 중요한 일면이다. 그런데 수학에서는 어느 시기에 실용적이었던 내용이 다른 시기에는 더 이상 실용적이지 않을 수 있으며, 실용적인 용도를 거의 찾지 못한 수학의 주제도 많이 있다. 과학에서도 이와 똑같은 상황이 발견된다. 아인슈타인은 다음과 같이 주장한 적이 있다. "이 세계는 이성을 통해 이해할 수 있지만, 과학에서 어떤 이론이 수용되는 최종적인 판단 기준은 아름다움이다." 디랙도 이와 똑같은 주장을 피력했는데, 그는 다음과 같이 말했다. "방정식을 아름답게 만드는 것이 경험에 부합시키는 것보다 더 중요하다." 따라서 수학은 (아마도 과학도 마찬가지로) 실용적인 목적만이 아니라 미적인 가치에 관심을 두고 연구되어야 할 것이다.

또 아인슈타인은 수학적 진리와 비교해서 과학적 진리의 진정한 본질에 대해 다음과 같이 말했다. "수학의 법칙들이 현실과 관련된 경우에서는 확실하지 않다. 그리고 그것들이 확실한 경우에는 현실과 관련되지 않는다."

발견의 원리

수학과 과학에서의 발견과 발전에 관한 훌륭한 원리로 어떤 선동적인 믿음에 대한 '건설적인' 의심이라는 원리가 있다. 아인슈타인은 상대성 이론을 발견한 경위를 질문 받고는 '공리를 의심함으로써' 라고 대답했다. 로바체프스키와 볼리아이는 유클리드의 평행선 공리를 의심했고, 해밀턴과 케일리는 곱셈이 교환적이라는 공리를 의심했으며, 루카시에비치[18]와 포스트[19]는 아리스토텔레스의 배중률 공리를 의심했다. 마찬가지로, 과학 분야에서 코페르니쿠스는 지구가 태양계의 중심이라는 공리를 의심했고, 갈릴레오는 무거운 물체가 가벼운 물체보다 빨리 떨어진다는 공리를 의심했으며, 아인슈타인은 서로 다른 두 순간에서 앞선 순간이 존재한다는 공리를 의심했다. 공리에 대한 이런 건설적인 의심은 수학 발전을 이룩한 매우 일반적인 방법이 됐으며, 다음과 같은 칸토어의 유명한 경구의 핵심을 이루고 있다. "수학의 본질은 자유에 있다."

물론, 의심과 도전은 건설적이어야 한다. 즉, 의심받거나 도전 받는 믿음을 단순히 파기해서는 안 되며, 반드시 대안에 의해 교체되어야 한다. 다음에 이런 대안의 결과를 연구해야 한다.

▣ 성공 공식

아인슈타인은 성공에 대한 자신의 공식은 '$x+y+z=$성공' 이라고 말했다. 여기에서 x는 열심히 일하는 것을 나타내고 y는 기분 전환을 뜻한다고 말했다. 그는 "그렇다면 z는 무엇을 뜻합니까?" 라는 질문을 항상 들었다. "아, 그것은 듣는 방법을 나타냅니다." 라고 대답했다.

▣ 아인슈타인 달력

야코비Lotte Jacobi는 아인슈타인의 아름다운 사진을 담은 우아한 '1985년도 달력' 을 만들었다. 각 달마다 한 장의 사진이 실려 있었으며, 각 사진마다 아인슈타인의 뜻 깊은 말이 적혀 있었다.

⑱ Jan Lukasiewicz(1878~1956), 폴란드 교육부 장관(1919)과 바르샤바 대학 교수(1920~1939)를 역임했고, 삼가 및 다가 논리학 연구.

⑲ Emil Leon Post(1897~1954), 폴란드에서 태어났고 7세 때 미국으로 이주했다. 삼가 논리학 연구.

1. 국가는 현대의 우상이 됐는데, 국가의 힘은 누구도 피할 수 없다.
2. 진정으로 위대하고 고무적인 모든 것은 자유로움 속에서 노력할 수 있는 개인에 의해 창조된다.
3. 모든 것이 목적과 의도에 달려 있다는 말은 위험한 발상이다.
4. 모든 방법 뒤에 살아 있는 혼이 없다면, 그것들은 어리석은 수단에 불과하다.
5. 이미 만들어진 발견은 누구나 응용할 수 있지만, 누구나 발견할 수 있는 것은 아니다.
6. 우리는 민족적인 경계의 끔찍한 장애물을 제거해야만 한다.
7. 안전은 분할될 수 없다.
8. 사건이 일어나고 있을 때 판단하는 것은 어리석은 일일 것이다.
9. 나는 원자 에너지가 오랫동안 큰 혜택을 줄 것이라고 예상하지 않기 때문에, 현재로서는 위협이라고 말할 수밖에 없다.
10. 우리는 정치가들이 모르는 몇 가지 사실을 알고 있다.
11. 파멸에 이르는 길에는 언제나 이상향에 대한 입에 발린 말이 함께 있다.
12. 나는 고독 속에 살아왔다. 젊었을 때는 고통스러웠지만, 성숙해서는 즐거움이었다.

앞에서 알아본 아인슈타인의 뜻 깊은 인용문에 몇 가지를 더 추가한다.

- 상식은 18세가 될 때까지 사람의 마음에 쌓인 편견들의 누적에 불과하다.
- 종교적 사고란 '출입구가 없는 장소에서 길을 찾아내려는' 시도이다.
- 상상력은 지식보다 더 중요하다.
- 현대적인 교육 방법이 아직까지도 신성한 지적 호기심을 완전히 질식시키지 않은 것은 기적에 가깝다.

- 나는 일상 생활에서는 고독을 즐기는 전형적인 사람이지만, 진리와 아름다움 및 정의를 추구하는 눈에 보이지 않는 공동체에 속하고 있음을 자각하는 것이 내가 고립되어 있다는 느낌을 피하게 해왔다.
- 진리에 대한 탐구는 소유보다 더욱 소중하다.
- 어리석음이란 똑같은 것을 시도하면서 다른 결과가 나오기를 희망하는 것을 뜻한다.

페예르 Lipót Fejér

1880~1959

페예르는 1880년 2월 9일 헝가리 페치Pécs에서 태어났다. 1897년 헝가리에서 열린 최초의 수학 경시 대회 중 하나에서 상을 받았으며, 이때부터 1902년까지 부다페스트 대학과 베를린 대학에서 수학과 물리학을 공부했다. 1900년에 푸리에 급수에 관한 기본적인 합의 정리를 발견했는데, 이는 1902년에 부다페스트 대학에 제출한 박사 학위 논문의 기초가 됐다. 1902년부터 부다페스트 대학, 1905년부터는 콜로즈바르[1]에서 가르친 뒤, 1911년 부다페스트 대학 교수가 되어 죽을 때까지 그 자리를 지켰으며 매우 융성했던 헝가리 해석학파를 지도했다. 그의 주요한 연구 분야는 조화 해석학이었고, 정 함수(카라테오도리와 함께) 및 등각 사상(프리기에스 리스와 함께)에 관한 중요한 논문을 썼다.

본명

페예르의 원래 이름은 레오폴드 바이스Leopold Weiss였는데, 1900년경 좀 더 헝가리답게 보이기 위해 이름을 바꾸었다. 이것은 당시 헝가리에서 전통에 대한 각성과 연대감을 보여주기 위한 관행이었다.

[1] Kolozsvár, 현재 루마니아의 클루지(Cluj)

페예르는 베를린 대학에서 슈바르츠의 지도로 공부했는데, 이렇게 이름을 바꾸자 슈바르츠는 그에게 말도 걸지 않았다고 한다.

페예르의 말

페예르는 상황에 적절한 재치 있는 말을 잘 했다. 독일의 어떤 모임에서 있었던 일이다. 당시 폴리아는 무급 강사였다. 무급 강사는 재정적으로 불안정한 자리였으며, 정확하지는 않지만 시간 강사와 비슷한 위치였다. 한번은 폴리아의 아내가 수학자들의 사진을 찍었다. 그녀는 페예르를 서너 명의 다른 사람과 함께 대학 앞 전차 궤도 위에 세워놓고 사진을 찍었다. 두 번째 사진을 찍으려는 순간, 페예르가 큰 소리로 말했다. "얼마나 좋은 아내인가! 남편이 직장을 얻도록 정교수들을 전차 궤도 위에 올려놓아 전차에 치이게 하려 한다."

몇 년 뒤 또 다른 모임에서, 페예르는 이름을 밝힐 수 없는 헝가리의 어떤 위상 수학자에 대해 (충분한 이유로) 분개해 있었다. 그는 폴리아와 오랫동안 이리저리 거닐었는데, 그 수학자에 대한 불만을 계속해서 털어놓았으며, 다음과 같은 말로 끝을 내었다. "그가 이야기하는 것은 진실의 위상적인 사상이야." 위상적인 사상이 왜곡된 정도를 상상하자.

금강산도 식후경

타마르킨과 위더[2]는 페예르를 데리고 미국 매사추세츠 세일럼Salem에 있는 옛 집들을 구경시켜 주었다. 후미진 곳과 비밀 통로를 구경할 때마다, 페예르는 가장 뒤쪽에 있겠다고 고집했다. 이를 겸양과 예의로 생각했고 혼자

[2] D.V. Widder(1898~1990), 하버드 대학 교수

서 더 자세하게 관람하려는 것으로 생각했다. 그런데 그들이 자동차로 되돌아갔을 때, 진정한 이유가 밝혀졌다. 페예르는 점심 도시락 봉투 위에 앉아 있었고 바지 엉덩이 부분에 체리 주스가 잔뜩 묻어 있었다.

▣ 폴리아의 기록

폴리아는 부다페스트 대학에서 수학을 전공할 때, 31세에 정교수가 된 수학자 페예르를 자신의 모델로 삼았다. 그를 다음과 같이 묘사했다.

> 그는 예술적인 감각이 있었다. 음악을 매우 사랑했으며, 피아노를 훌륭하게 연주했다. … 이야기를 구수하게 잘하는 재능이 있었는데, 그가 작은 몸짓을 하면서 뛰어난 수학자의 사소한 결점들을 말할 때는 아주 재미있었다. 페예르와 카페에서 많은 시간 수학을 논의하고 이야기를 나눈 추억을 우리는 소중하게 간직하고 있다. 그는 수학을 이야기하듯이 설명했기 때문에, 아주 많은 젊은이가 오랫동안 그가 관심을 가진 것에 흥미를 가졌다.

헝가리 수학자

헝가리에서 19세기 이전에 배출된 뛰어난 수학자는 거의 없었다. 유일한 예외는 볼리아이 부자인데, 이들은 국외에서 교육을 받았다. 헝가리는 16~17세기에 터키의 지배를 받았고 18~19세기는 합스부르크가의 지배를 받았다. 1848년 합스부르크가에 대한 봉기로 1867년 타협이 이루어져 오스트리아·헝가리 이중 제국이 성립됐다. 이에 따라 헝가리는 오스트리아와 거의 동등한 지위를 얻어 독자적인 정부와 의회를 갖게 됐고, 19세기 말에 이르러 문화·경제적으로 도약하기 시작했다. 이런 분위기 속에서 학술 단체도 신속하게 조직됐다.

그 뒤 헝가리는 나라의 크기에 비해 뛰어난 수학자를 대단히 많이 배출했다. 헝가리에서 수학자는 큰 존경을 받았다. 헝가리는 산업 발달이 늦었고 자연 과학 연구는 비용이 많이 들기 때문에 많은 유능한 인재가 수학 연구에 몰두했다고 한다. 또한 19세기 말부터 시행된 수학 경시 대회는 수학의 천재를 조기에 발굴하는 효과가 있었다. 외트뵈시❶, (헝가리 수학의 실질적인 창시자인) 쾨니히❷, 페예르, 리츠 형제, 폴리아, 세괴❸, 폰 노이만, 에르되시, 할모스, 케

❶ Lóránd Baron von Eötvös(1848~1919), 독일 하이델베르크와 쾨니히스베르크 대학에서 공부하고, 1871년 헝가리로 돌아가서 부다페스트 대학에서 가르쳤다. 1878년 실험 물리학 교수가 됐고, 1885년 헝가리 수학회를 창설했다. 외트뵈시 저울을 발명했으며, 헝가리의 수학과 교육에 크게 공헌했다.

메니❹, 락스❺ 등은 모두 헝가리 출신의 수학자이다.

1960년 이래 헝가리에는 세계의 다른 어떠한 나라보다 인구에 비례해서 더 많은 수학자가 있다는 말이 있다.

쾨니히

외트뵈시 경시 대회

외트뵈시는 1885년 동료 교수 및 제자와 함께 개인적인 수학 모임을 만들었는데, 1891년에는 중등학교 교사까지 합류한 수학 및 물리학회Mathematikai és Physikai Társulat로 발전했다. 당시 헝가리 과학원장이던 외트뵈시는 이 학회의 초대 회장이 됐다. 외트뵈시의 제의에 따라, 중등학교 교사에게 최신의 과학 정보를 알려주고 수업 중에 이용할 수 있는 적절한 소재와 아이디어를 제공하기 위해 이 학회는 1892년부터 《수학 및 물리학 잡지Mathematikai és Physikai Lapok》를 발간했다.

외트뵈시

그리고 이 학회는 1894년 수학 및 물리학의 학습과 교육 수준을 높이고 재능 있는 학생을 발굴하기 위해 중등학교 졸업반 학생을 대상으로 한 경시 대회를 만들었다. 이것이 바로 (당시 교육부 장관에 임명된 외트뵈시의 이름을 붙인)

❷ Julius König(1849~1913), 헝가리의 수학자로, 의학을 공부하다가 전공을 수학으로 바꾸어 1870년에 독일 하이델베르크 대학에서 박사 학위를 받고, 고국으로 귀국해서 1871년에 부다페스트 사범 대학, 1873년에 공과 대학 교수가 됐다. 대수학, 수론, 기하학, 집합론, 해석학 등 폭넓은 주제를 연구했다.

❸ Gábor Szegö(1895~1985), 부다페스트 대학을 다니고 빈 대학에서 박사 학위를 취득했다. 베를린 대학과 괴팅겐 대학에서 연구하고, 부다페스트로 되돌아가서 페예르 아래에서 폰 노이만을 지도하기도 했다. 1926년에 쾨니히스베르크 대학 교수가 됐고, 1934년 미국으로 이주해서 1938년부터 스탠퍼드 대학 교수로 여생을 마쳤다.

❹ John Kemeny(1926~1992), 컴퓨터 언어 BASIC 개발

❺ Peter D. Lax(1926~), 1941년 미국으로 이주했고, 뉴욕 대학에서 1949년에 박사 학위를 받았고, 1951년부터 뉴욕 대학에서 가르쳤다. 뉴욕 대학 쿠란트 수학 연구소 소장(1972~80)을 지냈다.

'외트뵈시 경시 대회' 다. 외트뵈시 경시 대회는 매년 가을에 열리며, 대회마다 일등과 이등 학생에게 '외트뵈시 상' 을 수상한다. 이 대회는 전쟁 때문에 중지된 몇 년을 제외하고 현재까지 계속되고 있으며, 퀴르샥Kürschák 경시 대회로 이름이 바뀌었다.

외트뵈시 경시 대회는 (미분 적분학을 제외한) 중등학교의 수학을 이용해서 풀 수 있지만 매우 어렵고 통찰력과 창의력을 요구하는 문제를 세 개 출제한다. 시험은 네 시간 동안 진행되며 학생들은 책과 노트를 지참할 수 있다. 1913년 대회에서 일등상을 받은 라도❻는 이에 대해 다음과 같이 말했다.

"… 두뇌 이외에는 거의 어떠한 것도 도움이 될 수 없는 문제들이 출제된다. … 상은 뛰어난 학생이 아니라 미래의 창조적인 수학자를 위해 마련됐다."

사실, 이 대회의 수상자 목록에서 수학과 과학 발전에 크게 이바지한 사람의 이름을 찾아볼 수 있는데, 페예르, 폰 카르만, 하르❼, 마르셀 리츠, 세괴, 라도, 텔러❽, 셀레❾ 등이 포함되어 있다.

이 대회에서 입상하는 것은 개인적인 영광만이 아니라 지도 교사와 소속 학교에게도 대단히 큰 명예를 주었다. 라츠László Rácz와 페예르와 같은 헌신적인 교사는 수년 동안 여러 명의 입상자를 배출했고, 이에 대단한 긍지를 가

❻ Tibor Radó(1895~1965), 헝가리 출신의 수학자. 부다페스트 공과 대학에서 토목 공학을 전공하다가, 제1차 세계 대전이 일어나자 오스트리아-헝가리 군의 장교로 참전했다. 러시아의 포로가 되어 시베리아 형무소에 수감됐는데, 이때 역시 포로로 있던 오스트리아 수학자 에두아르트 헬리(Eduard Helly, 1884~1943)로부터 수학을 배웠다. 전쟁 뒤 프리기에스 리츠의 지도로 박사 학위를 받았으며, 1930년부터 오하이오 주립 대학에서 1964년 은퇴할 때까지 가르쳤다.

❼ Alfréd Haar(1885~1933), '하르 측도'로 이름을 남긴 헝가리의 해석학자. 부다페스트 태생으로 그곳에서 김나지움을 다니고 1904년부터 괴팅겐 대학에서 공부하고 힐베르트의 지도로 1909년 박사 학위를 받았다. 괴팅겐에서 무급 강사로 가르치다가, 1912년에 헝가리로 돌아가서 콜로즈바르 대학의 교수가 됐다. 제1차 세계 대전 뒤에 프리기에스 리츠와 함께 그 대학 수학과 발전에 힘썼고 유명한 《수학 잡지(Acta Scientiarum Mathematicarum)》를 1930년에 창간했다.

❽ Edward Teller(1908~2003), 헝가리 태생의 유대계 미국 물리학자로 원자폭탄 개발 계획에 참여했고, 1949년부터 2년 동안 로스앨러모스 부소장으로 수소 폭탄 개발을 지휘했다. 수소 폭탄의 아버지로 불린다.

❾ Tibor Szele(1918~1955), 헝가리 수학자

졌다.

《중등학교 수학 잡지》

수학 및 물리학회는 중등학교 교사 아라니Dániel Arany의 발의로 1894년 외트뵈시 경시 대회와 거의 동시에 《중등학교 수학 잡지Középiskolai Mathemakai Lapok》를 발간하기 시작했는데, 이는 풍부하고 다양한 문제를 제시해서 학생들에게 수학에 대한 흥미를 고조시키고 경시 대회 준비를 노와주기 위한 목적이었다. 수학 교사와 젊은 수학 교수가 편집을 맡고 있는데, 초기에 오랫동안 편집을 맡았던 중등학교 교사 라츠는 폰 노이만과 위그너[10]의 교사이기도 했다. 세괴는 이 잡지에 대해 다음과 같이 말했다.

> 나는 매월 발간되는 이 잡지가 배달되기를 학수 고대했는데, 첫째 관심사는 문제란을 보는 것이었다. 숨을 죽이고 지체 없이 문제와 씨름하기 시작했다. 이와 똑같은 일에 열중하는 다른 학생들을 곧 알게 됐다. 그리고 내가 완전히 풀지 못한 문제를 해결한 학생과 내가 제출한 풀이보다 더 훌륭한, 즉 더 간단하고 멋지며 재치 있는 풀이를 찾은 학생을 보고 자주 부러워했다.

[10] Eugene Paul Wigner(1902~1995), 헝가리 출신의 미국 수학자 · 물리학자로, 1963년 노벨 물리학상을 받았다.

리츠 형제

프리기에스 리츠 Frigyes Riesz, 1880~1956

마르셀 리츠 Marcel Riesz, 1886~1969

프리기에스 리츠는 헝가리 죄르Györ에서 태어났고, 부다페스트 대학에서 공부했다. 괴팅겐과 취리히에서 더 공부한 뒤, 1902년 부다페스트 대학에서 박사 학위를 받았다. 중등학교에서 가르치면서 연구하다가 1911년부터 콜로즈바르 대학, 1945년부터는 부다페스트 대학에서 가르쳤다. 함수 해석학의 창시자로, 리츠 표현 정리, 리츠 · 피셔 정리 등을 발견했다.

프리기에스 리츠

마르셀 리츠도 헝가리 죄르에서 태어났고, 부다페스트 대학에서 공부했다. 페에르의 영향을 받았으며, 하디와 공동 연구하기도 했다. 미타그-레플러의 초청으로 1908년 스웨덴으로 가서 여생을 보냈는데, 1911년부터 스톡홀름 대학, 1926년부터 룬드Lund 대학 교수로 가르치다가 1952년에 은퇴했다.

마르셀 리츠

프리기에스 리츠의 강의

오늘날 여러 가지 수학 교수법에 대해 많은 논의가 이루어지고 있다. 프리기에스 리츠는 오늘날에는 볼 수 없는 교수법을 이용했다. 리츠는 부교수와 조교수를 대동하고 강의실로 들어간다. 부교수는 리츠의 유명한 책에서 그 날 배울 내용을 읽는다. 그러면 조교수는 용어와 기호를 칠판에 적는다. 리츠 교수는 강의실의 앞쪽 중앙에 서서 손을 등 뒤로 돌리고 점잖게 머리를 끄덕인다.

▣ 마르셀 리츠의 강연

마르셀 리츠가 스탠포드 대학에서 네 번 연속해서 강연하는 경우가 있었다. 첫째 날은 따뜻했는데, 큰 강의실이 청중으로 가득 찼다. 리츠는 곧 웃옷을 벗고, 멜빵과 와이셔츠 차림으로 강연했다. 칠판을 지우기 위해 물 한 사발과 스펀지를 마련해 놨었다. 리츠는 칠판을 가득 채운 뒤에, 세괴에세 손짓을 했다. 그러자 세괴는 바로 앞으로 나가서 칠판을 지웠다. 그동안 리츠는 옆으로 비켜서서 그 과정을 지켜봤다. 여기서 주목할 점은, 당시 세괴는 스탠포드 대학에서 매우 유명하고 존경받는 교수였다. 그는 학생과 교수들의 경외의 대상이었다. 또한 그 학과의 'Executive Head'[11]였다. 그런데 양복을 차려 입은 세괴가 유럽식으로 리츠의 조교 역할을 하는 모습은 모든 사람에게 놀라운 장면이었다.

가르딩[12]은 마르셀 리츠의 제자였다. 리츠의 조교로서 그의 임무 중 하나는 (모든 것을 배급 받던 시기에) 자기에게 할당된 술을 리츠에게 양도하는 것이었다.

▣ 마르셀 리츠와 할모스

할모스가 시카고 대학교 수학과에서 종신 교수가 되기 위한 과정에 있던 젊은 시절에, 마르셀 리츠가 방문했다. 할모스는 무척 흥분했는데, 리츠가 대단히 유명한 수학자였을 뿐만 아니라 같은 헝가리 동포였기 때문이었다. 리

[11] 통상 학과의 'Head' 또는 'Chairman'은 학과 교수들의 의견에 따라 학장이 임명한다. 'Executive Head'는 총장과 이사회로부터 직접 권한을 위임받는다.

[12] Lars Gårding(1919~), 스웨덴 수학자로, 1962년에 필즈 메달을 수상한 회르만더(Lars Hörmander, 1931~)의 박사 학위 논문 지도 교수였다. 회르만더는 1955년에 박사 학위를 취득했는데, 1952년까지 룬드 대학에서 학사와 석사 과정 및 그 뒤에 연구 과정에서는 마르셀 리츠의 지도를 받았다.

츠를 맞이하려고 황급히 뛰어간 그는, 헝가리어로 자신을 소개했다. 그러자 리츠는 "만나서 반갑네." 하고 말하고는 즉시 편지를 받아쓰라고 했다. 할모스가 어떻게 할 수 있었겠는가? 그는 받아 적었다.

▣ 마르셀 리츠의 세상 살기

마르셀 리츠는 보통 사람으로는 상상할 수 없을 정도로 속세를 초월한 듯한 삶을 살았다는 이야기가 많이 있다. 그는 여행 가방을 꾸릴 줄 몰랐으며, 우체통이 어떻게 작동하는지도 몰랐다고 한다. 봉급으로 받은 수표를 현찰로 바꾸지 않고 매트리스 밑에 숨기는 버릇이 있었다고 한다. 언젠가 리츠가 스웨덴으로 갈 일이 있었을 때, 조교 가르시아[13]는 수표를 현찰로 바꾸기 위해서 온 동네의 은행을 뛰어다녔다고 한다.

폰 카르만

Theodore von Kármán, 1881~1963

폰 카르만

폰 카르만은 1881년 3월 11일 헝가리 부다페스트에서 태어났고, 부다페스트 공과 대학을 졸업했다. 그 뒤 괴팅겐 대학에서 공부했고(클라인의 영향을 크게 받았다), 파리를 방문해서 비행기를 보고는 수학에서 비행술로 관심을 바꾸었다. 1908년에 박사 학위를 받고 괴팅겐 대학에서 무급 강사를 했다. 1913년부터 아헨Aachen 공과 대학 항공 역학 교수를 지냈고, 이와 동시에 아헨 비행 연구소장을 겸임했다.

[13] Adriano Garsia(1928~)

1930년에는 캘리포니아 공과 대학 항공 연구소장으로 자리를 옮겼다. 그는 '초음속 비행기의 아버지' 로 불린다.

공학자가 된 수학 천재

폰 카르만은 여섯 살 때 이미 수학의 신동으로 밝혀졌는데, 암산 능력이 뛰어났다. 그러나 수학 실력이나 뽐내는 괴짜가 될 것을 우려한 아버지는 그에게 지리, 역사, 문학을 가르치면서 수학을 멀리하게 했다. 9세 때 부나페스트에 있는 민타Minta 김나지움에 입학한 폰 카르만은 비로소 수학을 접하게 됐고, 졸업하는 해에는 외트뵈시 경시 대회에서 헝가리 전체에서 수학과 과학에서 일등을 했다. 그래서 그는 수학을 충분히 전공할 수 있는 상황이었지만, 아버지는 그가 공학을 전공하게 했다.

얼빠진 강의

폰 카르만은 독일 아헨 대학 교수이면서 동시에 1926년부터 미국 패서디나에 있는 캘리포니아 공과 대학의 교수이기도 했다. 중요한 항공학 전문가로서 여러 항공사의 자문역을 맡고 있었다. 그래서 언제나 무료 항공권을 얻을 수 있었다. 이에 따라 아헨과 패서디나 사이를 거의 정규적으로 왕래했다.

폰 카르만은 두 대학에서 비슷한 내용을 강의했다. 언젠가 패서디나에 도착했을 때 다소 피곤했지만, 강의를 시작했다. 강의는 그렇게 어렵지 않았다. 왜냐하면 아헨에서 사용한 강의록을 갖고 있었기 때문이었다. 강의를 진행하다가 학생들을 둘러봤을 때 그들의 표정이 평소보다 훨씬 더 멍해 있다는 느낌이 들었다. 그때서야 자신이 독일어로 말하고 있다는 사실을 깨달았다. 그는 길게 사과하고는 다음과 같이 말했다. "영어로 강의하지 않는다고 왜 말하지 않았는가?" 학생들은 침묵을 지켰다. 드디어 한 학생이 말했다. "화내지 마십시오, 교수님. 교수님은 독일어로 강의할 수 있고, 영어로 강의해도 괜찮습니다. 우리는 어느 경우에나 똑같은 정도로 이해합니다."

상담 전문가

울람은 프린스턴에서 열린 한 파티에 참석했다가, 꽤 늙은이가 젊은 여자를 무릎 위에 앉히고 즐겁게 샴페인을 마시는 장면을 목격했다. 파티를 주최한 폰 노이만에게 그의 정체를 물었다. "아니, 저 분을 몰라요? 유명한 항공 역학자인 폰 카르만입니다." 그러면서 덧붙였다. "저 분이 상담 분야를 개척한 사실은 아세요?"

초음속 비행기의 아버지

폰 카르만은 1920년대에 캘리포니아 공과 대학Caltech에 구겐하임 항공 연구소GALCIT를 설립했는데, 1930년에는 항공 연구소장을 맡아서 칼텍을 항공 공학의 중심지로 만들었다. 이 연구소가 모태가 되어 제2차 세계 대전 기간 중 칼텍에서는 제트 추진 연구소JPL가 설립됐다. 이 연구소는 1958년 소련의 스푸트니크 충격 이후 미항공 우주국을 설립하는 데 큰 역할을 했다.[14]

⑭ 김영식 · 임경순, 《과학사신론》, 다산출판사, 1999, p. 326.

베블런 Oswald Veblen

1880~1960

베블런은 1880년 6월 24일 미국 오하이오에서 태어났다. 아이오와 및 하버드 대학에서 각각 1898년과 1900년에 학사 학위를 받았고 시카고 대학에서 엘리아킴 무어의 지도로 1903년 박사 학위를 취득했다. 당시의 학생 중에는 조지 버코프, 로버트 무어 등이 있었다. 1905년부터 1932년까지 프린스턴 대학에서 수학을 가르쳤다. 고등 학술 연구소 설립을 도왔으며, 1932년 그곳의 교수가 됐고 1950년에 은퇴했다. 사영 및 미분 기하학과 위상 수학에 대한 연구로 명성을 얻었다. 그가 사망한 뒤 미국 수학회는 베블런을 추모하는 기금을 마련했는데, 제자와 동료들의 기부금으로 출발했고 미망인이 두 배로 늘렸다. 1964년부터 이 기금으로 5년마다 베블런 기하학 상을 수상하고 있다.

수학 성지가

베블런은 프린스턴 대학에 자리를 잡은 뒤, 곧 지도적인 기하학자로서의 위치를 공고히 했는데, 그의 논문과 책은 완벽성과 간결성 및 명확성으로 유명했다. 유능한 대학원생도 다수 확보했으며, 프린스턴을 세계적인 위상 수학의 연구 중심지로 만들었다.

베블런의 영향력은 프린스턴에 그치지 않고 널리 퍼졌으며 '수학의 정치가mathematical statesman'라는 명성을 얻었다. 미국 수학회 회장(1923~24)으로 일하면서 수학의 중요성을 알리는 데 노력했으며, 수학 연구와 출판을 위한 기금을 여러 재단과 기업체 및 개인으로부터 모금했다. 1926년에 만들어진 미국 최초의 수학 연구 교수좌인 파인 교수Henry Burchard Fine❶ Professorship가 됐다. 그는 파인이 죽은 뒤 조성된 기금으로 건립된 파인 홀Fine Hall의 설계에도 많은 아이디어를 제공했다.

베블런은 1932년 파인 교수직을 사임하고 고등 학술 연구소 최초의 교수로 임명됐다. 그리고 이 연구소 수학과 최초의 교수진 알렉산더, 아인슈타인, 폰 노이만, 바일을 선임했으며,❷ 박사후 연구를 강조하는 정책 결정에도 깊이 관여했다.

베블런과 군론

1910년 베블런과 물리학자 진스❸는 프린스턴 대학 수학 교과 과정의 개편에 대해 논의하고 있었다. 진스가 말했다. "군론을 삭제하는 것이 옳다고 생각합니다. 이 과목은 물리학에서 결코 사용되지 않을 것입니다." 베블런이 진스의 의견에 반대했는지 또는 순수하게 수학적 견지에서 군론 과목의 유지를 주장했는지는 알려지지 않았다. 그렇지만 군론은 계속 유지됐다. 그리고 진스의 조언을 무시한 베블런의 행동은 프린스턴 과학사에서 중요한 공헌을 했다. 군론은 그 뒤 물리학의 중요한 주제가 됐으며, 자연의 기본 입자를 이해하려는 사람에게 결정적인 역할을 하고 있다.

❶ Henry Burchard Fine(1858~1928), 미국의 수학자
❷ 위의 5명에 뒤이어 2년 뒤 모스(Marston Morse)가 수학과 교수로 초빙됐다.
❸ James Hopwood Jeans (1877~1946), 영국의 천문학자 · 수리 물리학자

고등 학술 연구소

Institute for Advanced Study

앞에서 아인슈타인 및 베블런과 관련해서 고등 학술 연구소가 몇 번 언급됐다. 이 연구소와 이곳에서 연구한 몇 명에 대해 알아본다.❶

▣ 연구소 창립

고등 학술 연구소는 1930년에 루이스 뱀버거와 그의 누이 캐롤린 뱀버거 펄드❷가 투자한 500만 달러의 기금과 에이브러햄 플렉스너의 계획과 추진력으로 세워졌다.

뱀버거와 펄드는 뱀버거 백화점의 주인이었는데, 이 백화점은 매장이 100만 제곱피트나 되고 1929년에는 3500만 달러에 이르는 영업 실적을 올린 미국에서 네 번째로 큰 백화점이었다. 뱀버거와 펄드가 백화점 주식을 팔고 손을 뗀 것은 1929년 주식 시장 대폭락 바로 직전이었다. 이들 남매가 매시사R.H. Macy and Company와 백화점 소유권 이전 계약을 체결하고 연금과 매시사 주식을 합쳐서 2500만 달러 상당의 돈을 손에 쥔 것은 '암흑의 목요일' 보다 6주 전인 9월 초였다.

❶ 고등 학술 연구소 및 이 연구소를 거쳐간 아인슈타인, 베블런, 폰 노이만, 괴델에 관한 일화 중 일부는 《아인슈타인 방의 사람들》 (에드 레지스 지음/ 과학세대 옮김, Who Got Einstein' s Office?, 웅진출판, 1993)을 참조했다.

❷ Louis Bamberger(1855~1944), Caroline Bamberger Fuld

1929년 가을에 뱀버거와 펄드를 처음 만난 플렉스너는 그 뒤 정기적으로 만났고, 1930년 1월 중순경에 두 사람의 자금을 유용하게 쓸 방안을 제시했다. 1930년 5월 20일 연구소 설립을 공포하고 이를 위한 조직이 구성되기 시작했는데, 플렉스너를 초대 연구소장으로 삼아서 1933년 10월 2일에 개소했다.

프린스턴 대학과의 관계

고등 학술 연구소는 처음부터 프린스턴 대학과 독립적인 기관이었다. 그렇지만 개소 당시 아인슈타인을 제외한 베블런, 알렉산더, 폰 노이만 등 3명은 프린스턴 대학 수학부에서 영입했고, 프린스턴 대학 수학부 건물인 파인 홀에 세들어 있었다. 1939년에야 새로 지은 펄드 홀로 이주해서 완전히 독립했다.

수학부만으로 출발한 이 연구소는 현재 자연 과학부, 사회 과학부, 역사 학부를 포함해서 모두 4개의 학부로 이루어져 있다.

고등 학술 연구원의 봉급

고등 학술 연구원의 봉급은 매우 많았다. 베블런은 연봉 1만 5000달러를 받았다. 퇴직한 뒤에도 해마다 8000달러의 연금을 받았고, 죽은 뒤에는 부인에게도 해마다 5000달러가 지급됐다. 연금만 해도 프린스턴 대학 최고급 교수의 연봉보다 많았다.

지성인의 호텔

아인슈타인은 언젠가 고등 학술 연구소의 주소를 '프린스턴 강제 수용소' 라고 쓴 적이 있다. 그런데 1947년부터 19년 동안 이 연구소장을 지낸 '원폭의 아버지' 오펜하이머는 이 연구소를 '지성인의 호텔' 이라 부르곤 했다.

고등 학술 연구소의 실제 창설자

오펜하이머 다음으로 고등 학술 연구소장이 된 케이슨[3]은 다음과 같이 말한 적이 있다. "공식적인 역사에는 기록되어 있지 않지만, 고등 학술 연구소의 실제 창설자는 플렉스너와 히틀러[4]다."

알렉산더

James Waddell Alexander II, 1888~1971

알렉산더는 1888년 9월 19일 미국 뉴저지에서 태어났다. 프린스턴 대학에서 베블런으로부터 수학으로 배웠으며, 학사(1910)와 석사(1911) 학위를 취득하고 파리와 볼로냐를 방문해서 연구했으며, 위상 수학에 관한 논문으로 박사(1915) 학위를 취득했다. 제1차 세계 대전 중에는 포병 장교로 근무했다. 모교의 조교수(1920), 부교수(1926), 정교수(1928)를 거쳤고, 1933년부터 1951년 은퇴할 때까지 고등 학술 연구소에 있었다.

알렉산더는 유능하고 영향력 있는 수학자였지만, 매우 수줍어해서 남의 눈에 띄지 않게 행동했다. 고등 학술 연구소에서 조교를 둔 적도 없었다. 제2차 세계 대전 중에는 민간인 신분으로 미공군 폭격기 편대 총사령부에 소속되어 폭탄 명중률을 높이는 연구를 했다. 위상 수학의 발전에 공헌한 그는 매듭 이론의 '알렉산더 다항식'을 발견하기도 했다.

[3] Carl Kaysen(1920~), 미국의 경제학자로, 펜실베이니아 대학에서 학사 학위(1940), 하버드 대학에서 경제학 박사 학위(1954)를 받았다. 케네디 대통령의 국가 안전 보장 특별 보좌관(1964~66)과 고등학술연구소 소장(1966~76)을 거쳐 1976년부터 MIT 교수를 지냈다.

[4] Adolph Hitler(1889~1945), 독일의 정치가 · 나치의 지도자로 수상(1933~1945)과 총통(1934~1945) 역임.

백만장자와 공산주의자

알렉산더의 외가는 거대한 생명 보험 회사Equitable Life Assurance를 소유했다. 이에 따라 그는 생활비를 벌기 위해 일할 필요가 없었다. 프린스턴 대학에 근무할 때 시간제로 가르쳤으며 봉급도 반만 받았다. 유산으로 백만장자가 됐으며, 1948년부터 고등 학술 연구소에서 봉급을 전혀 받지 않았다고 한다.

그런데 이런 부자가 젊은 시절에 좌익 사상을 옹호했었다. 1950년대 초 매카시 선풍이 불 때, 의심을 받게 되자 거의 은둔 생활을 했다.

등산가

알렉산더는 당시 미국에서 뛰어난 등산가에 속했다. 1921년에 콜로라도에서 등산을 시작했으며, 2년 뒤에는 알프스를 등정했다. 200백 회 이상 중요한 산을 등정한 기록을 갖고 있다.

프린스턴에서는 대학 건물을 기어오름으로써 등반 솜씨를 뽐냈는데, 파인 홀에 있는 연구실을 외벽을 타고 올라가서 창문으로 들어가곤 했다. 자신과 같이 스포츠를 즐기는 사람을 위해서 샤워 시설과 탈의실이 있어야 한다고 주장했다.

어떤 강의

어느 해 그는 호몰로지homology에 관해 일련의 강의를 하겠다고 발표했다. 첫째 시간에 매우 많은 청중이 모였다. 처음에 매우 추상적이고 공리적으로 시작했다. 형식적인 세부 내용을 대단히 많이 제시했기 때문에 진도를 많이 나가지 못했다. 다음 강의에서 첫 시간에 제시한 공리적 기초가 만족스럽지 못하다고 말했다. 그러고는 다시 시작했다. 그 이론에 대한 두 번째의 공식화를 제시했다. 불행하게도 셋째 강의에서도 똑같은 일이 벌어졌다. 넷째 강의는 연기됐다. 그 뒤에도 연기와 휴강이 여러 번 있었는데, 모두 여섯 번의 강의로 종강했다. 각 강의는 언제나 처음부터 다시 시작됐다. 결국 알렉산더는 그 과목을 포기했다. 자신의 의도대로 그 과목을 진행할 수 없었다.

모스

Harold Calvin Marston Morse, 1892~1977

모스는 1982년 3월 24일 미국 메인 주에서 태어났다. 콜비 대학Colby College에서 학사 학위(1914), 하버드 대학에서 석사 학위(1915), 하버드 대학에서 조지 버코프의 지도를 받고 1917년에 박사 학위를 받았다. 제1차 세계대전에 참전한 뒤, 코넬 대학(1920~25), 브라운 대학(1925~26), 하버드 대학(1926~35)에서 가르쳤다. 1935년부터 1962년 은퇴할 때까지 고등 학술 연구소 교수로 근무했다. 그는 변분론을 개발했고 이를 수리 물리학의 평형 문제에 응용했는데, 현재 이를 모스 이론이라 부르고 있다.

▣ 지명

모스가 주관하는 세미나에서 한 수학자가 논문을 발표하고 있었다. 그가 "이것은 자명합니다."라고 말하자, 모스는 냉담하게 "자명한 이유가 무엇입니까?"라고 말을 가로막았다. 그것을 밝히는 데 30분이 걸렸다.

▣ A와 B 사이의 관계

모스는 1919~1920년에 하버드 대학에서 퍼스 특별 연구원이었다. 관례적으로 1주일에 한 번씩 수학 모임을 가졌으며, 모임이 끝나면 다과를 들었다. 급사가 음료수와 치즈 등을 가지고 들어와서 모든 사람이 떠날 때까지 그곳에 머물렀다. 어느 날 모스는 그 급사에게 수학자들의 대화에서 무엇을 알게 됐는지를 물었다. 그는 다음과 같이 대답했다. "시간의 반은 A＞B임을 밝히는 데 사용하고 나머지 반은 B＜A임을 증명하는 데 사용한다. 그들은 항상 A=B임을 밝힌다."

스캔들

모스는 코넬 대학의 조교수였던 1922년 펠프스Céleste Phelps와 결혼해서 1남 1녀를 두었다. 그런데 하버드 대학 교수였던 1930년에 부부 사이가 벌어졌다. 펠프스는 모스의 하버드 대학 동료 교수인 오스굿[5]에게 이 문제를 상의했다. 결국 1930년에 모스와 펠프스 부부는 이혼했다. 오스굿도 독일 부인과 이혼했는데, 1932년에 펠프스와 결혼함으로써 스캔들이 발생했다. 당시 오스굿은 68세였는데, 모스보다 28세 위였다. 이 사건은 모스에게 대단히 큰 충격을 주었고, 이 스캔들 때문에 오스굿은 은퇴했다.

[5] William Fogg Osgood(1864~1943), 하버드 대학에서 학사(1886), 석사(1897) 학위를 취득하고, 1887년 괴팅겐 대학으로 가서 클라인의 지도를 받았고 1890년 에를랑겐 대학에서 박사 학위를 받았다. 그 뒤 하버드 대학에서 1933년 은퇴할 때까지 가르쳤고, 은퇴하고는 북경 대학에서 2년 동안 가르쳤다.

브로우베르 Luitzen Egbertus Jan Brouwer

1881~1966

브로우베르는 1881년 2월 27일 네덜란드에서 태어났다. 암스테르담 대학을 다닐 때 이미 사차원에서의 연속 운동에 관한 독창적인 결과를 얻었고 이를 1904년에 학술지에 게재했다. 1904년에 석사 학위, 1907년에 박사 학위를 취득했고, 모교에서 1909년에 무급 강사, 1912년에 집합론 · 함수론 · 공리학 부교수가 됐으며 1913년에 정교수가 되어 1951년 은퇴할 때까지 모교에서 가르쳤다. 은퇴한 뒤에 남아프리카(1952), 미국과 캐나다(1953)에서 강의하기도 했다. 고정점 문제를 포함해서 위상 수학과 직관주의 수리 철학의 연구로 유명하다.

직관주의 수리 철학

브로우베르는 젊은 시절부터 수리 철학에 관심이 컸는데, 1907년에 발표한 박사 학위 논문 〈수학의 기초에 대해〉에서는 당시 진행되고 있던 수학의 논리적 기초에 관한 러셀과 푸앵카레 사이의 논쟁을 다루었다. 이 논문에서 수학의 논리적 기초를 공격했으며, 직관주의를 설파했다. 그의 직관주의는 힐베르트의 형식주의와도 본질적으로 달랐다. 브로우베르는 위상 수학에 중요한 공헌을 해서 국제적인 명성으로 얻었음에도 1912년 교수 취임 강연에서는 직관주의와 형식주의에 대해 논했다.

1919년부터 1923년까지 암스테르담 대학에서 공부한 판 데르 베르덴은 브로우베르의 강의에 대해 다음과 같이 썼다.

> 브로우베르는 라렌Laren에 살면서, 대학에는 강의를 위해 1주일에 단 한 번 등교했다. 일반적으로 이는 허용될 수 없었다. 암스테르담에 거주해야 했지만, 그는 예외였다. … 나는 수업 중에 질문을 해서 그의 강의를 중단시킨 적이 있었다. 그 다음 수업 전에 브로우베르의 조교가 찾아와서, 그는 강의 중에 질문을 받지 않는다고 말했다. 그는 항상 칠판만 바라보며 말했고 결코 학생들을 바라보지 않았다. … 브로우베르는 자신의 가장 중요한 연구 결과를 위상 수학에서 얻었지만, 위상 수학에 대해서는 전혀 강의하지 않았으며, 언제나 직관주의의 기초에 대해서만 강의했다. 위상 수학에서 자신이 얻은 결과를 더 이상 확신하지 못한 것으로 보였는데, 그것은 직관주의의 관점에서 옳지 않았기 때문이다. 그리고 자신이 얻은 모든 것을 평가했는데, 그의 가장 훌륭한 결과는 그의 철학에 따라 거짓이었다. 그는 매우 이상한 사람으로, 자신의 철학에 미쳐 있었다.

▣ 힐베르트와의 관계

브로우베르는 힐베르트를 당대 최고의 수학자로 생각했고, 그가 제시한 문제를 풀기도 했다. 박사 학위 논문에서는 수리 철학에 관한 내용뿐만 아니라 힐베르트가 1900년 국제 수학자 대회에서 제시한 문제 중에서 첫째, 셋째, 다섯째 문제를 다루었다. 1908년 제4회 국제 수학자 대회에서는 이차원으로 확장한 힐베르트의 다섯째 문제에 관한 연구 결과를 발표했는데, 이는 나중에 《수학 연감》에 게재됐다. 브로우베르는 1909년에는 휴가 중인 힐베르트를 직접 만난 적도 있었는데, 그에게 큰 존경심을 표했다. 브로우베르는 괴팅겐을 자주 방문했으며, 이를 제2의 고향으로 생각할 정도였다.

힐베르트는 1912년 브로우베르가 교수직을 확보할 수 있도록 정성 들여 추천서를 써주었다. 1919년에는 브로우베르에게 괴팅겐 대학과 베를린 대학 교수직을 제의했다. 그렇지만 브로우베르는 이를 모두 사양했다.

이렇게 두 사람은 원만한 관계를 유지하기도 했지만, 수리 철학에 대한 상반된 견해와 1928년 볼로냐에서 열린 국제 수학자 대회 참석 문제 및 힐베르트의 작전에서 다룬 《수학 연감》의 편집자 문제로 완전히 등을 지게 됐다.

▣ 힐베르트의 논문에 대한 평가

타우스키-토드❶는 브로우베르의 집에서 차를 마시면서 힐베르트에 관해 열띤 토론을 벌린 적이 있었다. 브로우베르는 힐베르트의 논문 중 일부는 전적으로 그의 것이 아니라고 말했다. 힐베르트는 민코프스키와 자주 함께 했던 산책을 언급했는데, 그 와중에 많은 아이디어를 교환했다고 했다. 브로우베르는 힐베르트가 직접 쓴 것이 확실한 논문은 단 한 개라고 말했다. 그것은 워링 문제의 풀이인데, 그가 브로우베르의 집에 손님으로 왔을 때 썼기 때문에 분명히 알 수 있다고 했다.

▣ 브로우베르의 문제

브로우베르는 논리적이고 철학적인 목적으로 10년 또는 20년 내에 풀리지 않을 것으로 생각되는 아주 어려운 수학 문제를 찾던 중 드디어 다음과 같

❶ Olga Taussky-Todd(1906~95), 현재의 체코 지역에서 태어났고, 오스트리아의 빈과 린츠에서 어린 시절을 보냈다. 빈 대학에서 공부하고 푸르트벵글러(P. Furtwángler)의 지도로 수론에 관한 논문으로 1930년에 박사 학위를 취득했다. 1931년에 괴팅겐 대학으로 가서 힐베르트의 수론에 관한 논문집의 제1권을 편집했고, 아르틴, 뇌터, 쿠란트의 조교로 일했다. 그 뒤 빈 대학, 미국 브린 모어(Bryn Mawr) 대학, 영국 케임브리지의 거튼(Girton) 대학(1935~37), 런던 대학, 영국 국립 물리학 연구소, 미국 국립 표준국을 거쳐, 1957년부터는 캘리포니아 공과 대학에 가르쳤고 1977년 은퇴한 뒤에도 활발하게 연구했다. 대수적 수론, 군론, 행렬론, 수치 해석학 등에서 뛰어난 업적을 남겼다.

은 문제를 생각해냈다. "π에 대한 소수 전개에서 어떤 자리 이후에 0이 연속적으로 1000번 나타날 수 있는가?" 이 문제에 대한 답은 아직도 알려지지 않았다. 이에 따라 π의 소수 전개에서 그런 자리가 존재한다는 주장은, 직관주의 수리 철학 학파에게는 참도 아니고 거짓도 아닌 명제의 예다. 왜냐하면 그 학파의 주장에 따르면 명제는 유한한 과정을 통해 그 명제의 증명이 구성될 수 있는 경우에 한해 참이라 말할 수 있기 때문이다. 그런 증명이 만들어지기까지는, 이 명제는 참도 아니고 거짓도 아니며, 배중률을 적용할 수 없다. 그런데 만약 π의 소수 전개의 처음 10^{18}자리의 어느 곳에서 0이 1000번 연속해서 등장한다고 주장하면, 이것은 참과 거짓을 구별할 수 있는 명제가 된다. 왜냐하면 아직 알려지지는 않았지만 참과 거짓을 유한 번의 과정을 통해 확인할 수 있기 때문이다. 따라서 직관주의 학파에게 배중률은 보편적으로 성립되지 않는다. 배중률은 유한한 상황에서는 성립하지만, 무한한 상황을 다룰 때는 이용할 수 없다.

뇌터 Emmy Amalie Noether

1882~1935

뇌터는 1882년 3월 23일 독일의 에를랑겐에서 태어났다. 에를랑겐 대학(1900~02)과 괴팅겐 대학(1903~04)에서 수학을 청강하다가 1904년 에를랑겐 대학 수학과의 정규 학생이 됐으며, 1908년 박사 학위를 취득했다. 1915년 힐베르트와 클라인의 초청으로 괴팅겐 대학으로 갔으며, 그들의 도움으로 1919년부터 강의할 수 있었다. 1922년 비공식 조교수가 됐으며, 1933년 유대계라는 이유로 면직된 뒤 미국으로 이주했다.

뇌터는 추상 대수학의 발전에 크게 공헌했는데, '위대한' 수학자로 불린 최초의 여성으로 평가받고 있다.

당시의 여성 고등 교육

뇌터는 18세까지 여성으로서의 전통적인 교육을 받았으며, 여성 교육 기관에서 프랑스어와 영어 교사 자격증을 취득했다.

여성이 대학에 등록하게 된 것은 프랑스에서는 1861년, 영국에서는 1878년, 이탈리아에서는 1885년이었다. 독일에서는 1900년부터 가능했지만, 교수들은 여성의 청강을 자주 거부했고, 극소수의 여성만이 대학 시험을 치렀다.

그렇지만 뇌터는 대학 교육을 받기로 결심했으며, 쉽게 단념하지 않았다. 그녀는 성공적으로 에를랑겐과 괴팅겐 대학에서 수학 및 과학 과목을 청강했으며, 1904년에는 에를랑겐 대학에 등록했다. 여성으로서 처음 있는 일이었다.

대수학자가 된 이유

젊은 뇌터에게 수학적으로 가장 큰 영향을 끼친 두 사람은 에를랑겐 대학의 뛰어난 수학자였으며 대수적 함수 이론의 발달에 중요한 역할을 한 그녀의 아버지 막스 뇌터[1]와 역시 에를랑겐 대학 교수였으며 뇌터 가족과 가깝게 지낸 수학자 고르단[2]이었다. 여기에는 약간의 차이가 있다. 그들은 모두 대수학 전문가였지만, 근본적으로 다른 종류의 수학자였다. 막스 뇌터는 구조를 강조한 반면에, 고르단은 '계산가' 였다. 에미 뇌터는 1908년 고르단의 지도 아래 박사 학위 논문 〈삼중 쌍이차 형식에 대한 불변량의 완비 체계에 대해〉를 썼는데, 이것은 전적으로 고르단의 정신을 따랐다. 이것은 형식적인 계산의 극단적인 예로서, 수학에서 개념적인 공리적 사고의 극단적인 예를 보여주는 원숙기에 이루어진 그녀의 연구와 극명하게 대비된다.

막스 뇌터

고르단

뇌터는 학위를 받고 에를랑겐에서 아무런 직책 없이 7년을 보냈는데, 약간의 강의만 하고 주로 연구에 몰두했다. 고르단은 1910년에 은퇴했고, 다음 해에 피셔[3]가 그의 뒤를 이었는데, 피셔의 연구 분야도 대수학으로서 소거와

[1] Max Noether(1844~1921), 독일의 수학자로 기하 대수학 연구

[2] Paul Albert Gordan(1837~1912), 독일의 수학자

[3] Ernst Sigismund Fischer(1875~1954), 오스트리아 출신으로 독일에서 활동한 수학자로 리츠 · 피셔 정리의 피셔임

불변량 이론이었다. 에미 뇌터에 대한 그의 영향은 매우 컸는데, 그의 영향 아래 고르단의 알고리즘적인 방법으로부터 힐베르트의 특징적인 이론적 형식으로 바뀌게 됐다. 이런 방향 변화 때문에 힐베르트와 클라인으로부터 괴팅겐 대학으로 초빙받게 됐다.

힐베르트의 도움

뇌터는 이미 유명해졌지만, 대다수의 괴팅겐 대학 교수는 여자를 받아들이기를 반대했기 때문에 괴팅겐 대학 교수가 될 수 없었다. 힐베르트는 교수회의 석상에서 다음과 같이 말했다. "교수 여러분, 어쨌든 대학은 목욕탕이 아닙니다!" 당시 독일에는 남녀혼탕이 없었다.

뇌터는 1915년부터 1919년까지 괴팅겐 대학에서 공식적으로 강의할 수 없었지만, 힐베르트는 자신의 이름으로 강좌를 개설하고 그녀에게 맡기기도 했다. 그녀는 1919년에 드디어 괴팅겐 대학의 무급 강사가 됐다.

형편없는 강사

뇌터는 강의 요령이 형편없었다. 이에 따라 그녀가 담당한 과목을 수강하는 학생이 언제나 매우 적었다. 그런데 어느 날 괴팅겐 대학에서 그녀가 강의실에 들어갔을 때, 정상적인 학생들과 함께 대단히 많은 방문 학생이 방문해서 100명이 넘는 학생이 있음을 발견하고 대단히 놀랐다. 그녀가 강의를 끝냈을 때, 한 장의 메모가 그녀에게 전달됐다. 그 메모에는 다음과 같이 쓰여 있었다. "방문 학생도 정규 학생과 같은 정도로 당신의 강의를 이해했습니다."

뇌터는 강의 요령이 부족했지만, 제자들을 지도하는 데 정성을 쏟았을 뿐만 아니라 개인적으로도 잘 보살펴 주었다. 괴팅겐 대학에서 이런 학생들은 '뇌터의 아이들' 이라 불렸다.

란다우의 지적

어떤 사람이 뇌터를 독일 수학자 막스 뇌터의 딸이라고 소개한 적이 있었다. 이에 대해 란다우는 다음과 같이 응답했다. "막스 뇌터는 에미 뇌터의 아버지다. 에미는 뇌터 가문의 좌표계에서 원점이다."

아인슈타인의 찬사

1933년 봄, 독일은 정치적으로 급격한 소용돌이 속에 있었다. 다른 많은 사람과 마찬가지로 뇌터도 모든 학술 활동이 금지됐다. 괴팅겐에서의 연구가 불가능해진 그녀는 미국 펜실베이니아 주 브린 모어Bryn Mawr 대학의 교수로 갔으며, 프린스턴 고등 학술 연구소에도 참여했다. 뇌터는 미국에서 다시 한 번 동료들의 따뜻한 우정과 존경을 받았으며, 학생들로부터 열광적인 환영을 받았다. 이 모든 것은 그녀의 1년 반 동안의 여생을 매우 행복하고 생산적으로 만들었다. 아인슈타인은 1935년 5월 뇌터에 대한 찬사로 다음과 같이 썼다.

> 생존하고 있는 뛰어난 수학자들을 평가한다면, 뇌터 여사는 여성에 대한 고등 교육이 시작된 이래 배출된 가장 특출하고 창조적인 수학의 천재였다. 가장 뛰어난 수학자들이 수세기 동안 부지런히 연구해온 대수학 분야에서, 그녀는 오늘날 젊은 세대의 수학자들의 발전에 대단히 중요하다고 판명된 방법들을 발견했다.

로버트 무어 Robert Lee Moore

1882~1974

무어는 1882년 11월 14일 미국 텍사스 주 댈러스에서 태어났다. 오스틴의 텍사스 대학에서 공부하고(1898~1901) 2년 동안 가르친 뒤, 시카고 대학에서 베블런의 지도로 1905년 박사 학위를 취득했다. 그 뒤 테네시 대학 조교수(1년), 프린스턴 대학 강사(2년), 노스웨스턴 대학 강사(2년), 펜실베이니아 대학을 거쳐(1911~20) 1920년부터 텍사스 대학의 교수가 되어 은퇴(1952)하고도 1969년까지 가르쳤다. 미국 최초의 위상 수학자였으며, 과학 진보를 위한 미국 협회American Association for the Advanced of Sciences와 미국 수학회 회장(1937~38)을 역임했다.

무어는 홀스테드의 영향을 받아서 독특한 방법(무어의 방법)으로 수학을 가르쳤다. 결코 강의식으로 하지 않았는데, 칠판에 정의를 적고 증명할 문제를 제시하고는 학생이 스스로 해를 구하도록 했다. 이런 방법으로 유능한 수학자를 많이 배출했는데, 예를 들면 미시간 대학의 와일더R.L. Wilder, 버시니아 대학의 위번G.T. Whyburn, 텍사스 대학의 빙R H Bing, 하버드 대학의 보이스E.E. Moise, 튤레인Tulane 대학의 영Gail Young, 위스콘신 대학의 메리 루딘Mary Ellen Rudin, 루이지애나 주립 대학의 앤더슨R.D. Anderson 등이 이에 속한다.

시골뜨기

무어는 19세기 말 텍사스 동부의 아주 조악한 환경에서 교육을 받았는데, 강의실이 단 한 개인 학교를 다녔다. 어느 가을 학기 첫 시간에, 교장이 한 부모에게 다음과 같이 말했다. "학부형께서는, 제가 지구가 둥글다고 가르치기를 원하십니까? 아니면 평평하다고 가르치기를 원하십니까? 원하시는 대로 할 수 있습니다."

장난꾸러기

무어는 순진한 장난을 즐겼다. 예를 들면, 그는 수학과의 총명한 학생들을 자기 집으로 초청해서 저녁 식사를 한 뒤, 90센티미터도 되지 않는 자로 그들의 키를 재기도 했다.

수학자와 아내

무어는 대학원 수업 중 학생들이 보고할 내용이 없으면, 즉 자신이 제시한 문제에 대해 학생들이 찾은 결과가 없으면, 정치 등 다른 여러 가지에 대해 학생들과 논의했다. 언젠가 문 잠그기에 대해 논의하고 있을 때, [나중에 월터 루딘(Walter Rudin, 1921~)과 결혼한] 메리 루딘(Mary Ellen Rudin, 1924~) 은 남편이 고집하지 않는다면 자신은 결코 집 문을 잠그지 않겠다고 말했다. 그러자 무어는 결혼하겠다는 그녀의 말에 낙담해서 불쑥 말참견을 했다. "미스 에스틸(Estill, 메리 루딘의 처녀 때의 성), 나는 네가 수학자가 되려는 줄 알았다." 무어는 메리 루딘 이전에 두 명의 여성 대학원생을 배출했지만 모두 연구 수학자가 되지 않아 매우 실망했었다.

▣ 무어의 방법

무어의 독특한 수학 교육 방법이 있다. 이것은 일종의 발견 학습법으로, 학생에게 내용을 직접 알려주지 않고 질문을 한다. 더욱 좋게는 학생 스스로 질문하도록 한다. 그리고 학생이 문제를 풀게 한다. 그보다 좋은 방법은 학생 스스로 문제를 만들도록 교육하고 격려하며 강화한다.

무어의 방법은 학부의 가장 초등 과목부터 대학원의 가장 고급 과목까지의 모든 과정에 적용할 수 있는데, 다음과 같이 진행한다. 학생들은, 무어가 어떤 교수이고 무엇을 원하는지에 대해 전혀 모르는 상태에서 첫 시간을 맞는다. 무어는 등사 인쇄한 한 장의 종이를 나누어주는데, 그 위에는 몇 개의 정의와 공리 및 정리가 적혀 있다. 그리고 말한다. "누가 칠판으로 나와서 첫째 정리를 증명하겠는가? " 물론, 학생들은 당혹스러움과 침묵 속에 빠진다. 많은 학생은 용어 '정의' '공리' '정리' '증명' 등의 의미를 모르고, 논리의 기초적인 규칙도 모른다. 그러나 그는 참는다. 앉아서 그저 기다린다. 첫째 시간은 종종 말 한 마디 없이 지나간다. 둘째 시간도 그럴 수 있다. 셋째 시간까지 그런 경우도 많이 있다. 드디어, 용감한 학생이 칠판으로 나가서 정리 1의 '증명' 을 적는다. 무어는 그 증명을 사정없이 공격해서 갈기갈기 찢어놓는다. 이렇게 계속한다.

무어의 각 수업 시간에 몇 명의 학생이 칠판으로 나가서 자신이 만든 증명을 발표한다. 그러면 교수와 학생은 그것을 비판적으로 검토하는데, 숨을 곳은 없다. 무어는 학생들이 증명을 만드는 데 '도움' 을 주지 않는다. 그저 만든 증명에 '반응' 만 할 뿐이다.

무어 방법의 장점 중 하나는 학생들이 수학을 '소유' 하게 한다는 점이다. 칠판에 정확하지 않게 답하면 가차 없는 비판을 받게 된다. 정확한 답을 얻으면 침묵이지만 진심 어린 인정을 받게 된다.

무어는 그의 학생들이 (대학원 학생까지도) 책을 읽거나 논문을 읽지 못하게 했다. 전하는 이야기에 따르면, 그는 도서관에 있는 그의 학생을 보자 문 밖으로 밀쳐냈다고 한다. 다른 곳에서 위상 수학을 이미 배웠거나 너무 알고 있는 학생은 수강 신청을 금지시켰다. 가능한 한 모든 학생이 위상 수학에 대해 무지해야 했다. 학생들은 스스로 수학을 처음부터 창조해야 했다.

학생들의 능력이 거의 같은 수준일 때, 무어의 방법이 더욱 효력을 발휘한다. 무어는 교실 밖에서 학생들끼리 함께 공부하는 것도 금지했다. 그렇지만 수업 중에 협조하지 않거나 어울리지 않는 학생을 가차없이 솎아냈다.

무어의 방법의 실제

무어의 가장 성공적인 제자의 한 명인 메리 루딘은 무어의 방법을 추천하지 않았다. "[무어의 방법으로] 얻을 수 있는 전부는 교육받지 못한 무식쟁이다." 반면에 할모스는 말했다. "무어의 방법은 모든 것을 가르치는 옳은 방법이라고 확신한다. 학생들이 배운 것을 이해하고 활용할 수 있도록 한다."

할모스는 무어의 방법을 이용했던 경험을 말했다.[1] 15명의 우등생으로 이루어진 선형 대수학 강좌를 무어의 방법으로 진행했다. 첫째 날 학생들에게 19장의 인쇄물을 분배했다. 정의도 없고 설명도 없이 50개의 정리만을 나열했다. 이 50개의 정리를 이해하고 증명하고 예시할 수 있으면, 이 강좌가 의도하는 바를 모두 성취하게 될 것이라고 말했다. 강의하지 않고 정리를 증명하지도 않을 것이라고 말했다. 다만, 필요할 때마다 용어의 의미를 조금씩 알려주고 각 주제와 수학의 다른 분야와의 관계만을 가끔 지적하겠다고 말했다. 다른 책을 참고하지 말 것이며 다른 사람의 도움도 받지 말라고 말했다.

---

[1] P.R. Halmos, "What is teaching?" *Amer. Math. Monthly*, vol. 101, no. 9 (Nov. 1994), 848-854.

학생들은 매우 당황했지만, 무어에 관한 이야기를 들려주자 이에 흥미를 느꼈다. 처음 몇 개의 증명을 이해하는 데 필요한 기본적인 정의만을 알려주고 첫째 수업을 끝마쳤다. 처음에는 학생들을 억지로 끌고 가야 했지만, 몇 주 뒤부터 학생들은 이를 좋아했고 빠르게 진행했다. 그리고 그들은 연구하는 마음가짐을 얻게 됐다.

이 방법은 교육적인 효과는 매우 크지만, 교사의 부담은 줄지 않는다. 할모스는 위의 강좌를 위해 두 달 동안 준비했으며, 강좌 내용을 학생들이 접근할 수 있도록 잘게 나누어 50개의 정리로 구성했다. 그리고 강의 중 학생들의 행동을 세심하게 관찰하고 순조롭게 진행하도록 많은 노력을 기울였다.

찰리스는 '수정된 무어의 방법'을 미분 적분학부터 측도론까지의 많은 과정에 도입해서 성공을 거두었다고 한다.❷ 그는 이 방법을 평균적인 학생과 우월한 학생 모두에게 적용했는데, 같은 정도의 성공을 거두었다. 이 방법으로 전통적인 강의식 과정만큼의 내용을 다룰 수 있었으며, 학습 내용을 훨씬 더 즐겁고 활발하며 지적으로 자극적인 방법으로 다루었다.

무어의 은퇴

무어는 모든 것에 대해 자신의 견해를 굳건히 밀고 나갔다. 강좌를 맡게 되면, 도서관 서고에서 관련된 책을 모두 제거하게 했다. 오랫동안 텍사스 대학교 수학과에서 가장 영향력 있는 사람에 속했는데, 수학 도서관에 새로운 책을 살 예산을 배정하지 못하게 했다.

무어는 은퇴한 뒤에도 거의 87세까지 가르쳤는데, 결국에는 물러날 수밖에 없었다. 텍사스 대학교는 3만 명 이상의 거대한 학교가 됐고, 무어와 같은

❷ D.R. Chalice, "How to teach a class by the Modified Moore Method," *Amer. Math. Monthly*, vol. 102, no. 4 (Apr. 1995), 317-321.

교육 방법을 견뎌낼 수 없었다. 너무나 많은 불평이 쏟아졌다. 그의 계속된 영향력 때문에 그곳에서 가르치려는 젊고 유능한 수학자를 구하기도 어려워졌다.

벨 Eric Temple Bell

1883~1960

벨은 1883년 2월 7일 스코틀랜드에서 태어났다. 1884년 미국 캘리포니아로 이주했는데, 아버지가 죽은 뒤인 1896년에 다시 영국으로 되돌아갔다. 벨은 1903년에 혼자서 미국으로 가서 여러 가지 일을 했고, 1905년에 스탠퍼드 대학에 입학해서 2년 뒤에 졸업했다. 워싱턴 대학에서 석사 학위(1908)와 컬럼비아 대학에서 박사 학위(1912)를 취득했다. 1912년부터 워싱턴 대학에서 가르쳤으며, 1926년에는 캘리포니아 공과 대학의 수학 교수가 되어 1959년에 은퇴할 때까지 가르쳤다.

벨은 미국 수학에 큰 영향을 끼쳤는데, 뛰어난 수론학자였으며 현대 과학에 관심이 깊었다. 남다른 글재주와 뛰어난 식견을 겸비해서, 수학과 수학사에 관한 매우 인기 있는 책을 집필했다.

어떤 서평

1951년 어느 일요일 《패서디나 스타뉴스Pasadena Star-News》의 서평란에는, 당시 캘리포니아 공과 대학의 유명한 수학 교수였던 벨이 저술한 책 《수학, 과학의 여왕과 시녀》❶에 대한 열광적인 서평이 실렸다. 그 서평은 테인John

❶ *Mathematics, Queen and Servant of Science*, 1951.

Taine이 쓴 것인데, 다음과 같은 문장이 등장한다. “이 책의 뒤표지에서 ‘벨은 아마도 가장 위대한 수학의 해석자’ 라는 문구를 볼 수 있다. 저자를 잘 알고 있는 본 논평자도 이에 동의한다.”

테인은 저자 벨을 아주 잘 알고 있었다. 왜냐하면 그는 벨 자신이었기 때문이다. ‘테인’ 은 벨이 1920년대와 1930년대에 매우 성공적인 과학 공상 소설을 여러 편 쓸 때 사용한 이름이었다.❷

서양 수학에 대한 공정한 평가

개인적인 편견, 국가적인 경쟁심, 민족적인 우월감 등이 종종 수학의 역사를 왜곡시킨다. 이 점에 대한 지적으로, 벨은 다음과 같이 쓴 적이 있다. “뒤얽혀 있는 수학사에서 각 개인의 업적과 각 국가의 공헌에 대한 정당한 평가를 포함해서, 서양 수학에 대한 공정한 평가는 중국 역사학자에 의해서만 이루어질 수 있을 것이다. 그런 사람만이 서양 사람들의 오만함 속에 감추어진 진실을 발견하고 기묘하게 왜곡된 역사를 풀 수 있는 인내심과 공정한 비판력을 가지고 있을 것이다.”

일반화와 추상화

수학의 일반화와 추상화에 대해 벨은 다음과 같이 약간 상반되는 견해를 밝혔다.

“멋진 공식과 정연한 정리의 추구는 틀림없이 어리석은 악습으로 빠르게 타락할 수 있다. 그런데 엄격한 일반화에 대한 탐구 또한 그렇게 될 수 있는데, 엄격한 일반화는 정말로 대단히 일반화되어 어떤 특별한 응용을 불가능

❷ 예를 들면, 도버 출판사에서 새로 출판한 책 *The Time Stream, The Greatest Adventure, The Purple Sapphire, Seeds of Life, White Lily* 등이 있다.

하게 만들 수 있다."

"추상화는 종종 수학에 대한 비난거리를 제공하지만, 이는 실제적인 유용성에 대한 수학의 가장 중요한 영광이고 가장 확실한 칭호다. 추상화는 또한 수학으로부터 나올 수 있는 아름다움의 원천이다."

▣ 전자 계산기에 대한 벨의 견해

다음은 현대 전자 계산기에 대한 벨의 지적이다.

1. 미약한 인간 지력을 도와주는 이 놀라운 도구에 대해 내가 말할 수 있는 것은 다음 두 가지 이유에서 사실 거의 없다. 첫째, 나는 언제나 기계를 싫어했고, 둘째 내가 이해할 수 있던 유일한 기계는 바퀴가 하나 달린 손수레였는데, 그것은 불완전했다.
2. 나는 이 기계가 과학의 여왕[수학]을 퇴위시킬 수 있을 것이라고는 결코 생각하지 않는다. 컴퓨터 없이도 연구할 수 있는 수학자는 이것의 필요성을 전혀 느끼지 않을 것이다.

레프셰츠 Solomon Lefschetz

1884~1972

레프셰츠는 유대인으로 1884년 9월 3일 러시아의 모스크바에서 태어났다. 그 뒤 곧 무역업을 하던 아버지는 프랑스에 정착했는데, 이에 따라 레프셰츠는 어린 시절을 프랑스에서 보냈고 프랑스어가 제1언어였다. 에콜 센트랄École Centrale에서 전기 공학을 전공했지만(1902~05), 프랑스가 국적이 아니었기 때문에 교수직을 얻기가 몹시 어려웠다. 1905년에 미국으로 이주해서 볼드윈 기관차 제작소와 웨스팅하우스 전기 회사에서 근무했는데, 1907년 실험 중 사고로 두 손을 모두 잃었다. 그 뒤 클라크Clark 대학에서 1910년부터 수학을 전공하고 단 1년만인 1911년에 대수 기하학에 관한 논문으로 박사 학위를 취득했다. 1911년 네브래스카 대학, 1913년 캔자스 대학을 거쳐, 1924년에 프린스턴 대학 방문 교수로 있다가 1925년부터 종신 교수가 됐다.

레프셰츠는 (대수적) 위상 수학에 뛰어난 업적을 남겼는데, 여러 가지 고정점 정리를 증명했고, 푸앵카레의 용어 analysis situs 대신에 독일어의 Topologie를 빌어 용어 topology(위상수학)를 도입했으며, combinatorial analysis situs 또는 combinatorial topology 대신에 algebraic topology(대수적 위상 수학)라는 용어를 만들었다.

생활의 불편

두 팔을 잃은 레프셰츠는 느슨하게 주먹을 쥔 모양의 의수를 했는데, 움직일 수도 없고 어떠한 기능도 할 수 없었다. 따라서 생활하는 데 여러 가지로 불편했다. 레프셰츠의 조교는 아침마다 그의 손에 분필을 끼워주고 일과 후에 제거해야 했다. 레프셰츠는 문의 손잡이도 조작할 수 없었기 때문에, 연구실 문에 지렛대를 장치했다고 한다. 전화 다이얼을 돌리기나 전깃불을 켜는 것과 같은 일상적인 일도 어려웠다.

프린스턴 대학 수학과가 있는 파인 홀의 엘리베이터가 언젠가 연속적으로 말썽을 피운 적이 있었다. 5층 단추를 누르면, 옥상까지 올라갔다가 지하실까지 내려오고 다시 올라가서 7층에서 문이 열렸다. 이런 일련의 동작에는 여러 가지 변형이 있었는데, 수리공에게 알려주기 위해서 사무원은 오작동의 유형을 길게 나열해야 했다. 어느 날 레프셰츠가 엘리베이터를 탔는데, 4층 '기계실' 에 그를 내려놓았다. 그 방은 출입이 통제된 곳으로 일반인은 쉽게 접근할 수 없었다. 그러나 엘리베이터의 오작동으로 레프셰츠는 출입 금지 구역에 들어가 있었다. 방 안에서 상황을 파악하려는 순간, 이미 엘리베이터 문이 닫혔다. 어둠 속에 갇힌 그는 (열쇠가 없어서) 엘리베이터를 다시 열 수 없었고, (손이 없어서) 계단으로 나가는 문의 손잡이를 돌릴 수 없었으며, (전화기를 발견했지만 다이얼을 돌릴 수 없어서) 통화할 수도 없었다. 수학과 사람들이 몇 시간 동안 그 엘리베이터를 이용했지만, 레프셰츠의 존재를 인식할 수 없었다. 그의 필사적인 외침을 다행히 어떤 사람이 들을 수 있었고, 겨우 구출됐다.

알렉산더와의 관계

레프셰츠는 아주 짧은 시간 내에 박사 학위를 취득했다. 그리고 거의 완전히 고립된 상태의 캔자스 대학에서 밤낮을 가리지 않고 고통스러운 연구를 수행해서 위상 수학과 대수적 위상 수학에서 해마다 여러 편의 중요한 논문을 발표했다. 현대 대수적 위상 수학의 개념은 대부분 레프셰츠가 이런 논문에서 발견했거나 발전시킨 것이다.

레프셰츠의 연구에 크게 감동을 받은 알렉산더는 베블런을 설득해서 그를 프린스턴 대학으로 초빙하게 했다. 그런데 알렉산더와 레프셰츠는 여러 가지 면에서 상반됐다. 그들은 자연스럽게 위상 수학에 대해 자주 논의했는데, 알렉산더는 이를 기피하게 됐다. 레프셰츠는 결과를 발표하면서, 그것이 알렉산더로부터 나온 것임을 인정하지 않았기 때문이다. 알렉산더는 엄격하고 세심했지만, 레프셰츠의 마음 속은 유래를 알지 못하는 아이디어로 가득 차 있었다.

1933년에 알렉산더가 고등 학술 연구소로 갔다. 레프셰츠는 그 대신에 자신이 선택됐어야 한다고 생각했으며, 이 때문에 베블런을 비난했고, 이에 따라 알렉산더는 당혹스러워했다.

▣ 직관적인 수학자

레프셰츠는 자명한 명제를 엄밀하고 정연하게 증명하는 데 시간을 낭비하는 수학자들을 경멸했다. 당시 조교수였던 스펜서[1]와 고다이라[2]가 레프셰츠의 어떤 심오한 정리에 대한 재치 있고 새로운 증명을 찾아내어 그에게 자랑스럽게 설명한 적이 있었다. 그가 대꾸했다. “유치한 증명을 나에게 보여주지 마시오! 나는 그런 어린아이 장난에 끼어들고 싶지 않아요.” 그렇지만

[1] D.C. Spencer(1912~2001), 미국의 수학자

[2] Kunihiko Kodaira(1915~1997), 일본의 수학자로, 동경 대학에서 1938년에 수학, 1941년에는 물리학에서 학위를 받았다. 동경대(1944~49), 미국 고등 학술 연구소(1949~61), 하버드 대학(1961~62), 존스 홉킨스 대학(1962~1965), 스탠포드 대학(1965~67)을 거쳐 1967년부터 다시 동경대에서 가르쳤다. 1954년에 필즈 메달을 수상했다.

그는 그 뒤 스펜서와 고다이라를 높이 평가했다.

레프셰츠는 수학의 현학적인 예로 엘리아킴 무어가 프린스턴을 방문했을 때 발생한 사건을 반복해서 이야기했다. 무어가 다음과 같은 말로 강의를 시작했다. "*a*를 점이라 하고, *b*를 점이라 하자." 레프셰츠가 질문했다. "그런데 왜 단순히 '*a*와 *b*를 점이라 하자.' 고 말하지 않습니까?" "그러면 *a*가 *b*와 같을 수 있기 때문입니다." 무어가 대답했다. 그러자 레프셰츠는 일어나서 강의실을 나가버렸다.

레프셰츠는 순수하게 직관적인 수학자였다. 그는 완벽하게 정확한 증명을 제시한 적이 결코 없었지만 틀리게 추측한 적도 결코 없었다는 말이 있다.

저술 작업

레프셰츠는 프린스턴 대학에서 새로운 연구를 거의 하지 않았지만 여러 권의 책을 썼는데, 그 중에는 위상 수학에 관한 최초의 포괄적인 연구서가 있다. 그 책은 그 뒤 이 분야의 발전에 결정적인 영향을 끼쳤지만 완벽하게 정확한 증명을 찾아보기가 매우 어렵다. 풍문에 따르면, 레프셰츠는 이 책을 연구년으로 프린스턴을 떠나 있을 때 썼기 때문에 제자들이 이를 수정하고 수많은 오류를 제거할 수 없었다고 한다.

짓궂음

레프셰츠는 콜로퀴움colloquium이나 세미나에서 발표자에게 질문 공세를 퍼부어 괴롭히는 것으로 유명했다. 그런 질문 공세에 싫증이 난 보애스[3]는

[3] Ralph P. Boas Jr.(1912~1992), 미국의 수학자로, 하버드 대학에서 박사 학위(1937년)를 취득하고, 프린스턴 대학과 케임브리지 대학 연구원, 듀크 대학 강사, 해군 비행전 학교 교관, 하버드 대학 방문 강사를 거쳐, 1950년부터 노스웨스턴 대학 교수로 1980년 은퇴할 때까지 가르쳤다. 주로 실변수와 복소 변수 함수론을 연구했다.

똑같은 방법으로 레프셰츠를 괴롭히기로 결심했다. 레프셰츠의 강의에 들어가서, 레프셰츠가 '하우스도르프 공간' 이라는 말을 할 때까지 기다렸다가 질문했다. "하우스도르프 공간이 무엇입니까?" (물론, 보애스는 답을 정확하게 알고 있었다.) 그 뒤 그 해가 끝날 때까지 레프셰츠는 보애스를 '하우스도르프 공간의 뜻도 모르는 녀석' 이라고 불렀다.

무례함

레프셰츠와 말을 해본 사람은 누구나 그의 무례함에 충격을 받는다. 로타[4]는 프린스턴 대학에 등록한 첫 해 가을 학기의 어느 날 파인 홀 휴게실에서 차를 마시다가 레프셰츠를 만났다. 레프셰츠가 로타에게 대학원생인지를 물었다. 그렇지 않다는 대답을 들은 레프셰츠는 즉시 등을 돌리고 로타가 그 자리에 없다는 듯이 행동했다. 다음 봄 학기, 그는 로타의 존재를 갑자기 깨닫기 시작했다. 그는 놀랍게도 로타의 이름도 기억했다. 그런데 그가 기억하는 것은 이탈리아 수학자인 리치[5]였다. 그는 이탈리아의 뛰어난 대수적 기하학자들을 대단히 존경했다. 그는 말했다. "자네는 1920년대의 로마에서 공부해야 했었네. 그곳은 지금의 프린스턴이야!"

무모함

레프셰츠는 여행을 매우 즐겼는데, 1920년대와 30년대에는 유럽의 여러 나라를 방문했다. 특히 프랑스, 이탈리아, 소련 여행을 좋아했다. 제2차 세계대전의 발발로 유럽 여행이 불가능해지자, 멕시코를 새로운 여행지로 택했다.

---

[4] Gian-Carlo Rota(1932~1999), 이탈리아에서 태어나 이곳과 에콰도르에서 중등교육을 받았고, 미국 프린스턴 대학에서 학사, 예일 대학에서 석 · 박사 학위를 취득했다. 1959년부터 MIT 교수로 여생을 보냈는데, 수학의 함수 해석학, 에르고드 이론, 조합론, 철학의 현상학 등을 연구했다.

[5] Gregorio Ricci-Curbastro(1853~1925), 이탈리아의 수학자

레프셰츠는 1944년에 처음으로 멕시코 국립 대학을 방문했는데, 그 뒤로는 여름마다 멕시코를 여행했다. 나이 때문에 학과장직을 사임한 뒤, 멕시코 수학을 발전시키기로 결심했다. 그가 처음에 멕시코에 도착했을 때는 에스파냐어를 전혀 몰랐지만, 몇 주 뒤에는 에스파냐어로 강의할 수 있었다.

그의 멕시코인에 대한 애증은 그를 곤경에 처하게 했다. 언젠가 그는 멕시코의 어떤 기차역에서 양 허리에 권총을 차고 가슴에는 탄띠를 멘 멕시코 카우보이를 만났다. 레프셰츠는 카우보이의 복장을 비웃고, 유창한 에스파냐어로 심하게 조롱했다. 동료들은 멕시코인들이 모욕을 당했을 때 전통적으로 반응하는 식으로 카우보이가 행동할 것을 두려워했다. 그 카우보이가 드디어 일어서서 권총에 손을 댔다. 레프셰츠는 그의 눈을 똑바로 쳐다보고 물러서지 않았다. 몇 초 동안의 긴장된 침묵이 흘렀다. 그 카우보이는 결국 "미친 백인놈."이라고 말하고는 떠나버렸다.

동료의 죽음

후레비츠

후레비츠[6]는 뛰어난 수학자로 위상 수학, 차원 이론, 미분 방정식 및 다른 여러 분야에 대한 연구로 유명하다. 후레비츠와 레프셰츠는 멕시코에서 열린 학술 내회에 참석했다. 어떤 의미에서 그들은 경쟁자였는데, 똑같은 문제들을 더 많이 푸는 시합도 했다. 그들은 오후에 밖으로 나가서 한 멕시코 피라미드를 올라갔다. 그런데 레프셰츠만이 내려왔다. 후레비츠는 그곳에서 떨어져 죽었는데, 레프셰츠는

[6] Witold Hurewicz(1904~1956), 폴란드의 바르샤바 대학을 졸업하고, 빈 대학에서 한(Hans Hahn, 1879~1934)과 멩거(Karl Menger, 1902~85)의 지도로 1926년에 박사 학위를 받았다. 록펠러 장학생으로 암스테르담에서 1927~28년을 보내고, 브로우베르의 조교를 지냈다(1928~36). 미국으로 건너가 고등 학술 연구소, 노스캐롤라이나 대학을 거쳐, 1945년부터 죽을 때까지 매사추세츠 공과 대학(MIT)에서 가르쳤다.

그가 경관에 압도되어 뒷걸음질을 하다가 그렇게 됐다고 했다. 레프셰츠가 그에게 도움을 줄 수 있었을 것이라고 말하는 사람도 있었다.

리틀우드 John Edensor Littlewood

1885~1977

리틀우드는 1885년 6월 9일 영국 로체스터에서 태어났다. 1892년 수학 교사이자 교장인 아버지(Edward Thornton Littlewood)를 따라 남아프리카 공화국에서 어린 시절을 보냈다. 케이프타운 대학에서 공부하다가 1900년에 영국으로 되돌아갔고, 1903년에 케임브리지의 트리니티 대학에 장학생으로 입학했다. 1907년부터 맨체스터 대학에서 가르쳤으며, 화이트헤드가 물러난 1910년 모교로 되돌아가서 그의 자리를 뒤이었다. 1928년부터는 최초의 루즈볼 Rouse Ball[1] 교수가 됐다.

하디와 리틀우드는 현대의 가장 유명한 공동 연구팀이었다. 이들은 1911년부터 35년 동안 함께 연구했으며, 100편 이상의 공동 논문을 남겼다. 이 두 사람의 일화는 따로 분리해서 싣을 수 없을 정도로 밀접하게 연관되어 있다.

시험 준비

리틀우드는 수학을 공부하기 위해 언젠가 시도했던 경험에 대해 기록했다. 부활절 휴가 기간에 준비해야 할 시험이 있었는데, 경치 좋고 철도역에서 멀리 떨어져 있는 하트랜드 퀘이Hartland Quay에서 머물기로 결정했다. 담배를

❶ 영국 수학자 루즈볼(Walter William Rouse Ball, 1850~1925)이 희사한 기금으로 창설된 교수좌.

끊고 수학 공부에 전념하며, 저녁에만 잠시 시와 철학으로 긴장을 풀기로 했다. 리틀우드는 그곳에 도착하자마자 의식을 치르듯이 담뱃대와 담배를 물 속에 던져 버렸다. 그런데 그가 머문 방의 창이 바다를 향해 있었는데, 황홀한 경관이 펼쳐져 있었다. 바로 다음 날부터 그는 거의 공부를 하지 못했고, 자신이 세운 엄격한 계획을 후회했다. 진지한 공부는 친숙한 상황에서 전통적인 방법으로 하는 것이 최선이라는 사실을 그 경험으로부터 배웠다.

▣ 연구 시간

리틀우드는 창조적인 연구에 가장 적합한 생활 방식에 대해 꽤 많이 생각했다. 중년기에 들어서는, 일요일에는 언제나 휴가를 떠났고 수학에 대해서 한순간도 생각하지 않으며 철저하게 쉬었다. 그러면 월요일 오전에는 연구에 몰두할 수 있는 상태가 되는데, 좋은 발상이 자주 떠올랐다고 말했다. "진지한 연구는 친숙하고 일상적으로 반복되는 상황에서 가장 잘 이루어진다. 그러나 휴식 시간에는 반드시 쉬어야 한다. … 창조적인 연구를 위해서는 영리한 사람들과의 끊임없는 멋진 대화를 우선 피한다. 이는 옳지 않은 종류의 정신적 자극으로, 겉보기에만 좋을 뿐이다."

▣ 꿈속에서의 연구

리틀우드는 평소에 연구하던 문제의 답이 꿈속에 자주 나타나는 것 같았다. 그런데 아침이면 그 세세한 내용을 기억할 수 없어서 매우 괴로워했다. 상황은 더욱 악화되어갔고, 결국 이 궁지를 다음과 같이 해결하기로 했다. 공책과 연필을 침대 곁에 둔다. 밤에 문제 풀이의 모든 단계가 선명하게 드러나는 아주 명확한 꿈을 기다린다. 그런 꿈을 꾸게 되면, 깨어나서 꿈속의 모든 생각을 적는다. 그러고는 행복하게 다시 잠을 잔다. 실제로 그런 경우가 있었는데, 기록한 내용을 이용해서 새로운 논문을 쓸 수 있을 것이라고 확신했다. 그런데 기록한 글은 다음과 같았다.

Higamus, bigamus, men are polygamous. Hogamus, bogamus, wives are monogamous.

습관

리틀우드는 여러 가지 습관이 있었다. 한 가지는 바흐, 베토벤, 모차르트의 음악만을 들었다. 인생은 너무 짧기 때문에 다른 작곡가의 음악을 들으며 시간을 허비할 수 없다는 것이 이유였다.

리틀우드는 오후에 물을 탄 보드카를 큰 잔에 가득히 담아 마셨다. 이는 동료인 베시코비치로부터 배운 습관이었다. 또, 언제나 점심 식사 뒤에는 오랫동안 수학 연구를 할 수 없다고 말했는데, 피는 동시에 두 곳에 있을 수 없다는 것이 이유였다.

등산 기술

아주 많은 미국과 영국 수학자가 아마추어 등산가였는데, 리틀우드도 그런 사람이었다. 위너는 책《나는 수학자다》에서 자신이 영국을 방문했을 때 리틀우드의 등반 기술이 절정에 도달해 있었다고 말했다. 리틀우드는 트리니티에 있는 위너의 하숙방을 방문하곤 했는데, 거기에서 네빌의 정원Nevile's Court에 있는 기둥들을 가로질러 통과함으로써 자신의 암벽 등반 기술을 뽐내곤 했다.

제자 덕분에

리틀우드와 일행은 기차의 삼등석을 다섯 개 예약했다. 그런데 그 좌석에 이미 손님이 있었다. 실수로 좌석이 이중으로 예약된 것이었다. 차장에게 항의했지만, 효과가 없었다. 그래서 일행 중 한 사람이 기차역 사무실로 가서 강하게 항의했다. "리틀우드 교수님이 매우 화내고 계십니다." 이 말을 들은 한 젊은이가 말했다. "리틀우드 교수님이라고요? 그 분을 만나게 되다니, 내 생애의 가장 뜻 깊은 순간입니다. 맨체스터 대학에서 그 분께 배웠습니다." 리틀우드의 일행은 예비로 남겨두었던 일등석 칸막이 방으로 안내됐다. 다른 사람의 출입은 금지됐고, 점심 식사는 특별 서비스로 제공됐다.

'조카'

리틀우드에게는 앤Ann Streatfeild이라는 '조카'가 있었다. 그녀를 매우 사랑했는데, 그녀와 자주 휴가를 보냈다. 그녀는 그를 '존 아저씨'라고 불렀다.

리틀우드가 80세를 훨씬 넘긴 1970년대에 들어서도 앤은 결혼하지 않았고, 이에 따라 리틀우드는 자신이 죽은 뒤에 아무도 그녀를 돌봐주지 않을 것을 걱정하게 됐다.

그런데 앤은 리틀우드의 딸이었다. 이를 비밀로 했기 때문에 괴로워했는데, 아내의 설득으로 공개하기로 했다. 리틀우드는 어느 날 케임브리지 대학 휴게실에서 열린 어떤 저녁 모임에서 앤을 조카가 아니라 '딸'이라고 부름으로써 그렇게 했다. 그렇지만 아무도 이런 변화를 눈치 채지 못했다. 그 뒤 앤은 성공적으로 결혼했고, 리틀우드는 매우 행복했다.

제기랄!

리틀우드는 'where E′ is any dashed [i.e., derived] set'이라는 문장을 큰

소리로 읽은 적이 있었다. 악센트의 위치에 주의를 기울일 필요를 느꼈다. E′을 미국 사람은 'E prime' 이라고 읽지만 영국 사람은 'E dashed' 라고 읽는데, 단어 'dashed' 는 미국 사람들이 가벼운 욕설로 사용할 때 많이 쓰는 'damned' 와 동등한 뜻으로 사용된다.

식자공

활자 인쇄를 하던 시절에는 수학 논문을 조판하는 식자공과 인쇄입자와 관련된 재미있는 사건들이 자주 일어났다. 리틀우드는 1917년경 영국 탄도학 연구소British Ballistic Office의 회보에 기고하면서 '이 σ는 가능한 한 작게 만들어야 한다.' 라는 말로 끝을 맺었다. 논문이 인쇄되어 나왔는데, 마지막 문장이 보이지 않았다. 글을 읽던 어떤 사람이 물었다. "이것이 무엇입니까?" 정밀한 조사를 통해, 그 글의 끝에 있는 빈 공간에 작은 얼룩이 발견됐다. 그것은 누구도 쉽게 알아볼 수 없는 아주 작은 σ였다. 식자공은 이 활자를 찾기 위해 런던을 온통 뒤졌을 것이다.

정신 질환

리틀우드는 1930년경부터 시작된 불명확한 정신 질환으로 약 30년 동안 괴로워했다. 이를테면 원래 이름이 페르디난드 린데만Ferdinand Lindemann인 체웰 경Lord Cherwell의 이름을 기억할 수 없었다. 그래서 원주율 π가 무리수임을 증명한 수학자Ferdinand von Lindemann의 이름이 그와 같나고 기억하기로 했다. 그런데 리틀우드는 그 이름마저도 기억할 수 없었다.

그렇지만 리틀우드가 조금이라도 아프다고 생각한 사람은 거의 없었다. 그의 강의와 창조적인 연구는 여전히 최고 수준을 유지했고, 박사 과정의 학생들을 지도했으며, 대학에서 어렵고 힘든 여러 가지 직책을 맡기도 했다.

1943년에는 실베스터 메달, 1958년에는 코플리Copley 메달을 받았는데, 이는 그의 연구의 질적 가치를 입증했다. 그렇지만 30세 정도일 때에 비하면 절반 정도의 능력밖에 발휘하지 못한다고 단호하게 주장했다. 종종 따분한 시간을 보내기 위해서 영화를 보면서 여러 시간을 보내기도 했다.

리틀우드는 1960년에 지독한 유행성 독감에 걸린 적이 있었다. 이의 치료 과정에서 그의 우울 증세를 알게 된 주치의는 그를 신경학자 데이비스 Beresford Davies에게 소개했고, 신경학자가 처방한 약으로 병이 치료됐다. 리틀우드의 삶은 바뀌었고, (당시 75세였는데) 여러 대학의 초빙을 받았으며 처음으로 미국을 방문하기도 했다.

거대한 양

리틀우드는 논문 〈거대한 수들〉에서는 다이아몬드보다 백만 배 더 단단하고 한 모서리가 1마일인 정육면체 꼴의 거대한 돌에 대해 이야기했다. 신선이 백만 년에 한 번씩 찾아와서 그 돌에 아주 가볍게 손을 대고 간다고 하자. 오랜 시간이 지나면 그 돌이 닳아 없어질 것이다. 리틀우드는 그 기간이 약 10^{35}년이 될 것이라고 계산했다. 대부분 이것을 엄청난 과소 평가라고 생각할 것이다. 그렇지만 지수를 이용해서 간단하게 표현된 수의 크기를 상상해 보자.

리틀우드의 말

리틀우드는 자신에게 가장 큰 영향을 준 가장 뛰어난 학자가 누구냐는 질문을 받았다. 물론 아르키메데스와 뉴턴을 언급했다. 그러나 사실 자신에게

❷ "Large Numbers," *Mathematical Gazette*, vol. xxxii, no. 300.

진정으로 가장 위대한 사람은 중등학교에서 자신에게 수학을 가르친 분이라고 말했다. 그의 다음과 같은 말도 있다.

> 좋은 수학적 농담은 열두 편의 평범한 논문보다 훨씬 더 훌륭하다.
>
> 한없이 유능한 사람도 창조적이지 않을 수 있다.
>
> 나는 [수학자로서의] 자신의 능력에 대해 일반적으로 정당한 이유 없이 의심하는 사람을 계속해서 만나고 있다. 첫째 시금석은 당신이 기하학으로부터 무엇인가를 얻을 수 있느냐에 달려 있다.

하디와 리틀우드

하디와 리틀우드는 35년 동안 공동 연구를 했는데, 100편 이상의 논문과 한 권의 책을 함께 썼다. 해석학과 수론에서 오늘날까지도 사용되는 중요한 기법과 개념을 많이 발견했다. 그런데 그들은 같은 학교에 근무할 때도 주로 편지를 통해 의견을 교환했으며, 이들 사이의 관계가 예상하는 것과 달리 절친하지는 않았던 것으로 보인다

▣ 공동 연구의 공리

하랄드 보어는 다음과 같은 네 가지 '공동 연구의 공리'가 하디와 리틀우드 사이의 기초를 형성했다고 1947년의 한 강연에서 지적했다.

1. 한 사람이 다른 사람에게 글을 써 보내면, 그 내용이 옳건 그르건 완전히 무시한다.

2. 한 사람이 다른 사람의 편지를 받으면, 읽어야 할 의무가 절대 없으며 답장할 필요는 더더욱 없다.
3. 그들이 똑같은 내용에 대해 동시에 생각하는 것은 절대 문제가 되지 않지만, 그렇게 하지 않는 것이 더욱 좋다.
4. 공동으로 발표한 논문의 내용에 그들 중 한 사람이 전혀 기여한 바가 없을지라도 전혀 개의치 않는다.

영국 최고의 수학자

몇 년 전에 영국의 한 유명한 수학자가 영국에서 가장 뛰어난 세 명의 수학자가 누구냐는 질문을 받았다. 그는 조금도 주저하지 않고 대답했다. "하디, 리틀우드, 하디-리틀우드"

국제적인 명성

하디와 리틀우드는 오랫동안 공동 연구를 했지만, 리틀우드는 앞에서 언급한 정신 질환 등의 이유로 케임브리지를 거의 벗어나지 않았고 학술대회 등에서 공동 논문의 발표는 항상 하디가 도맡았다. 그래서 리틀우드는 하디의 창조물이라는 농담이 있었다.

위너가 리틀우드를 처음 만났을 때 다음과 같이 외쳤다고 한다. "어, 리틀우드가 정말로 존재하는군. '리틀우드' 는 하디가 형편없는 논문을 발표할 때 사용하는 필명인줄 알았는데."

이 이야기는 여러 가지 형태가 있는데, 위의 위너가 란다우로 바뀐 경우도 있다.

추천서

하디는 박사 학위를 그다지 신뢰하지 않았으며, 학생의 박사 논문을 칭찬하지 않았다. 한 외국 학생이 하디에게 자신의 논문이 훌륭하다는 내용의 편지를 써달라고 부탁했다. 그 학생은 그 편지를 더 좋은 직장을 위한 추천서로 사용하려고 했다. 그러나 하디는 거절하며 말했다. "정 그렇다면 리틀우드에게 가보거라. 그는 편지를 써줄 것이다." 그 학생은 그렇게 했다. 리틀우드는 학생의 논문을 읽었고, 논문이 정말로 좋았기 때문에 편지를 써주었으며 그 학생은 직장을 구했다.

데데킨트 절단

데데킨트 절단에서 유리수 전체의 집합은 두 집합 *L*과 *R*로 나누어지는데, *L*은 최대 원소를 갖지 않고 *L*의 모든 원소는 *R*의 각 원소보다 작다. 두 집합에 대해 논리 문자 *L*(왼쪽)과 *R*(오른쪽)을 최초로 도입한 사람은 바로 리틀우드였다. 그는 이런 표기를 학생들이 고마워할 작은 공헌이라고 진심으로 생각했다.

하디의 책 《순수 수학Pure Mathematics》의 초판에는 두 집합이 *T*와 *U*로 표기됐는데, 그 뒤의 개정판에는 *L*과 *R*이 사용됐다. 그리고 하디는 그 뒤의 개정판에서 리틀우드에 대해 듣기 좋은 여러 가지 감사의 말을 실었지만, 문자 *L* 및 *R*과 관련된 말은 없었다. 리틀우드가 하디에게 이 공헌도 마땅히 지적돼야 한다고 집요하게 강조했을 때, 하디는 이런 작은 것에 대해 지적하는 것은 창피하다는 이유로 거절했다. 리틀우드는 그런 말은 납제자의 일상적인 반응이라고 주장했다. "희생자가 원하는 것은 자신의 최고 이익이 아니다."

자연수의 친구

리틀우드는 인도의 탁월한 수학자 라마누잔에 대해 하디가 쓴 글의 첫째 교정본을 읽었다. 그 글에서 하디는 다음과 같이 썼다. “어떤 사람이 이야기한 대로, 자연수 하나하나는 그의 개인적인 친구였다.” 이를 읽은 리틀우드가 말했다. “그렇게 말한 사람이 누구인지 나도 모른다. 그렇지만 내가 그렇게 말했으면 좋겠다.” 마지막 교정본에서 리틀우드는 다음과 같은 글을 읽을 수 있었다. “자연수 하나하나는 그의 개인적인 친구였다고 말한 사람은 리틀우드였다.”

교정

교정은 따분하고 지루하며 귀찮은 작업이다. 그리고 교정을 보는 사람은 이전에 발견하지 못한 몇 개의 실수를 나중에 발견하면 분개하게 된다. 하디는 꼼꼼한 수학자였으며, 아마도 훌륭한 수학 논문 교정자였을 것이다. 한때 리틀우드는 함께 쓴 논문의 어떤 페이지에서 잘못된 글자를 찾아보라고 하디에게 도전했다. 하디는 실패했다. 잘못된 글자는 하디의 잘못된 이름 ‘G, H. Hardy’ 였다.

공감

하디와 리틀우드는 무대에 처음 나선 사람이 가지는 두려움에 대해 논의했다. 그들은 왕립 학회에서 강연하거나 외국 대학에서 강의하는 경우에는 두려움을 가지지 않는다고 했다. 말하고자 하는 것을 잘 알고 있고, 뛰어난 전문가가 비슷한 수준의 사람들 사이에 있으며, 소재를 자유롭게 다룰 수 있다. 그런데 신입생에게 첫 학기에 미분 적분학을 강의할 때는 그런 두려움을 느낀다는 데 동의했다.

비버바흐 Ludwig Georg Elias Moses Bieberbach

1886~1982

비버바흐는 1886년 12월 4일 독일 헤세-다름슈타트Hesse-Darmstadt에서 태어났다. 1911년에 교수 자격을 얻은 뒤, 스위스 바젤 대학과 프랑크푸르트 대학을 거쳐 베를린 대학 교수를 역임했다. 제2차 세계 대전 중 나치에 협력한 탓으로 전후에 모든 자리에서 물러나야 했다. 그가 제기한 '비버바흐의 추측'으로 유명하다.

제2차 국제 수학자 대회

비버바흐는 열렬한 독일 국수주의자였는데, 제1차 세계 대전이 끝난 뒤인 1928년 볼로냐에서 열린 국제 수학자 대회에 독일 대표의 파견을 강력하게 반대했다. 이탈리아에서 열린다는 것이 반대 이유였다. 네덜란드 사람이었지만 독일 국수주의를 지지한 브로우베르의 후원으로, 비버바흐는 그 대회에 불참할 것을 주장하는 편지를 독일의 모든 중등학교와 대학교에 보냈다.

힐베르트는 비버바흐의 제안을 어리석다고 지적하면서 그에 반대했다. 그렇게 하면 독일 수학은 불행에 빠질 것이며, 독일에 대한 정당한 비판을 수용해야 한다고 말했다.

반유대주의

국가 사이의 마찰과 파괴적인 전쟁을 치르고 있는 이 세상에서, 대단히 많은 과학자가 적국의 과학적 업적을 '나쁜' 과학이라 생각하는 반면에 자기 나라의 과학적 업적을 '좋은' 과학이라 생각한다. 이런 편협한 견해는 수학자라고 해서 예외일 수는 없었다. 예를 들면, 제2차 세계 대전 중 연합국의 많은 수학자는 '독일' 수학을 기형적이고 열등하다고 생각했으며, 독일의 많은 수학자는 '유대인'의 수학을 해롭고 사악하다고 생각했다.

히틀러가 1933년 권력을 잡은 뒤에, 비버바흐는 지독한 반유대주의자가 됐다. 특히, 독일 수학자와 유대 수학자 사이의 차이점을 분석해서, 유대 수학자가 열등함을 밝히려고 노력했다. 이에 따라 추상적인 '유대인식' 해석적 방식의 수학과 대립되는 '독일식' 종합적 방식의 수학 개념을 전개했고, 독일식 수학을 장려하기 위해 잡지 《독일 수학Deutsche Mathematik》을 발간했다.

비버바흐는 또한 《아리안 수학 논문》이라는 몹시 불쾌한 책도 썼다. 이 책에서 가우스는 순수한 아리안의 천부적 재능으로 뛰어난 통찰력을 발휘했고, 야코비는 '더러운 유대인의 기교'를 부렸다고 썼다.

혼란스러운 강의

비버바흐는 맥주를 매우 즐겼는데, 그 결과로 올챙이배가 됐다. 학생들은 그를 'Bier Bauch(맥주 배)'라고 불렀다.

비버바흐는 강의를 매우 혼란스럽게 했다. 그리고 초등 산술에서 자주 큰 어려움을 겪었다. 학생들은 그가 계산하지 못할 것을 알고 있었다. 그래서 수치적인 예를 들 수 있는 정리를 증명할 때마다, 학생들은 그에게 예를 들어달라고 요청했다. 그는 여러 번 실패한 뒤에 포기하고 격분해서 소리쳤다. "Es ist doch so wie so bewiessen." (어쨌든 증명됐다.)

비버바흐의 추측

비버바흐가 1916년에 제기한 비버바흐의 추측은 복소수로 이루어진 무한 다항식과 관계가 있다. 이는 다항식 $z+a_2z^2+a_3z^3+\cdots$ 이 절대값이 1보다 작거나 같은 z의 임의의 두 값에 대해 결코 같은 값을 가질 수 없으면, 모든 자연수 k에 대해 계수 a_k의 절대값은 기껏해야 k임을 주장한다. 이 추측의 어려운 점은 내용이 아니라 증명에 있다. 이것이 공식화되고 70년 이상 지나는 동안 전문가들이 얻을 수 있었던 것은 이 추측이 처음 여섯 개의 계수에 대해 참이라는 사실과 다른 모든 계수는 절대값으로 기껏해야 지수의 1.07배라는 사실에 대한 증명이 전부였다.

1984년 초 미국 퍼듀 대학 교수 드 브랑제❶는 드디어 이 문제를 완전히 증명했다. 그는 무명의 수학자는 아니었지만, 수학계의 '주변 인물'로 간주됐다. 이에 따라, 그가 이 결과를 발표했을 때, 어느 누구도 이를 진지하게 고려하지 않았다. 그가 1984년 5월 러시아의 레닌그라드 대학을 방문해서 매우 회의적인 소련 수학자들에게 자신의 결과를 강의한 뒤에야 비로소 그가 정말로 성공했다는 사실을 인정받기 시작했다. 권위 있는 소련 수학자들의 지원을 받게 된 드 브랑제의 논문은 전 세계에 빠른 속도로 전달됐고, 30년 동안 그의 연구를 거의 거들떠보지도 않았던 수학계는 편견을 버리고 잘못을 인정해야 했으며 드 브랑제가 대단히 많은 수학자들이 실패했던 문제를 성공적으로 풀었다고 인정했다.

❶ Louis de Branges(1932~), 1957년 코넬 대학에서 박사 학위 취득

폴리아 George[György] Pólya

1887~1985

폴리아는 1887년 12월 13일 헝가리의 부다페스트에서 태어났다. 고등학교까지는 수학에서 두각을 나타내지 못했다. 1905년 부다페스트 대학에 입학해서 한 학기 동안 법학을 공부했는데, 이에 싫증을 느껴 중등학교 때 좋아했던 언어학과 문학을 2년 동안 공부했고 김나지움에서 라틴어와 헝가리어를 가르칠 수 있는 교사 자격증을 취득했다. 그 뒤 철학에 큰 흥미를 가졌는데, 철학 교수는 오히려 그에게 물리학과 수학을 추천했다. 철학은 아주 잘했지만 물리학은 너무 어려워서, 결국 타협책으로 수학을 선택했고, 1912년 수학 박사 학위를 취득했다. 그 뒤 괴팅겐과 파리를 방문해서 당시 지도적인 수학자들의 강의를 듣고 견문을 넓혔다.

폴리아는 후르비츠의 도움으로 1914년 스위스 연방 공과 대학의 교수가 되어 1940년까지 그 자리를 지켰다. 1924년에는 영국에서 보내면서 하디 및 리틀우드와 연구했는데, 이 세 사람의 공저 《부등식Inequalities》이 1934년에 출판됐다.

폴리아는 유럽의 정치적 혼란 때문에, 미국으로 이주해야 했는데, 브라운 대학에서 2년 동안 연구한 뒤 1942년부터 스탠퍼드 대학의 교수가 됐다. 거의 한 세기를 산 그는 1985년 9월 7일 미국 캘리포니아 팔로알토에서 사망했다.

괴팅겐 대학에서 도망치다

폴리아는 박사 학위를 취득한 뒤 괴팅겐 대학으로 가서 힐베르트, 퇴플리츠[1], 카라테오도리, 헤케 등의 강의를 들으며 1912년과 1913년을 보냈다. 직전에 은퇴한 클라인도 만났고, 란다우와 바일도 만났다. 그는 그곳에서 무급 강사를 하려고 했다. 그런데 휴일 뒤에 기차를 타고 괴팅겐으로 돌아가던 어느 날 예기치 못한 사건으로 괴팅겐을 떠나야 했다. 다음은 그 사건에 대해 폴리아가 비버바흐에게 보낸 편지의 일부다.

> 따귀를 때린 이야기는 참으로 유치한데, 여하튼 전말은 다음과 같다. 나는 1913년 성탄절에 취리히에서 프랑크푸르트까지 기차 여행을 했다. 그때 선반 위에서 떨어진 내 짐 때문에 같은 칸막이 객실에서 나와 마주보고 앉아 있던 젊은이와 말다툼을 하게 됐다. 나는 지나치게 흥분한 상태였고, 그를 약올렸다. 그런데도 반응이 없어서 이번에는 따귀를 때렸다. 나중에 밝혀진 대로, 그는 어떤 추밀 고문관의 아들이었다. 게다가 그는 괴팅겐 대학생이었다. 약간의 분쟁이 있은 뒤에, 대학 당국은 나에게 떠나라고 말했다.

폴리아는 소송을 걸지 않기로 하고, 괴팅겐을 포기했다. 한 이야기에 따르면, 변호사였던 룽게의 장인이 폴리아를 변호하려고 노력했다고 한다. 그는 거의 곧바로 파리로 향했다.

《어떻게 문제를 풀 것인가》

폴리아는 미국으로 이주하기 전에 《어떻게 문제를 풀 것인가How to Solve

---

❶ Otto Toeplitz(1881~1940), 독일의 수학자

It》의 독일어 원고를 완성했다. 그 뒤 영어로 다시 썼는데, 미국에서 이 책의 영어판을 출판하기 위해서는 출판사 네 곳을 찾아다녀야만 했다. 1945년에 처음 출간된 이 책은 그 동안 백만 권 이상이 팔렸으며, 15가지 언어로 번역됐다. 그의 또 다른 책 《수학적 발견Mathematical Discovery》도 8가지 언어로 번역됐다. 다음과 같은 폴리아의 조언이 있다.

> 어떤 문제를 풀 수 없다면, 역시 풀 수는 없지만 그것보다 더 쉬운 문제가 있다. 이것을 찾아라.

▣ 폭넓은 연구 영역

1977년 12월 13일 스탠퍼드 대학 수학과 명예 교수 폴리아의 90회 생일을 축하하는 모임이 열렸다. 그 자리에는 폴리아의 많은 동료와 제자가 참석했는데, 폴리아의 제자이며 스탠퍼드 학장인 로이든, 스탠퍼드 컴퓨터 과학과의 크누스❷, 뉴욕 대학 쿠란트 연구소장이며 미국 수학회 회장 락스, 캘리포니아 대학 버클리 분교 통계학 교수 네이먼❸, 스탠퍼드 대학 물리학 명예 교수이고 노벨상 수상자이며 스위스 연방 공과 대학의 제자인 블로흐❹, 평생 동료 세괴 등이 찬사의 말을 했다.

다양한 참석자는 수학과 교육에서 폴리아의 폭넓은 영향력을 지적했다. 그의 연구 영역은 확률론, 해석학, 수론, 기하학, 조합론, 수리 물리학, 수학 교육 등 광범위했다.

❷ Donal Ervin Knuth(1938~)
❸ Jerzy Neyman(1894~1981), 폴란드 출신으로 1938년 미국으로 이주
❹ Felix Bloch(1905~1983), 스위스 출신으로 1934년 미국으로 이주

▣ 폴리아와 세괴

폴리아와 세괴는 가까운 동료로서 오랫동안 공동 연구를 했다. 두 권의 책 《수리 물리학의 등주 부등식Isoperimetric Inequalities in Mathematical Physics》과 《해석학의 문제와 정리, 제1권과 제2권Problems and Theorems in Analysis, I and II》 및 몇 편의 논문을 공동으로 발표했다. 몇 세대를 거쳐 학생과 교수들이 이용하고 있는 명작 《해석학의 문제와 정리》에 대해 폴리아는 다음과 같이 말했다.

> 대단히 즐거운 시간이었다. 우리는 전심전력을 다했다. 비슷한 배경을 가지고 있던 우리는 당시 모든 젊은 헝가리 수학자와 마찬가지로 페예르의 영향을 받았다. 우리 모두 문제 풀이를 강조한 중등 학생을 위한 《헝가리 수학 잡지》의 독자였다. 우리는 똑같은 종류의 문제와 똑같은 주제에 관심을 가졌다. 그렇지만 한 사람은 어떤 주제에 대해 더 많이 알고 있었고 다른 사람은 다른 주제에 대해 더 많이 알고 있었다. 그래서 훌륭하게 공동 작업을 할 수 있었다. 우리의 공동 연구의 결과인 《해석학의 문제와 정리》는 나의 최고의 연구이며, 세괴에게도 그렇다.

▣ 전통적인 수학 교수

폴리아는 전통적인 수학 교수가 다음과 같다고 말했다.

> 통속적으로 전해지는 전통적인 수학 교수는 멍청하다. 통상 망가져서 쓸모없게 된 우산을 들고 사람들 앞에 나타난다. 학생들을 등진 채 칠판만 보며 강의하기를 좋아한다. *a*라 쓰고 *b*라 말하지만, 머릿속에서는 *c*라고 생각한다. 그런데 실제로는 *d*이다. 전통적인 수학 교수의 다음과 같은 몇 가지 말이 대대로 전승된다.
>
> "이 미분 방정식을 풀기 위해서는 해법이 떠오를 때까지 바라봐야 한다."

“이 원리는 아주 완벽하게 일반적이어서 어떤 특별한 응용이 가능하지 않다.”

“기하학은 부정확한 도형으로 정확하게 추론하는 기술이다.”

“어려움을 극복하는 내 방법은 우회하는 것이다.”

“방법과 도구 사이의 차이점은 무엇인가? 방법은 두 번 사용하는 도구이다.”

이런 전통적인 수학 교수로부터 무엇인가 배울 수 있겠는가. 어느 것도 배울 수 없는 수학 교수가 전통적인 교수가 되지 않기를 기원하자.

라마누잔 Srinivasa Aiyangar Ramanujan

1887~1920

현대의 인도 수학자 중에서 가장 화려한 경력을 쌓은 사람은 가난한 사무원이었던 귀재 라마누잔일 것이다. 어려서부터 수치 계산과 암기에서 놀라운 능력을 보였다. 독학으로 1904년 대학에 장학생으로 입학했지만, 수학만을 공부하고 다른 과목을 소홀히 했기 때문에 장학금을 받을 수 없었고 1905년에 중퇴했다. 그렇지만 그 뒤 여러 편의 논문을 통해 난해한 수 사이의 심오한 관계를 찾아내는 놀라운 능력을 보여주었다. 1913년 편지를 통해 영국의 하디에게 자신을 알렸고, 하디의 노력으로 다음 해에 케임브리지의 트리니티 대학에서 연구하기 위해 영국으로 갔다. 그 결과 두 사람 사이에 가장 괄목할 만한 공동 연구가 이루어졌다. 라마누잔은 1917년에 병으로 쓰러졌고, 1919년에 인도로 되돌아갔는데, 그 다음 해에 죽었다. 그는 해석적 수론에 크게 공헌했고, 다원 함수, 연분수, 무한 급수 등을 연구했다.

우연히 명성을 얻은 책

라마누잔은 16세 때 카의 책 《순수 수학의 초등 결과 개요》[1]를 우연히 접했다. 파스발의 공식과 푸리에 역변환을 포함해서 적분법의 형식적인 면을

[1] George Shoobridge Carr(1837~?), *Synopsis of Elementary Results in Pure Mathematics*, 1886.

이 책에서 모두 배울 수 있었다. 이 책은 매우 간결한 형태로 많은 정리와 공식을 나열하면서 짧은 증명을 제시했다. 그렇지만 라마누잔의 수학 능력을 완벽하게 그리고 순식간에 일깨워 주었으며, 그에게 해석학과 수론에 대한 거의 완전한 수학 도구를 제공했다. 이렇게 라마누잔을 통해 우연히 명성을 얻게 된 그 책은 또한 라마누잔이 '공식 제조기' 가 되는 연구 방향과 수학을 서술하는 방식에까지도 영향을 끼쳤다.

▣ 하디에게 보낸 편지

라마누잔이 1913년 1월 하디에게 보낸 편지는 다음과 같이 시작된다.

> 당신께 감히 저를 소개하고자 합니다. 저는 마드라스에 있는 항만 관리소의 회계과에서 20파운드의 연봉을 받고 있는 사무원입니다. 현재 대략 23세쯤 됩니다. 대학은 다니지 못했지만 통상적인 학교 교육은 받았습니다. 학교를 졸업한 뒤에는 여가 시간을 이용해서 수학을 연구하고 있습니다. 저는 대학에서 제공하는 전통적인 과정을 밟지는 못했지만, 스스로 새로운 길을 개척하고 있습니다. 일반적으로 발산하는 급수에 대해 특별히 연구했는데, 제가 얻은 결과물을 이 지방의 수학자들은 '깜짝 놀랄 만하다' 고 말했습니다. …

라마누잔은 카의 책을 읽고 스스로 발견한 매우 어려운 적분 공식 목록을 계산 방법과 함께 하디에게 보냈다. 이런 종류의 문제에 정통한 하디는 대부분을 이해할 수 있었지만, 전부는 아니었다. 하디와 리틀우드는 곧 라마누잔에게 특출한 재능이 있다고 결론을 내리고 케임브리지로 초대했다. 하디는 라마누잔이 오일러나 가우스와 같은 정도의 천부적인 능력이 있다고 확신했다. 그 뒤 하디와 라마누잔은 수론 및 이와 관련된 주제에 대해 훌륭한 논문을 많이 썼다.

라마누잔은 마드라스에서 하디 이외에도 여러 명의 뛰어난 수학자에게 편지를 보냈다. 예를 들면, 응용 해석학자 힐M.J.M. Hill, 기하학자 베이커(H. F. Baker, 1866~1956), 해석학자 홉슨(E. W. Hobson, 1856~1933) 등이다. 그렇지만 하디만이 라마누잔의 편지에 답장하는 것이 가치 있다고 생각했다.

종교와 어머니의 꿈

라마누잔은 카스트 제도에서 가장 높은 브라만 계급에 속했다. 하디의 초청을 받았지만, 계율에 의하면 이 계급은 바다를 건너 영국에 갈 수 없었다. 게다가 가족들도 영국에 가는 것에 반대했다. 이런 와중에 그의 어머니는 이상한 꿈을 꾸었다. 그의 아들이 유럽인들 사이에서도 높은 곳에 앉아 있는 모습을 보았으며, 그녀가 믿는 여신이 나타나 아들의 앞길을 막지 말라는 명령을 들었다고 한다. 이 꿈 때문에 어머니는 그의 영국 여행을 허락했다.

라마누잔은 극히 종교적이었는데, 엄격한 채식주의자였으며 신비주의자로 보이기도 했다. 어느 날, 인도 친구에게 수학 문제를 설명하다가 갑자기 그를 돌아보면서 외쳤다. "그런데 신의 생각을 표현하지 않는 방정식은 내게 아무런 의미가 없다." 설명하기 어렵지만, 그의 수학적 발견은 그 자신의 종교적 경험과 연결되어 있었다는 말이 어떤 면에서는 자연스럽다.

비범한 능력

라마누잔의 비범한 능력을 예시하는 이야기로 가장 많이 인용되는 것은 그가 병에 걸려 푸트니Putney에 있는 병원에 입원했을 때의 일화다. 하디는 병 문안을 가면서 평범하게 보이는 번호 1729를 단 택시를 탔다. 하디는 이 수를 적은 뒤에 이에 관한 무슨 흥미로운 점이 있는지를 호기심으로 라마누잔에게 물어봤다. 라마누잔은 주저하지 않고 흥미로운 점이 분명히 있다고 대답했다. 이 수는 두 세제곱수의 합으로 두 가지 방법으로 표현할 수 있는 가장 작은 자연수라고 말했다. 즉, $1729=1^3+12^3=9^3+10^3$이다.

라마누잔은 고대의 선조들이 갖고 있던 것과 똑같은 초자연적인 능력을 가졌으며, 그의 연구는 고대인들의 연구에서 찾아볼 수 있는 것과 같이 비조직적인 특성과 강력한 직관 및 연역 과정의 간소화 등을 보여준다. 그래서 라마누잔을 20세기의 바스카라라고 부르기도 한다. 라마누잔의 연구에서 고대 인도와 그리스 수학 사이의 많은 차이점을 발견할 수 있다. 물론, 이런 점 중 많은 것은 라마누잔이 주로 체계적이지 못하게 독학했다는 사실에서 추적할 수 있을 것이다.

모델 Louis Joel Mordell

1888~1972

모델은 1888년 1월 28일 미국 필라델피아에서 태어나 18년 동안 살았고, 그 뒤로는 영국에서 활동했다. 케임브리지의 세인트존스 대학에서 공부하고, 맨체스터 공과 대학(1920~22), 맨체스터 대학(1922~1945), 하디를 뒤이어 케임브리지 대학(1945~53) 새들리언 교수를 역임했다. 1943년부터 1945년까지 런던 수학회 회장을 맡기도 했다.

모델은 은퇴한 뒤에도 정력적으로 활동했는데, 많은 대학에서 가르쳤으며 평생 동안 발표한 논문의 절반을 이때 썼다. 그는 수론과 디오판토스 해석학의 전문가로 명성을 얻었다.

두 가지 고백

뛰어난 수론학자 모델은 초등학교 시절을 회상하면서 말했다. "나는 산술을 잘했다고 생각한다. 그러나 말년에는 분명히 그렇지 못했다."

모델은 16세였던 1904년에 치른 수학 시험을 회상하면서 말했다. "그 시험에 대해 내가 기억하고 있는 것은 방정식에 관한 스튀름의 정리에 대한 문제가 하나 출제됐다는 사실이다. 당시 그 문제를 풀 수 없었는데, 지금도 마찬가지다."

수학에 대한 흥미의 시작

모델은 고등학교에 입학하기 직전 필라델피아에 있는 유명한 리어리Leary 책방의 싸구려 판매대에서 오래된 대수학 책들을 우연히 발견했다. 어떤 이유에선지 그것들이 마음에 들었다. 책 중에는 뉴욕 시의 컬럼비아 대학에서 1843년부터 1861년까지 교수를 지낸 해클리W. Hackley의 책 《대수학》❶ 이 있었는데, 1849년에 발간된 제3판을 구입했다. 그 책은 엄밀하지는 않았지만 내용이 매우 풍부했다. 방정식론과 급수를 포함하고 있었으며 수론에 관한 장이 하나 있었다. 당시 오래된 다른 대수학 책과 마찬가지로, 그 책은 디오판토스 해석학에 관한 장이 하나 있었는데, 모델은 특히 이 주제에 큰 흥미를 느꼈다. 그는 다음과 같이 말했다. "그때 그런 흥미를 느끼지 못했다면, 나중에 이 분야에 대한 나의 훌륭한 연구는 없었을 것이다. 실제로, 나는 이 주제에 관한 책❷을 한 편 썼다."

케임브리지 대학

모델이 구입한 중고 책 중에는 케임브리지 대학 수학 우등 졸업 시험과 같은 문제를 다룬 것도 있었다. 이를 통해 케임브리지 대학에서 최고의 수학을 배울 수 있을 것이라 생각했고, 그곳에서 공부하고 싶은 욕심이 생겼다. 그렇지만 당시 미국의 중등학교에서 배운 수학만으로는 케임브리지에 응시하는 우수한 학생들과 경쟁할 수 없었다. 이에 모델은 스스로 책을 구해서 독학할 수밖에 없었다.

모델은 케임브리지 대학 장학생 선발 시험에 응시하기 위해서 1906년 12월 영국으로 갔다. 부모로부터 약간의 돈을 받았지만, 동료들에게 개인 교습

❶ *A Treatise on Algebra*, 초판은 1846년에 발행됐다.

❷ *Diophantine Equations*, Academic Press, New York, 1969.

을 해서 영국까지의 뱃삯을 겨우 마련했다. 장학생으로 선발되지 못하면, 미국으로 되돌아가는 비용을 벌기 위해 영국에서 일을 해야만 할 처지였다. 다행히 시험에서 일등을 했고 세인트존스 대학에 들어갈 수 있었다. 이 기쁜 소식을 부모에게 전했는데, 전보로 단 한 단어만 보낼 수 있었다. "만세Hurrah"

▣ 모욕

모델은 제2차 세계 대전 중 친리Chinley에 집이 있었다. 이곳은 당시 모델이 교수로 있던 맨체스터로부터 약 30킬로미터 떨어져 있었다. 어느 주말 아내와 함께 기차를 타고 집으로 돌아가고 있었다. 그들은 기차의 칸막이 방으로 들어갔고 아내와 대각선으로 마주보고 앉았다. 모델 앞에 한 젊은이가 앉아 있었고, 옆 자리에는 중년의 남자가 있었다. 모델은 그 젊은이가 《스스로 삼각법을 배우자》라는 책을 읽는 것을 알았다. 모델은 그 젊은이도 같은 직업을 갖고 있다고 생각해서 매우 반가웠다. 그래서 삼각법이 흥미로운지 그에게 물었다. 그는 대답하지 않았으며, 무표정하게 침묵을 지켰다. 그것이 중요한 전쟁 비밀이라도 되는 듯이 말이 없었다. 5분 뒤, 모델은 삼각법이 어려운 과목인지를 그에게 다시 물었다. 역시 대답이 없었다. 그래서 더 이상 질문하지 않았다. 동네 역에 도착했을 때 모델은 내렸고, 아내는 시내를 가기 위해 계속해서 타고 갔다. 그녀는 그 뒤에 발생한 사건을 남편에게 알려 주었다. 중년의 남자가 젊은이에게 머리를 돌리고 말했다. "자네, 너무 무례했네. 왜 그 신사의 질문에 대답하지 않았나?" 그러자 젊은이가 반문했다. "그 분이 수학에 대해 뭘 알겠습니까?"

▣ 약한 마음

모델은 1953년 토론토 대학의 방문 교수로 있었을 때, 아내와 함께 양말을 사러 갔다. 유능한 판매원 때문에, 모델은 외투까지 사서 상점을 나왔다.

모델이 이 이야기를 한 친구에게 말하자, 그 친구는 자신이 알고 있는 훨씬 더 훌륭한 판매원에 대해 말했다. 어떤 부인이 죽은 남편을 매장하기 위해 수의를 사러 갔다. 판매원은 수의와 함께 두 벌의 바지도 사도록 했다.

완벽한 대답

모델은 1958년 볼더Boulder에 있는 콜로라도 대학의 방문 교수로 있었다. 어느 날 전화가 울려서 받아보니, 여자의 목소리가 들렸다. "저는 앤 리입니다. 귀하에게 45달러를 벌 수 있는 기회를 드리겠습니다." 모델은 감탄했다. 그러자 그녀가 물었다. "이 세상에서 가장 오래된 춤이 무엇입니까?" 모델이 말했다. "어려운 문제로군요. 답을 모르겠습니다." 그러자 그녀가 다시 물었다. "탱고는 어디에서 왔습니까?" 모델이 "남미"라고 대답했다. 그녀가 말했다. "훌륭합니다. 정답을 맞췄습니다. 그래서 이제 당신은 45달러에 해당하는 무료 댄스 강습을 받을 수 있는 자격을 얻었습니다." 여기에 이르면 누구나 어떻게 대꾸해야 할 지 망설일 것이다. 그런데 모델은 훌륭하게 대처했다. 모델이 그녀에게 물었다. "미국의 초대 대통령이 누구입니까?" "조지 워싱턴"이라고 그녀가 대답했다. 모델이 말했다. "훌륭합니다. 당신은 45달러를 되돌려 받을 수 있게 됐습니다."

차와 설탕 문제

시카고 대학에서의 오찬 모임에서, 모델은 다음과 같은 문제를 제시했다. "14개의 각설탕을 세 잔의 커피에 나누어 넣는데, 각 잔에 홀수odd number 개의 각설탕이 들어가도록 할 수 있을까?" 잠시 뒤 그는 답을 제시했다. "첫째 잔과 둘째 잔에 각설탕 한 개씩을 넣고, 셋째 잔에 12개를 넣으면 됩니다. 각

설당 12개는 한 잔의 커피에 넣기에는 이상한 수odd number입니다."

모델의 추측

1983년 당시 29세의 독일 수학자 팔팅스[3]는 '현 세기의 특출한 수학 문제 중 하나'로서 '과거에는 결코 해결할 수 없을 것으로 생각됐던 문제'를 풀었다. 그 문제는 1922년 모델이 제시한 추측으로, 이의 증명은 페르마의 마지막 정리에 새로운 빛을 던져주었다. 팔팅스는 이 증명으로 1986년 필즈 메달을 받았다.

모델의 추측은 다음과 같다. "종수가 1보다 크고 계수가 유리수인 이변수 기약 다항 방정식에는 많아야 유한 개의 유리수 근이 존재한다." $n \geq 3$일 때 다항 방정식 $x^n + y^n = 1$은 모델의 추측의 가정을 만족시키기 때문에, 이 방정식에는 많아야 유한 개의 유리수 근이 존재한다. 그러므로 방정식 $x^n + y^n = z^n$에는 많아야 유한 개의 원시(즉, 서로 소인) 정수 근이 존재한다. 한없이 많을 수 있는 근으로부터 유한 개의 근만이 존재할 수 있다고 밝힌 이것은 대단한 발견이었다.

어떤 겸손한 사람

모델은 1923년 뉴욕 주 바사 대학Vassar College에서 열린 미국 수학회의 한 모임에 참석했다. 앤아버의 미시간 대학에서 온 레이니치[4]라는 사람이 이차체의 유수에 관해 강연했는데, 당시 모델은 이 분야에 상당히 큰 관심을 갖고 있었다. 모델은 그가 오데사Odessa의 라비노비치Rabinowitz가 써서 《크렐레의 잡지》에 게재한 매우 훌륭한 논문을 인용하지 않은 사실을 알고, 이에 대해

[3] Gerd Faltings(1954~)

[4] G. Y. Rainich, 미시간 대학교 명예 교수.

지적했다. 그는 얼굴을 붉히고 말을 더듬으면서 말했다. "제가 라비노비치입니다." 그는 미국으로 이민 가서 이름을 바꿨다.

베시코비치 Abram Samoilovitch Besicovitch

1891~1970

베시코비치는 1891년 1월 24일 러시아 베르디얀스크Berdyansk에서 태어났다. 어린 시절부터 수학에 뛰어난 재능을 보였는데, 상트 페테르부르크 대학에서 마르코프❶의 지도를 받고 1912년에 졸업했다. 러시아가 정치적인 소용돌이에 휘말린 1917년에 페름Perm 대학 수학 교수가 됐고, 1920년에는 페트로그라드❷ 대학으로 옮겼다. 1924년 러시아를 탈출해서 네덜란드의 코펜하겐에서 하랄드 보어와 함께 1년 동안 연구했다. 1925년 옥스퍼드를 방문했는데, 그의 수학 재능을 발견한 하디가 리버풀 대학에 자리를 마련해주었다. 1927년에 케임브리지 대학으로 옮겼고 1950년에 리틀우드에 이어 루즈볼 교수가 됐다가 1958년에 은퇴했다. 몇 년 동안 미국의 여러 대학을 방문한 뒤에 다시 케임브리지로 돌아가서 가르쳤는데, 케임브리지에서 보낸 시간을 합치면 40년이 넘는다.

베시코비치는 정수가 아닌 차원에 대한 연구로 프랙털 기하학의 선구자였으며, 거의 주기적인 함수에 대한 연구로 명성을 얻었다.

❶ Andrei Andreyevich Markov(1856~1922), 상트페테르부르크 대학을 졸업하고(1878), 1886년부터 교수로 가르쳤다. 1900년부터 확률론을 연구했고, '마르코프 연쇄'로 이름을 남겼다. 1923년에 위너는 최초로 연속 마르코프 과정을 엄밀하게 다뤘고, 1930년대에 콜모고로프가 일반 이론의 기초를 세웠다.

❷ Petrograd, 과거 상트페테르부르크(1703~1914)를 1914년부터 페트로그라드로 불렀다. 1924년부터는 레닌그라드로 불렸으며, 최근에 다시 상트페테르부르크로 불린다.

보수적인 가부장

베시코비치가 영국에서 가르치던 시절에 장거리 통화는 매우 사치스러운 것으로 생각됐다. 다른 사람 집을 방문하기 전에 먼저 전화하는 일은 매우 드물었다. 그저 차를 타고 가서 집에 그 사람이 있기를 희망할 뿐이었다.

이런 시절에 매우 보수적이기도 했던 베시코비치는 오늘날의 관점에서는 이해할 수 없는 일을 많이 저질렀다. 그는 두어 시간 운전해서 찾아간 집에서 옛 친구를 만났고 반가움에 서로 따뜻하게 포옹하고는, 곧 심각하게 수학에 대해 논의했다. 얼마 뒤에 점심 식사를 했고, 또다시 수학에 대해 논의했다. 여러 시간이 흐른 뒤에, 그 친구가 말했다. "벌써, 저녁 식사 시간이 됐네. 함께 식사할까?" 베시코비치는 동의했다. 그러자 그 친구가 말했다. "그런데 부인에게 전화하는 것이 좋지 않을까? 걱정할지 모르잖아. 어쩌면 집에서 저녁 식사를 이미 준비해 놓았을 테고." 베시코비치가 말했다. "아니야, 아내는 걱정하지 말게. 지금 차 안에서 기다리고 있으니까."

베시코비치는 러시아에 있을 때인 1916년에 결혼했는데, 러시아를 탈출할 때 부인Valentina Vietalievna은 그곳에 남았고 1928년에 이혼했다. 그리고 페름에서 어려운 시절을 함께 보내며 친해진 가족의 16세 된 딸Valentina Alexandrovna과 1930년에 재혼했다.

영어 실력

베시코비치는 영어를 빠르게 익혔고 어지간한 수준에 이르렀다. 그런데 1930년 러시아 여자와 재혼한 뒤부터는 보통 러시아 사람의 영어 수준에 머물렀다. 유창한 수준에는 결코 도달하지 못했고, 명사 앞에 관사를 사용하지 않는 러시아어의 관행을 벗어나지 못했다.

어느 날, 강의 중에 그가 영어를 잘못 사용하자 학생들이 낄낄 웃었다. 베시코비치는 학생들을 돌아보며 말했다. "여러분, 5천만 명의 영국 사람이 여러분과 같은 영어를 말합니다. 그런데 2억 명의 러시아 사람이 나와 같은 영어를 말합니다." 웃음소리가 사라졌다.

냉랭한 관계의 시작

오스트로브스키

리틀우드는 오스트로브스키[3]와 매우 친하게 지내다가 냉랭한 관계가 됐다. 동료인 베시코비치에게 이와 비슷한 경험이 있는지 물었다. 있다고 대답하자, 그는 그 이유를 아는지 물었다. 안다고 하자 설명을 요구했다. 베시코비치는 다음과 같은 이야기를 리틀우드에게 들려주었다. "오스트로브스키와 나는 두 명의 여자와 함께 영화관에 갔습니다. 오스트로브스키의 짝이 그에게 '오스트로브스키 교수님의 전공은 정확하게 뭐예요?' 라고 물었다. 그는 '베시코비치 교수에게 묻는 것이 좋겠는데요.' 라고 대답했다. 그런데 나는 '사실, 나는 오스트로브스키의 논문을 읽어본 것이 전혀 없습니다.' 라고 말했다. 그 뒤로 그와 냉랭한 관계가 됐다."

분자는 정확했다

베시코비치는 겉으로는 힘이 넘쳐 보였지만 항상 겸손했다. 36세 생일에 그는 자신의 연구에서 가장 훌륭하고 가장 활동적인 시기는 끝났다고 말했

[3] Alexander Markowich Ostrowski, 1893~1986), 우크라이나 키에프에서 태어났고, 마르부르크(Marburg) 대학에서 헨젤(Kurt Hensel, 1861~1941)의 지도로 공부했다. 괴팅겐 대학에서 힐베르트와 란다우의 지도로 박사 학위를 받았으며(1920), 함부르크 대학에서 헤케의 조교가 되어 교수 자격을 취득했다(1922). 괴팅겐 강사로 있다가 록펠러 재단의 지원을 받아서 영국을 방문했고(1925~26), 이어서 1958년까지 바젤 대학에서 가르쳤다.

다. 몇 명의 친구에게는 "내 생애의 5분의 4가 지났다."고 말했다. 23년 뒤인 1950년 케임브리지 대학의 루즈볼 수학 교수좌를 이어받았을 때, 한 사람이 위와 같은 그의 경솔한 지적을 상기시키면서, 그가 이 기간에 그의 논문 중에서 절반 이상을 썼으며 많은 것이 최고의 연구 결과라는 사실을 지적했다. 베시코비치는 대꾸했다. "그렇지만 분자는 정확했다."

강연 녹화

1960년대에 미국 수학 협의회[4]는 뛰어난 수학자들의 한 시간짜리 강연을 녹화한 필름을 제작했다. 각 수학자는 자신의 업적을 일반인에게 설명하는 것이었다. 베시코비치도 선택됐는데, 가케야[5] 바늘 문제[6]에 대한 풀이를 설명했다. 그는 항상 말쑥한 복장을 하고 다녔는데, 강연 때 매력적인 베이지색의 옷을 입었다. 그러다가 조명이 뜨거웠는지 잠시 뒤에 겉옷을 벗었다. 그러자 빛나는 빨간 멜빵이 드러났다. 제작자들은 대단히 놀랐지만(소방관을 제외하면 당시에는 누구도 빨강 멜빵을 하지 않았다), 녹화는 계속됐다.

녹화하던 어느 순간에, 노교수 베시코비치는 코를 풀어야 했다. 호주머니에서 커다랗고 흰 손수건을 꺼내어 큰 소리를 내며 코를 풀었다. 나중에 완성된 필름을 본 베시코비치는 코를 푸는 장면이 점잖지 않다면서 삭제하기를 원했다. 제작자들은 그 부분을 다른 화면으로 대체했는데, 소리는 없애지 않았다. 그래서 현재 그 필름을 보면, 어느 순간에 카메라의 초점이 갑자기 베시코비치를 벗어나서 벽면을 비추는 장면이 나온다. 그러나 베시코비치가 코

[4] Mathematical Association of America

[5] S. Kakeya(1886~1947)

[6] 이 문제는 넓이가 최소인 평면 영역을 찾는 것인데, 그 영역에 놓인 단위 길이의 선분은 그 영역 안에서 모든 방향으로 각 $\theta(0\leq\theta\leq 2\pi)$만큼 움직일 수 있다는 조건을 만족시켜야 한다. 놀랍게도, 베시코비치는 임의의 양수 ε에 대해 넓이가 ε보다 작은 그런 영역이 존재한다고 증명했다.

푸는 소리는 들을 수 있다.

베시코비치의 말

베시코비치는 새로운 결과에 대한 최초의 증명은 종종 비능률적이고 서투르다는 점을 지적하면서, 다음과 같이 말한 적이 있다. "수학자의 명성은 나쁜 증명의 개수에 의존한다."

베시코비치는 근사 이론에 관한 일련의 강의 중에, "체비쇼프[7]의 이름에는 알파벳 't'가 없습니다."라고 말했다. 2주 뒤에는 다음과 같이 말했다. "이제 T-다항식을 도입하겠습니다. T-다항식이라고 부르는 이유는 'T'가 이름 체비쇼프의 첫째 글자이기 때문입니다."

[7] Pafnuty Lvovich Chebyshóv(Chebyshev, 1821~1894), 모스크바 대학을 1841년에 졸업하고, 1847년부터 상트페테르부르크 대학에서 35년 동안 가르쳤다. 수론 · 확률론을 연구했다.

바나흐 Stefan Banach

1892~1945

바나흐는 1892년 3월 30일 현재 폴란드의 크라코프❶에서 태어났고, 1944년 8월 31일 르보프❷에서 사망했다. 1914년에 르보프 공과 대학을 졸업했고, 1920년에 모교의 조교가 되어 수학을 가르치기 시작했는데, 1922년에 역시 르보프에 있는 얀 카지미에르츠Jan Kazimierz 대학에서 교수 자격을 취득했고, 1924년에 정교수로 승진했다.

바나흐는 현대 함수 해석학을 창시했는데, 위상적 벡터 공간 이론에 크게 공헌했다. 1920년에 쓴 논문에서 바나흐 공간을 공리적으로 정의했으며,❸ 그의 이름이 붙은 한 · 바나흐 정리, 바나흐 · 슈타인하우스 정리, 바나흐 · 알라오글루 정리, 바나흐 고정점 정리, 바나흐 · 타르스키 역설 등이 있다. 폴란드에서 그는 국가적인 영웅이다.

어머니 성을 받다

바나흐는 아버지Stefan Greczek로부터 성을 물려받지 못했다. 그의 출생 증명서에 어머니는 'Katarzyna Banach'로 되어 있는데, 그가 태어나자마자 자

❶ Kraków, 당시에는 오스트리아 · 헝가리 제국의 도시

❷ Lwów, 현재는 우크라이나의 리비프(Lvov)

❸ '바나흐 공간'이라는 이름은 프레셰가 지었다. 이 개념은 거의 동시에 다른 사람들도 도입했다. 이를테면 위너는 이 개념을 도입했지만, 발전시키지는 않았다.

취를 감추었다. 생모를 찾으려고 했지만, 아버지는 아무것도 알려주지 않았다.

할머니가 갓 태어난 바나흐를 맡았지만, 곧 병에 걸렸다. 이에 아버지는 그가 크라코프의 플로바Franciszka Plowa라는 사람 집에서 살게 했다. 바나흐는 그 집 아이를 돌보던 지적인 프랑스 사람으로부터 재능을 인정받았고, 프랑스어와 기본적인 교육을 받았다.

평생 동료를 만나다

바나흐는 크라코프에서 김나지움을 다닐 때, 나중에 수학 교수가 된 빌코츠❹를 만났다. 둘 모두 수학에서 뛰어난 성적을 올렸지만, 수학으로는 새로운 결과를 얻을 것이 없다고 생각했다. 1910년 졸업 후에 빌코츠는 동양 언어를 전공했고, 바나흐는 르보프 공과 대학에서 공학을 전공했다.

바나흐는 1914년에 졸업했는데, 곧 제1차 세계 대전이 발발했다. 시력이 약해서 군 복무를 면제받았다. 전쟁 중에는 도로 건설 현장에서 일을 하기도 했으며, 크라코프의 학교에서 가르치면서 돈을 벌기도 했다. 그러던 1916년 봄, 바나흐는 자신의 인생에 엄청나게 큰 영향을 준 슈타인하우스❺를 만났다.

슈타인하우스

당시 슈타인하우스는 전쟁에 참전한 뒤, 크라코프에 살면서 얀 카지미에르츠 대학 교수 임명을 기다리고 있었다. 다음은 슈타인하우스가 전한 이야

❹ Witold Wilkosz(1891~1941), 폴란드 수학자

❺ Hugo Dyonizy Steinhaus(1887~1972). 괴팅겐 대학에서 5년 동안 공부했으며 1911년 힐베르트의 지도로 박사 학위를 취득했고, 그 뒤 르베그의 수학을 연구했다. 제1차 세계 대전 초에 참전한 뒤 크라코프에 살면서 바나흐, 니코딤, 빌코츠와 수학을 공동 연구했고, 1920년경에 얀 카지미에르츠 대학의 부교수가 됐다. 제2차 세계 대전 뒤에는 브로츨라프에서 가르쳤다. 1937년에 발간된 《Mathematical Snapshots》가 그의 가장 유명한 책이다. 뒤의 카츠에 관한 항목에도 슈타인하우스와 관련된 일화가 있다.

기이다.

> 어느 날 저녁 크라코프 거리를 거닐고 있었는데 우연히 '르베그 측도' 라는 말을 들었다. 공원 벤치로 다가가서 두 명의 젊은 수학 초보자에게 나를 소개했다. 그 젊은이들은 바나흐와 니코딤[6]이었다. 그들은 빌코츠라는 이름의 또 다른 동료가 있다고 말하면서, 그를 엄청나게 칭찬했다. 그 뒤로 우리는 정기적으로 만났고, … 수학회를 설립하기로 했다.

니코딤

그 당시 슈타인하우스는 자신이 해결하지 못한 문제를 바나흐에게 알려주었다. 바나흐는 며칠만에 반례를 찾는 중요한 발상을 얻었고, 두 사람은 1916년에 최초로 공동 논문을 썼다. (전쟁 때문에 이 논문은 1918년에야 발표됐다.) 그 뒤 바나흐는 중요한 논문을 빠른 속도로 생산하기 시작했으며, 슈타인하우스와 공동 논문을 몇 편 더 썼다.

슈타인하우스의 발기로 그들은 1919년에 크라코프 수학회를 설립했는데, 이는 1920년에 폴란드 수학회로 발전했다. 슈타인하우스와 바나흐는 1929년에 함수 해석학 및 이와 관련된 주제에 관한 연구를 다루는 잡지 《Studia Mathematica》를 창간했는데, 그들이 최초의 편집자였다. 1931년에는 새로운 잡지 《Mathematical Monographs》의 창간에도 관여했는데, 편집진은 르보프의 슈타인하우스와 바나흐, 바르샤바의 크나스터[7], 쿠라토프스키[8], 마주르

[6] Otton(Otto) Marcin Nikodym(1887~1974), 얀 카지미에르츠 대학에서 수학을 전공하고 1911년에 졸업한 뒤 1924년까지 크라코프의 중등학교에서 가르쳤다. 바르샤바 대학에서 1924년에 박사 학위, 1927년에 교수 자격을 취득했다. 1945년까지 바르샤바, 1945년에는 크라코프에서 가르쳤고, 1946년부터 벨기에와 프랑스에서 양자 역학의 수학적 기초에 대해 연구했다. 1948년부터 65년까지는 미국 오하이오 주, 66년부터는 뉴욕 주에 살았다.

키에비치⑨, 시에르핀스키⑩였다.

쿠라토프스키

마주르키에비치

시에르핀스키

▣ 카페에서 연구하다

바나흐의 연구 방식은 특이했다. 그는 동료들과 함께 르보프의 카페(스코틀랜드 카페와 로마 카페)에서 연구하기를 즐겼다. 울람은 다음과 같은 이야기를 전했다.

> 이런 모임에서 바나흐보다 더 오래 버티거나 그보다 더 많은 술을 마시기는 어려웠다. 우리는 즉석에서 제기된 문제에 대해 논의했는데, 여러 시간을 생각해도 명확한 답을 얻지 못하는 경우가 종종 있었다. 그리면 다음 날 바나흐는 완성한 증명을 요약해서 적은 쪽지 몇 개를 들고 나타나곤 했다.

스코틀랜드 카페
Kawiarnia Szkocka

⑦ Broniłsaw Knaster(1893~1990), 폴란드 수학자로 위상 수학과 집합론 연구

⑧ Kazimierz Kuratowski(1896~1980), 폴란드 수학자로, 추상적인 위상 구조와 거리 구조 연구

⑨ Stefan Mazurkiewicz(1888~1945), 폴란드 수학자로, 해석학, 위상 수학, 확률론 연구

⑩ Waclaw Sierpinski(1882~1969), 폴란드 수학자로, 집합론, 수론, 함수론, 위상 수학 연구했으며, 시에르핀스키 삼각형, 시에르핀스키 융단, 시에르핀스키 곡선 등으로 이름을 남겼다.

얀 카지미에르츠 대학의 교수였던 투로비츠[11]는 다음과 같은 말을 전했다.

> 바나흐는 대부분의 시간을 카페에서 보냈는데, 다른 사람들과 함께 있기도 했지만 혼자 있기도 했다. 그는 소음과 음악을 좋아했는데, 생각하는 데 방해가 되지 않았다. 밤에 카페들이 모두 문을 닫으면, 그는 철도역으로 걸어가기도 했다. 그곳에는 24시간 문을 여는 카페가 있었다. 맥주 한 잔을 시켜놓고 문제에 대해 생각했다.

르보프 학파와 바나흐 공간

로보프의 카페에 모이는 '르보프 학파'는 특이하고 제대로 교육받지 못한 특이한 성향의 사람들로 이루어져 있었다. 바나흐는 알코올 중독자였고, 마주르[12]는 공산주의 선동가였다. 이들은 새로운 수학 분야인 측도론, 집합론, 함수 해석학을 연구했는데, 이런 분야는 기초 지식을 거의 요구하지 않았다. 좀 더 보수적인 바르샤바 학파는 르보프 수학자들을 갑자기 등장한 아마추어들이라고 얕보았지만, 르보프 학파의 결과들은 세계적으로 더 잘 알려지고 좋은 평가를 받았다. 이런 평가는 주로 바나흐의 책 《선형 작용소 이론 Théorie des Opérations Linéaires》이 출판된 뒤의 일이다.

바나흐는 《선형 작용소 이론》에서 완비 놈 선형 공간complete normed linear space의 개념을 전개했다. 그는 이를 '(B)형 공간'이라고 명명했는데, 언젠가 자신의 이름으로 불리기를 희망한 것으로 보인다. 실제로, 오늘날 '바나흐 공간'이라 부르고 있다. 위너는 자신의 한 책에서 그런 공간을 '바나흐 · 위너 공간'이라 불렀는데, 다른 이들의 공감을 얻지 못했다.

---

[11] Andrzej Turowicz(1904~1989), 폴란드 수학자

[12] Stanislaw Mazur (1905~1981), 바나흐의 지도로 1935년에 박사 학위를 받았고, 그 뒤 바나흐와 공동 연구했다. 1948년부터는 바르샤바 대학에서 가르쳤다.

▣ 세계 대전 중에

바나흐의 업적은 국내외로 점점 더 널리 인정받았다. 1936년 오슬로에서 열린 국제 수학자 대회에서는 전체 회의에서 강연했으며, 1939년에는 폴란드 수학회 회장으로 선출됐다.

제2차 세계 대전 초에 소련군이 르보프를 점령했다. 바나흐는 전쟁이 발발하기 전에 소련의 수학자들과 친하게 지냈으며 모스크바를 여러 번 방문하기도 했다. 이에 따라 소련 당국은 그를 잘 대해 주었으며, 그는 교수직을 그대로 유지했다. 독일군이 크라코프로 진격하자 가족을 르보프로 불러들였고, 전쟁 전과 다름없이 연구와 저술 활동을 계속할 수 있었다. 러시아 수학자 알렉산드로프⑬와 소볼레프⑭가 르보프로 그를 방문하기도 했다.

1941년 바나흐가 키에프를 방문하고 있을 때, 독일이 소련을 침략하자 즉시 르보프로 되돌아가서 가족과 합류했다. 그 해 6월 독일군이 르보프를 점령했는데, 그는 독일 통화를 불법 거래한 혐의로 체포됐다가 몇 주만에 석방됐다. 다수의 지식인이 살해되는 가운데, 바나흐는 겨우 살아남았다. 그리고 1941년 말부터 전염병을 다루는 독일 연구소에서 곤충을 기르는 일을 했는데, 소련군이 르보프를 다시 점령한 1944년 7월까지 계속됐다.

전쟁 뒤에 바나흐는 교수직을 되찾았고 교육부 장관직을 제의받았지만, 폐암으로 1945년에 사망했다.

⑬ Pavel Sergeevich Aleksandrov(1896~1982), 러시아의 위상 수학자
⑭ Sergei Lvovich Sobolev(1908~1989), 러시아의 수학자

위너 Norbert Wiener

1894~1964

위너는 1894년 11월 26일 미국 미주리 주 컬럼비아에서 러시아계 유태인 아버지와 독일계 유태인 어머니 사이에서 장남으로 태어났다. 1906년 터프츠 대학Turfts College에 입학해서 과학, 특히 생물학에 큰 흥미를 갖고 공부하고는 15세인 1909년에 졸업한 신동이었다. 1909년에 하버드 대학 대학원에 입학해서 동물학을 전공하다가, 1910년부터 코넬 대학에서 철학을 공부했으며, 다시 하버드로 돌아가서 철학과 수학을 전공하고 19세인 1913년에 수리 논리학에 관한 논문으로 박사 학위를 취득했다.

그 뒤 위너는 영국 케임브리지로 가서 러셀로부터 수리 철학, 하디로부터 해석학을 배웠고, 1914년에는 독일 괴팅겐으로 가서 힐베르트로부터 미분 방정식, 란다우로부터 군론 강의를 들었다. 1915년에 하버드 대학에서 짧은 기간 철학을 가르쳤고, 매사추세츠 주 린Lynn에 있는 제너럴 일렉트릭 사, 다음에는 뉴욕 주 올버니에 있는 미국 백과사전 사Encyclopedia American에서 일했다. 제1차 세계 대전 중에는 애버딘 실험장Aberdeen Proving Grounds에 소환되어 탄도학 계산 작업을 도왔다.

위너는 전쟁이 끝난 뒤인 1919년 매사추세츠 공과 대학MIT 수학과의 강사가 되어 학자 생활을 다시 시작했다. 몇 번의 휴가 기간을 제외하고 1960년 은퇴할 때까지 40년 이상 그곳에 머물렀다. 그는 키가 작고 옹골찬 사람으로

열정적인 등반가였는데, 부지런히 움직였으며 걸을 때도 언제나 책을 읽었다. 감성이 매우 풍부했고 많은 작품을 남긴 영향력 있는 소설가였으며 여러 나라 말을 잘하는 타고난 재주가 있었다. 강의도 재미있었다. 머리가 뛰어나서 고도로 창조적인 정신을 지녔지만, 지독한 근시안에 얼빠지고 기이한 행동을 하는 교수의 전형으로 유명했다. 그의 탁월함과 기행은 MIT 교정의 신화에 한 몫을 더했고 MIT의 인기 있는 전설이 됐다.

사망 기사에서 그는 '미국의 라이프니츠'로 언급됐다. 1964년 3월 18일 스톡홀름을 방문하던 중에 심장 마비로 죽었다.

위너의 학문 세계

▣ 수학과의 만남

위너는 아주 어린 나이부터 집에서 교육을 받았다. 그렇지만 편중된 가정 교육으로 읽기와 같은 분야에서는 매우 뛰어났지만, 다른 분야에서는 매우 뒤쳐졌다. 7세 때 초등학교 3학년으로 들어갔는데, 곧 4학년으로 올라갔다. 그렇지만 여러 가지 면에서 적응하지 못해서 학업을 중단했다. 특히, 산술에서는 동료 학생들보다 매우 약했다. 이에 하버드 대학의 슬라브어 교수였던 아버지❶가 아들에게 수학을 직접 가르쳤다. 아버지는 아들의 수학 학습 능력을 확인하고는, 산술이 아니라 대수학을 가르쳤다. 이것이 소년 위너에게 상상력을 자극했고 더 큰 도전 의식을 심어주었다. 그리고 소년은 수학이 매우 쉽다는 사실을 알게 됐다. 나중에 위너는 다음과 같이 말한 적이 있다. "그 뒤

로 나는 게으름을 피울 수 있었다. 왜냐하면 수학을 다른 어떤 분야보다 덜 노력해도 전공할 수 있다는 사실을 알게 됐기 때문이다."

위너는 9세 때 다시 학교에 들어갔는데, 이번에는 중등학교 3학년부터 다니기 시작했다. 동급생은 그보다 일곱 살이 더 많았다. 1906년 11세의 나이로 중등학교를 졸업하고, 그 해 9월 대학에 입학했다.

수학 연구 분야

위너는 논리학과 기초론에 대한 연구로 수학자의 생활을 시작했다. 박사 학위를 취득한 뒤 하버드 대학의 장학금을 받아 1913년 6월 영국으로 건너가서 러셀로부터 수리 논리학을 배우기 시작했다. 그런데 러셀은 위너에게 수학을 더 배울 것을 권유했다. 이에 따라 그는 하디로부터 복소 함수론과 르베그 적분을 배웠는데, 이런 분야는 그 뒤 그의 연구에서 주요한 역할을 했다. 위너는 응용 수학을 낮게 본 하디와 달리 수학의 응용에 깊은 관심을 가졌으며 외부 세계를 무시할 수 없다고 생각했다.

위너는 제1차 세계 대전 중 애버딘 실험장에서 베블런을 만났는데, 군사적으로 유용한 결과를 성공적으로 얻는 그로부터 큰 감명을 받았다. 이런 경험은 그로 하여금 응용 가능한 종류의 수학에 관심을 집중시키게 만든 것으로 보인다.

❶ Leo Wiener, 러시아에서 태어난 유대인으로, 바르샤바 대학교 의과 대학을 다니다가 베를린으로 가서 공학자가 되려고 했다. 이런 분야에 큰 흥미를 느끼지 못하고, 1880년에 미국으로 이주해서 공장과 농장에서 여러 가지 일을 하다가 교사가 됐다. 그는 여러 가지 언어에 능통했는데, 미주리 대학의 외국어 교수를 거쳐 1895년부터 1930년 은퇴할 때까지 하버드 대학에서 슬라브어를 가르쳤다. 아들 노버트 위너의 교육을 어릴 때부터 성인이 될 때까지 직접 챙겼다. 1939년에 사망했다.

위너는 MIT에서 처음 10여 년 동안 브라운 운동을 연구했는데, 이는 그 뒤 연구의 초석이 됐다. 퍼텐셜 이론의 기초를 새롭게 다졌으며 일반 조화 해석학을 고안하는 등 순수 수학에 놀라운 공헌을 했다. 그 뒤 인공 두뇌학에 관해 연구했고, 제2차 세계 대전 중에는 고사포에 관해 연구를 통해 확률론에도 공헌했다.

▣ 쿠란트와의 마찰

위너는 1922년과 1927년 사이에 거의 해마다 유럽을 방문했지만, 괴팅겐에는 거의 체류하지 않았다. 이유는 쿠란트와의 마찰 때문이었다. 예를 들면, 위너는 유한 차분법에 관한 쿠란트의 발상은 자신이 다른 사람과 함께 발표한 논문에서 이미 찾아볼 수 있다고 지적했다. 이런 일은 종종 나타날 수도 있지만, 위너는 이에 대해 매우 분개했다. 그래서 그는 출판하지 않은 어떤 소설에 재능 있는 젊은이의 발상을 가로채는 교수를 등장시켰는데, 거의 확실하게 쿠란트를 염두에 둔 것으로 보인다.

위너가 괴팅겐을 전혀 방문하지 않은 것은 아닌데, 양자 역학과 관련해서 보른과 공동 연구하기도 했다.

▣ 위너 병

제2차 세계 대전이 발발했을 때, 위너는 컴퓨터를 전쟁과 관련된 업무에 이용하려는 생각을 했다. 그러나 당시에는 실행할 수 없는 발상으로 받아들여졌으며, 거의 무시됐다. 그는 전쟁 뒤에 다양한 분야, 특히 통계학, 공학, 생물학 등을 계속해서 연구했다. 공학으로부터 피드백feedback의 발상을 취해서, 인공 두뇌학cybernetics이라는 이름으로 그 범위를 매우 크게 확장시켰다. 그는 흔히 '자동 조작automation의 아버지'로 불렸다. (폰 노이만이 그의 발상 중 일부를 채택하여 훨씬 더 효과적으로 이용했다.)

위너는 책《인공 두뇌학Cybernetics》을 출판한 뒤에, 이 책에서 일종의 만병통치약을 찾으려는 열광적인 추종자들 때문에 자주 당혹감을 느꼈다. 자신은 마르크스주의자가 아니라는 마르크스의 선언을 상기하면서, 위너는 한 친구에게 말했다. "나는 위너주의자가 아니야." 그 친구가 대답했다. "그래. 그렇지만 위너 병자는 많이 존재하네."

▣ 세미나 참석

위너는 하버드 대학에서 매주 열리는 세미나에 참석해서 맨 앞줄에 앉았다. 그리고 어떠한 강연자 앞에서도 곧바로 잠에 빠져 코를 골았다. 그러다가 강연이 중지되거나 끝났을 때 깨어나서 적절한 논평을 하는 것으로 유명했다. 어떤 모임에서 맥레인 교수가 대수학의 어떤 주제에 대해 강연했다. 맥레인 교수는 강연을 거의 끝냈을 때, 자고 있는 위너를 향해 큰 소리로 말했다. "그래서 이 주제는 에르고딕 이론과 아무런 관련이 없다는 사실을 알 수 있다." 그러자 위너는 곧바로 깨어나 에르고딕 이론에 대해 이야기하기 시작했다.

▣ 자기 전공만 이야기하는 사람

하이젠베르크는 삼십 대 때 MIT에 있었다. 위너는 그를 빈번히 방문해서 수학에 대해 이야기했다. 하이젠베르크가 어떤 사람에게 말했다. "위너 교수는 수학을 너무 심각하게 생각하고 있지 않습니까?"

▣ 영화관에서의 연구

위너는 1주일에 서너 번 오후에는 하버드 광장에 있는 영화관을 가서, 두 편의 영화가 상영되는 동안 내내 자리를 지켰다. 그는 거의 텅 빈 영화관 뒷

자리에 앉아 있을 때 아주 좋은 발상을 얻는다고 말했다.

▣ 페일리와의 공동 연구

위너는 페일리[2]와 같은 분야에서 중요한 결과를 얻었다. 이에 록펠러 연구 재단의 재정 도움을 받아서 그를 MIT로 초청해서 공동 연구를 했다. 그와 공동으로 펴낸 책은 걸작으로 꼽히며, 페일리 · 위너 정리는 조화 해석학에서 영향력이 매우 크다.

그런데 페일리는 다음과 같은 방법으로 위너를 괴롭혔다. 그들은 문제를 해결하려고 함께 시도하는데, 몇 시간 동안 노력해도 전혀 진척이 없었다. 그러다가 페일리는 그 문제를 해결하는 방법을 찾지만, 위너에게는 알려주지 않는다. 그 대신 다음과 같이 말한다. "노버트, 이것을 해결할 가능성이 전혀 없어 보입니다. 저는 이번 주말에 뉴욕에 가서, 술도 마시고 여자나 만나고 오겠습니다." 그러면 위너는 더 없이 참담한 절망 상태에 빠지게 된다. 월요일에 페일리는 그 문제의 풀이를 들고 나타나고, 그들의 공동 연구는 평상시와 같이 계속된다.

▣ 어떤 강의

아포스톨[3]은 박사 학위를 취득하고 1949년 MIT의 강사가 됐다. 당시 위너는 푸리에 해석학에 관한 강좌를 개설했다. 아포스톨은 동료 강사 코딩턴 Earl Coddington 및 다른 한 학생과 함께 그의 강의를 들었다. 그런데 첫 강의 뒤에 그의 강의를 듣는 사람은 아무도 없었다. 그 강의는 아주 형편없었다. 사

❷ Raymond Edward Alan Christopher Paley(1907~1933), 영국 출신의 수학자로, 케임브리지의 트리니티 대학을 졸업했다. 하디, 리틀우드, 지그문트 등과 공동 연구했다. 그는 거칠고 무모하기도 했는데, 미국에서 위너와 공동 연구를 하고 있던 1933년, 캐나다로 스키 여행을 갔다가 눈사태로 사망했다.

❸ Tom Mike Apostol(1923~), 미국의 수학자

용할 기호를 선택하기 위해 칠판 앞에서 20여 분간을 허비했다. 그는 수강하는 사람에 대해 전혀 몰랐으며, 자신이 하고 싶은 말은 무엇이든지 했다.

위너의 논문도 읽기가 매우 어렵다고 한다. 어려운 결과를 거의 증명하지 않고 제시하기도 하고, 자명한 결과를 아주 길게 증명하기도 했다.

◉ 인기 있는 강사

위너의 강의는 큰 강의실이나 강당에서 이루어졌다. 매우 적은 수의 학생만이 그의 강좌를 수강했지만, 손님과 청강생이 많았다. 그는 MIT 교정과 지역 사회(케임브리지)에서 매우 유명한 인물이었다. 외부로부터 초빙 요청을 많이 받았는데, 그의 연봉이 MIT 총장보다도 많았다는 소문도 있었다. 그는 MIT 교수 중에서 유일한 유대인이었다.

얼빠진 위너

◉ 구사일생의 위기

위너는 여러 가지 면에서 특이했다. 1920년대 독일에 있던 어느 날 거리로 나가서 온 동네를 쏘다니고 있었다. 그러다가 엇갈려 가고 있던 한 행인과 부딪힐 뻔했다. 사실, 그 행인이 급히 보도에서 벗어나서 피했기 때문에 위너와 충돌하지 않았다. 그 행인은 의기 양양한 독일 장교였는데, 부주의한 위너에게 분개해서 결투를 신청했다. 명함을 건네면서 자신의 결투 보조자가 적절한 과정을 통해 전화를 걸 것이라고 했다. 물론, 위너도 극도로 흥분했는데, 독일 친구에게 이를 상의했다. 사태의 심각성을 직감한 그 친구는 자신이 위너의 결투 보조가가 되어 이 사태를 처리하겠다고 말했다. 그 장교의 결투 보조자가 전화했을 때, 위너의 친구는 그쪽에서 결투 신청을 했기 때문에 무기의 종류는 이쪽에서 결정하겠다는 점을 지적했다. 그리고 계속해서 위너는 자기 고국에서 유래한 무기인 (북미 원주민의) 큰 도끼와 손도끼를 선택하고 싶어한다고 말했다. 결투 신청은 곧 취소됐다. 영리한 친구 덕분에 위너는 생명을 구할 수 있었다.

반복 강의

위너 교수가 학부 과정의 한 과목을 강의하던 어느 날, 학생들이 어떤 문제를 푸는 방법을 질문했다. 그는 잠시 동안 생각한 뒤, 칠판에 답을 적었다. 그렇지만 학생들은 도무지 이해할 수 없었다. 드디어 대담한 한 학생이 물었다. "위너 교수님, 다른 방법으로 풀 수는 없을까요?" 위너 교수는 또다시 잠시 생각하고는 밝은 표정을 짓고는 말했다. "예, 다른 방법이 분명히 있습니다." 그리고 그는 이전과 똑같은 답을 칠판에 써 내려갔다.

식사 확인

위너에 대해 자주 인용되는 이야기 중에는 어떤 학생과의 만남에 관한 것이 있다. 그가 식당에서 나와서 MIT 교정을 가로질러 걸어가고 있었을 때 한 학생이 다가갔다. 학생은 그에게 문제 하나를 질문했다. 그래서 그는 오랫동안 설명을 해주고 답을 가르쳐 주었다. 결론이 났을 때, 위너는 혼란에 빠져 당혹스러워했다. 학생을 돌아보며 물었다. "우리가 만났을 때 내가 어느 방향을 향하고 있었는지 기억하나?" 학생은 그가 식당에서 나오고 있었다고 대답했다. "아, 그렇다면 나는 점심을 들었군." 위너가 말했다.

찾기 어려운 단어

학교 휴게실에서 연구하던 위너에 관해 널리 전해지는 이야기가 있다. 그는 책상 위에 종이 한 장을 올려놓고 굉장한 집중력을 발휘해서 골똘히 생각하고 있었다. 때때로 일어서서 조금 걷다가는 책상으로 되돌아가곤 했다. 진지한 표정으로 깊이 생각하는 모습에 모든 사람은 깊은 감동을 받았다. 또다시 책상에서 일어난 그가 방 안을 빠른 걸음을 걷다가 한 학생과 부딪쳤다. "안녕하세요, 위너 교수님." 그 학생이 인사했다. 위너는 발걸음을 멈추고 눈을 크게 뜨고는 이마를 치며 말했다. "위너, 바로 그 단어야." 그는 승리에 차서 책상으로 되돌아갔다. 그는 고심하면서 풀고 있던 십자말 풀이의 한 칸에 'wiener' 라고 채워 넣었다.

체스 실력

MIT의 학부 2학년이었던 콘[4]은 학생 휴게실에서 혼자 신문을 읽고 있었다. 위너가 들어오더니 이곳저곳을 둘러보다가 콘에게 다가가 말했다. "젊은이! 체스를 둘 줄 아나?" 그렇다고 대답하자, 한 판 두자고 했다. 콘은 위너가 자신을 바보로 만들 것이라는 생각에 거의 죽을 지경이었다. 15수 정도 진행됐을 때, 위너가 그의 여왕 말을 콘의 졸이 잡을 수 있는 위치에 놓았다. 콘은 어찌할 바를 몰랐다. 분명히 위너가 여왕 말을 희생양으로 삼아서 곧바로 외통수로 몰아넣을 것이라고 생각했다. 콘은 안절부절못하면서 거의 20분 동안 판을 뚫어지게 바라보며 위너의 작전을 알아내려고 노력했다. 드디어 콘이 말했다. "위너 교수님, 왜 여왕 말을 헛되이 희생시키려고 하시지요?" 위너는 눈을 크게 뜨면서 말했다. "아니 세상에, 실수했네! 한 수 물릴 수 있겠

[4] J. J. Kohn(1932~)

나?" 물론, 콘은 그렇게 허락했다. 그러나 위너는 곧졌다. 위너의 체스 실력은 아주 형편없었다.

回 친절한 사람

위너는 여러 가지 기행으로 유명했지만, 지나친 친절을 베풀기도 했다. 한 대학원생이 염치없게도 그를 꼬드겨서 뉴욕 시까지 차를 태워달라고 했다. 위너는 반갑게 차를 태워주었다. 그들은 보스턴과 뉴욕 시 사이의 중간 지점인 코네티컷 주 뉴헤이븐에서 점심을 먹었다. 그리고 위너는 가난한 학생을 대접한다고 저녁 식사로 스테이크까지 사주었다. 그리고 함께 영화 구경도 했다. 목적지까지는 160킬로미터 정도였지만, 이렇게 하다보니 새벽 2시에야 도착했다.

위와 같은 식의 너그러운(?) 친절은 아니지만, 위너가 재능 있는 제자를 위해 헌신적으로 노력한 적이 있었다. 레빈슨[5]은 그가 학생이었을 때 위너가 자신에게 베푼 친절에 대해 이야기했다. 레빈슨이 1933년 가을 학기에 위너의 대학원 강좌 '푸리에 급수와 적분'을 수강했는데, 수학에 소질이 있음을 알게 된 위너는 그에게 페일리와 함께 쓴 원고를 읽어보게 했다. 레빈슨은 오류를 발견했고, 이를 보완하기 위한 보조 정리를 증명했다. 위너는 다자기를 써내어 그 보조 정리를 원고에 삽입했고, 레빈슨의 이름도 넣어서 한 잡지에 투고했다. 그 뒤 위너는 레빈슨의 가족을 여러 번 방문해서 자신을 소개했고 레빈슨이 장래에 훌륭한 수학자가 될 것이라고 확신시켰다. 레빈슨의 부모는 러시

[5] Norman Levinson(1912~1975), 1929년에 MIT에 입학해서 전기 공학을 전공했는데, 1934년 과학 석사 학위를 받고 졸업할 때까지 수학과의 대학원 과목도 20개 가까이 수강했다. 수학과 박사 학위 과정을 응모했는데, 위너와 학과장은 그에게 장학금을 주어 영국 케임브리지에서 1년 동안 공부하게 했고, 1935년 귀국시에 박사 학위를 주었다. 그 뒤 2년 동안 고등 학술 연구소에서 폰 노이만과 함께 연구했고, 1937년부터 MIT에서 가르쳤다. 코딩턴과 함께 쓴 《상미분 방정식론(Theory of Ordinary Differential Equations, 1955)》은 곧 고전이 됐다.

아계 유대인으로 가난하고 배우지 못한 이민자였다. 대학에 자리가 매우 적었고 반유대주의가 확산된 상태였지만, 위너는 (당시 MIT를 방문하고 있던 하디의 도움을 받아서) 학장을 설득해서 레빈슨에게 MIT의 강사 자리를 만들어주었다.

자동차 관리

어느 날 위너는 큰 주차장에 차를 세우고 회의에 참석했다. 회의가 끝난 뒤 차를 타려고 주차장으로 갔다. 그러나 자기 차의 위치를 찾을 수 없었다. 사실 자기 차가 어떻게 생겼는지도 기억할 수 없었다. 그래서 끈기 있게 기다렸다. 한 대만 남고 모든 차가 빠져나갈 때까지.

한편, 위너는 예일 대학에서 열린 수학 모임에 참석하기 위해 뉴헤이븐으로 차를 몰고 간 적이 있었다. 모임이 끝났을 때, 자신이 차를 몰고 온 사실을 완전히 잊고는 버스를 타고 케임브리지로 되돌아갔다. 다음 날 아침, 출근하려고 차고로 갔지만 당연히 차를 찾을 수 없었다. 그러자 그는 뉴헤이븐에 간 사이에 어떤 사람이 자기 차를 훔쳐갔다고 경찰에 신고했다.

정보 공개법 때문에 공개된 FBI의 한 자료에 따르면, 기행으로 유명한 위너를 정부와 MIT는 모두 '정서적으로 불안정' 하다고 인식했다. 정부의 다른 자료는 위너를 '무해하다' 고 분류했다. 그러면서 위의 이야기를 뉴헤이븐이 아니라 피츠버그로, 버스가 아니라 기차로 케임브리지로 돌아간 것으로 기술하고 있다.

이삿날

위너의 가장 유명한 일화는 새집으로 이사 가는 날과 관련된다. 아침 식사를 하면서 부인은 남편의 열쇠 꾸러미에서 옛집의 열쇠를 빼내고 새집의 열쇠를 끼워 넣어주면서 이 뜻깊은 날의 의미를 몇 번이고 강조했다. 얼빠진

짓을 잘하는 남편을 불안하게 여긴 부인은 종이쪽지에 새집 주소를 적고 약도도 상세하게 그려 주었다. 어쨌든 저녁에 위너 스스로 새집을 찾아가야 했다. 새집은 여전히 학교에서 걸어갈 수 있는 거리에 있었다.

그러나 부인의 노력은 허사가 됐다. 위너는 일과 중에 종이쪽지에 수학 문제를 풀어서 다른 사람에게 주었기 때문이다. 새집에 관한 모든 정보를 잃었다. 사실 이사에 대해 까맣게 잊은 위너는 평소와 같이 일과 뒤에 어슬렁어슬렁 걸어서 옛집에 도착했다. 집에는 아무도 없었다. 게다가 열쇠도 맞지 않았다. 유리창으로 집안을 보니 가구도 모두 사라져버렸다. 완벽한 공황 상태에 빠진 그는 머리를 쥐어짜면서 집 주변을 뛰어다녔다.

곧 길을 따라 걸어오는 작은 계집아이를 발견했다. 위너는 그 아이에게 뛰어가서 말했다. "얘야, 너는 나를 모르겠지만, 내가 아주 심한 곤경에 빠졌단다. 우리 식구는 사라졌고 열쇠는 맞지 않아. 우리 집이 텅 비었어." "알아요, 아빠." 아이가 말했다. "아빠를 찾아오라고 엄마가 보냈어요."

확인 방법

위너의 책 《나는 수학자다I Am a Mathematician》에는 수학자 볼리갠드G. Bouligand와 리히텐슈타인L. Lichtenstein이 위너와 처음 만날 때 자신들을 확인시킨 방법이 쓰여 있다. 볼리갠드는 포티어스Portiers 철도역에서 위너의 논문 하나를 높이 쳐들고 위너의 도착을 기다렸다. 나중에 리히텐슈타인도 독일에서 위너에게 경의를 표하기 위해 퍼텐셜 이론의 주요한 공식에 대해 자신이 쓴 논문을 높이 쳐들고 철도역에서 자신을 확인시켰다. 리히텐슈타인과 위너는 사촌간이었다.

모자

하버드 대학과 MIT의 몇 명의 교수와 대학원생이 예일 대학에서 열린 수학 모임에 참석하기 위해 뉴헤이븐으로 간 적이 있었다. 위너는 교수였고, 이브스는 대학원생이었다. 그 날은 비가 오고 있었기 때문에, 사람들은 빗물이 목까지 흘러내리지 못하도록 모자를 쓰고 있었다. 정오에 점심 식사를 위해 예일 대학에 있는 한 식당으로 몰려갔다. 그들은 식당 앞쪽에 있는 옷걸이에 비옷과 모자를 걸어놓았다. 점심 식사 뒤, 그들은 비옷과 모자를 다시 썼는데, 위너는 생각 없이 (자신의 모자와 전혀 닮지 않은) 이브스의 모자를 자신의 머리 위에 썼다. 이브스의 모자는 그의 것보다 훨씬 작았기 때문에 곧 알아챌 수 있을 정도였다. 그러나 전혀 알아채지 못했고, 이브스의 작은 모자를 큰 머리 위에 우스꽝스럽게 올려놓았다. 이에 이브스는 그의 큰 모자를 자신의 머리 위에 썼다. 그 모자는 이브스의 귀를 덮었으며 코까지 내려왔다. 이브스는 이렇게 모자를 쓰면, 이제 무엇인가 잘못된 점을 알아채리라고 분명히 확신하면서 위너 교수를 쳐다봤다. 다른 사람들이 큰 소리로 웃었음에도 그는 전혀 알아채지 못했다. 그들은 모자를 바꿔쓴 채 식당을 나와 행진했다.

만찬의 주빈

위너가 보스턴 지역에서 열린 한 만찬에 초대됐는데, 가장 귀한 손님이었다. 그래서 여주인은 열심히 노력해서 위너가 좋아하는 음식들을 알아냈고 그것들을 중심으로 식단을 짰다. 만찬을 위해 손님들이 자리를 잡았을 때, 위너는 주머니에서 땅콩 주머니를 꺼내어 보이면서 그것이 자신이 먹을 것이라고 말했다.

▣ 중국어 실력

위너는 유명한 언어학자였던 아버지를 따라 여러 나라 언어를 배웠는데, 특히 중국어 실력을 자랑스러워했다.

위너는 중국에 초청되어 강의한 적이 있었다. 첫 강의의 몇 마디를 중국어로 했다. 중국 사람들은 매우 정중하게 경청했다. 나중에 알게 됐는데, 당시 위너가 실제로 한 말은 "그 암소는 녹색이다." 였다.

어느 날 MIT에서 조화 해석학자 위너는 대수적 기하학자 베유와 중국의 기하학자 첸 및 다른 몇 명과 함께 엘리베이터를 탔다. 베유는 중국어를 조금 알았는데, 위너도 그렇다는 것을 알고 있었다. 그래서 위너와 베유는 엘리베이터를 타고 가던 꽤 긴 시간 동안 중국어로 재잘재잘 지껄였다. 그들이 내린 뒤에 첸이 한 대학원생에게 물었다. "저 사람들이 어떤 나라 언어를 말했는지 알려줄 수 있습니까?"

위너는 울람과 함께 MIT를 방문하러 온 하디를 사우스 보스턴의 기차역에서 맞이했다. 위너는 그들과 레빈슨을 중국 식당으로 데리고 가서 점심 식사를 대접하기로 했다. 식당에서 위너는 종업원에게 중국어로 말했는데, 종업원은 이해하지 못한 것으로 보였다. 위너가 말했다. "저 사람은 남부 출신임에 틀림없습니다. 중국 표준어를 모릅니다."

▣ 턱수염을 기르게 된 경위

1927년(?) 여름 위너와 스트뤽은 뉴햄프셔 주 프레지덴셜 레인지Presidential Range로 긴 원정을 떠났었는데, 돌아왔을 때 턱수염이 많이 자란 상태였다. 위너가 스트뤽을 보고 렘브란트Rembrandt처럼 보인다고 하자, 스트뤽은 곧 턱수염을 잘랐다. 그러나 위너 부인은 위너의 턱수염을 고르게 다듬어 주었고 그 뒤 계속해서 턱수염을 길렀다.

위너의 말

▣ 수학관

위너는 수학에 대해 다음과 같은 견해를 밝혔다.

수학에서는 한 사람의 어처구니없는 실수가 매우 명확하게 나타나지만 펜을 한 번 놀려서 수정하거나 지워버릴 수 있다는 강점이 있다. 수학은 체스와 자주 비교되는 분야지만, 한 사람의 최악의 순간이 아니라 최선의 순간만이 중요하게 고려된다는 점에서 체스와 다르다. 체스 경기에서는 단 한 번의 부주의로 질 수 있지만, 휴지통에 버린 많은 것 중에서 문제에 대한 단 하나의 성공적인 접근 방법이 수학자에게 명성을 줄 수 있다.

▣ 학문의 숲

위너는 학문의 가치에 대해 다음과 같이 말했다.

삼나무 숲의 가치는 오늘 나무들을 잘라서 판자를 만들어 얻을 수 있는 수익에 의존하지 않는다. 이런 수익은 모두 곧 낭비되고, 숲은 영원히 사라지게 된다. 삼나무 숲의 가치는 단순히 우리 곁에 오랫동안 존재해서 인간에게 이익을 주는 것에 달려 있다. 오늘 그 숲을 잘라내어 제재소로 보내는 것은 우리의 미래와 자손들의 미래의 일부를 팔아버리는 것이다.

이와 마찬가지로 학자들의 가치는 정부가 현재 지출하는 돈으로 계산할 수 없다. 오늘날 학자들이 얻은 발견과 개념 대부분은 그들에게 지급되는 봉급을 보상할 가능성이 거의 없다. 학자들의 가치는 긴 기간에 걸쳐 모든 인류에게 주는 이익에 달려 있다. 오늘 대학을 중단시키는 것은 우리의 미래와 자손들의 미래의 일부를 팔아버리는 것이다.

따라서 삼나무 숲이나 전통적인 학문의 가치는 현 순간의 돈의 가치로 측정할 수 없다. 오히려 그것은 계속적인 숲의 존재와 학문의 발달이 모든 인류의 행복을 도모하는 데 값지다는 믿음에 달려 있다.

어떤 유명한 편지

1947년 위너 교수는 미국의 큰 항공사에 근무하던 한 과학자에게 편지를 보냈다. 그 과학자는 위너 교수의 매우 광범위한 전쟁 연구에 관해 문의했었다. 〈한 과학자의 반항A Scientist Rebels〉이라는 제목이 붙여진 이 편지는 《애틀란틱 월간지Atlantic Monthly》에 게재됐고, 그 뒤 많은 문집에도 실렸다. 위너 교수는 편지에서 이 거친 세상에서 과학의 위치와 과학자에 대한 자신의 견해를 피력했다.

> … 이를테면 히로시마와 나가사키에 원폭을 투하한 것과 같은 전쟁 기간과 그 뒤의 정부의 정책은 과학 정보의 제공이 결코 순진한 행위가 될 수 없으며 또 대단히 중대한 결과를 초래할 수 있다는 교훈을 명확하게 해주었다. 따라서 과학 정보를 요구하는 모든 사람에게 이를 제공하는 과학자의 확립된 전통을 재고하는 것이 불가피하다. 새로운 개념의 교환은 과학에서 하나의 훌륭한 전통이지만, 과학자가 삶과 죽음을 결정할 경우에는 어떤 제한이 있어야 한다는 점을 받아들여야 한다.

위너 박사는 '무책임한 전쟁광'의 손에 들어가서 위험을 초래할 수 있는 연구를 더 이상 발표하지 않겠다고 덧붙였다. 그리고 몇 달 뒤, 그는 《뉴욕 헤럴드-트리뷴》지에 정부의 연구에 더 이상 참여하지 않겠다고 공언함으로써 이런 입장을 확고히 했다. 그는 과학을 무기로 삼는 것에 반대했으며, 순진한 사람들에게 궁극적인 죽음을 의미하는 어떠한 연구 과제도 하지 않겠다고 발표했다.

버그먼 Stefan Bergman

1895~1977

버그먼은 1895년 5월 2일 폴란드 쳉스트호바Częstochowa에서 꽤 부유한 은행가의 아들로 태어났다. 1913년 브레슬라우의 공과 대학에 입학했다가 1915년 빈의 공과 대학으로 옮겼다. 1921년 베를린 대학에 입학해서 폰 미제스[1]의 지도를 받고 1922년 박사 학위를 취득했다. 그는 평생 미제스의 영향을 받았다. 1930년부터 1934년까지 베를린 대학에서 무급 강사를 지냈으며, 유대인이었던 그는 러시아로 가서 1934년부터 1937년까지 시베리아의 톰스크Tomsk에 있는 대학의 교수로 지냈다. 그리고 1937년부터 1939년까지는 파리에서 보냈으며, 1939년 폰 미제스의 도움으로 미국으로 갔다. MIT(1939~40), 예시바 대학(Yeshiva, 1940~41), 브라운 대학(1941~45), 하버드 대학(1945~1951), MIT(1951~52), 스탠퍼드 대학(1952~1974) 등에서 교수를 역임했고, 그 뒤 사망 시까지 스탠퍼드 대학의 명예 교수를 지냈다.

버그먼은 전기 공학에 응용하는 퍼텐셜 이론을 연구했는데, 슈미트[2]와

[1] Richard von Mises (1883~1953), 당시 오스트리아 영토였던 르포프에서 태어났고, 빈 공과 대학에서 수학, 물리학, 공학을 공부하고 1907년에 박사 학위를 받았다. 다음 해에 브륀(Brünn) 대학에서 공학과 기계 구성을 가르치는 교수 자격을 취득했다. 1909년부터 1918년까지 슈트라스부르크 대학의 응용 수학 교수로 있었다. 비행기 조종 자격도 있던 그는 전쟁 전에는 비행기 설계에 관해 강의하기도 했는데, 전쟁 중에는 오스트리아 · 헝가리 공군에서 비행기도 조종하고 비행기를 제작하는 팀을 지휘하기도 했다. 전쟁 뒤 드레스덴 공과 대학을 거쳐 1919년부터 베를린 대학에서 응용 수학 연구소 소장을 역임했다. 1933년 나치가 정권을 잡은 뒤에 터키로 갔다가, 1939년에 미국으로 가서 하버드 대학의 교수가 됐다.

힐베르트가 전개한 적분 방정식 이론을 이용했다. 베를린 대학에 있던 1922년에 발견한 핵kernel 함수로 유명한데, 현재 버그먼 핵 함수로 불린다. 핵 함수의 성질과 응용을 연구하는 데 평생을 바쳤는데, 특히 핵 함수를 등각 사상에 응용했다. 수학을 지극히 생각했고, 자신의 연구 결과를 열정적으로 옹호했다.

학문에 대한 열정 1

버그먼이 브라운 대학에 있을 때, 한 대학원생 제자가 결혼했다. 그 학생은 미국 서해안에서 열리는 학회에 참석할 계획이었는데, 신혼 여행 삼아서 신부와 함께 캘리포니아까지 버스를 타고 가기로 했다. 이렇게 결정한 데는 나름대로의 계산이 있었다. 그 학생은 버그먼도 그 학회에 참석하지만 가능한 한 빠른 교통 수단을 이용할 것이라고 생각했다. 스승과 며칠은 헤어져 있을 수 있다는 계산이었다. 그런데 버그먼은 버스 여행에 대해 들었을 때, 매혹적일 것이라고 생각했고 직접 버스표를 구입했다. 어이없게도 동승하게 된 학생은 버스 여행이 일종의 신혼 여행이며, 그래서 버스에서는 수학을 논의할 수 없다고 단언했다. 버그먼은 그러지 않기로 약속했다.

버그먼은 버스의 뒤쪽 자리에 앉았다. 그와의 접촉을 피하기 위해서 학생은 앞쪽의 창가 자리에 앉았고 아내가 통로 쪽 옆자리를 차지했다. 그런데 버스가 출발하고 30분쯤 지났을 때, 버그먼은 기가 막힌 생각이 떠올랐다. 통로를 따라 걸어나가서 언짢은 표정을 짓고 있는 신부 너머로 몸을 굽히고 그 학생과 수학을 논의하기 시작했다. 얼마 지나지 않아 신부는 버스의 뒤쪽 자리

❷ Erhard Schmidt(1876~1959), 괴팅겐 대학에서 힐베르트의 지도로 1905년에 박사 학위를 받았고, 1906년 본 대학에서 교수 자격을 취득했다. 여러 대학에서 가르치다가, 1917 슈바르츠가 은퇴한 베를린 대학의 교수가 됐고, 응용 수학 연구소를 만들었다.

로 갔고, 버그먼은 학생 옆자리를 차지했다. 그리고 여행 내내 그렇게 됐다.

그래도 결말은 즐겁다. 그 신혼 부부는 여전히 행복한 결혼 생활을 보내고 있으며, 유명한 수학자가 된 아들을 낳았다.

학문에 대한 열정 2

버그먼은 매사추세츠 주 케임브리지에서 열린 국제 수학자 대회 기간에 두 명의 이탈리아 손님을 점심 식사에 초대한 적이 있었다. 약속 시간에 맞추어 그들이 버그먼의 연구실에 도착했다. 저명한 수학자 피코네[3]는 그에게 줄 꽃다발을 들고 왔고, 젊은 수학자 피체라[4]가 동행했다. 피코네는 미국을 처음 방문했고, 영어를 하지 못했다. 피체라가 통역을 맡았다. 인사말을 나눈 뒤에, 버그먼이 피체라에게 자신의 최근 논문을 읽어봤는지 물었다. 피체라는 그렇다고 대답하면서, 매우 흥미로웠다고 말했다. 그렇지만 그 논문의 상황에서는 그린 함수와 노이만 함수의 존재성existence이 증명되지 않았다는 견해를 밝혔다. 버그먼이 말했다. "아닙니다, 아니에요. 제대로 이해하지 못했군요." 그러고는 칠판으로 가서 설명하기 시작했다. 내막을 모르는 피코네는 참을성 있게 기다렸다. 설명이 끝난 뒤에, 버그먼이 피체라에게 이해했는지 물었다. 피체라는 이해하지만, 여전히 '존재성'에 관한 문제는 남는다고 말했다. 버그먼은 고집을 꺾지 않았고, 열띤 논쟁이 계속됐다. 피코네는 전혀 이해할 수 없었다. 어느 정도 시간이 흐른 뒤에 피체라는 논의를 중단하고 식사하러 가자고 말했다. 그러자 버그먼이 외쳤다. "No existence–no lunch!" 그는 연구실에 남았고, 두 이탈리아 수학자는 식사를 하러 나갔다. 피코네는 꽃다발을 여자 사환에게 주었다.

❸ Mauro Picone(1885~1977), 이탈리아의 수학자
❹ Gaetano Fichera(1922~1996)

결혼 피로연

버그먼의 부인Edy은 남편에게 매우 헌신적이었지만, 결혼 생활이 쉽지만은 않았다. 버그만이 어렵게 직장을 얻은 뒤에 그들은 결혼했다. 제2차 세계대전이 끝난 바로 뒤에는 직장이 별로 없었는데, 버그먼은 강의할 의무가 없는 자리를 원했다. 오랫동안 기다린 끝에, 쉬퍼Max Schiffer가 버그먼에게 스탠퍼드 대학의 자리를 구해주었다. 그래서 버그먼의 결혼 피로연 분위기는 매우 고조됐다. 피로연은 뉴욕 시에서 열렸는데, 그 자리에 그와 공동 관심사가 많던 뉴욕 대학의 수학자가 참석했다. 그들은 열띤 수학 논의에 빠졌는데, 얼마 뒤 버그먼은 손님들에게 자신이 몇 시간 뒤에 돌아오겠다고 선언했다. 그는 뉴욕 대학으로 가서 수학을 더 논의하려고 했다. 이 말을 들은 쉬퍼는 버그먼에게 말했다. "나는 자네에게 스탠퍼드 대학의 자리를 마련해 주었네. 만약 자네가 이 피로연장에서 떠난다면, 그 자리를 취소하겠어." 버그먼은 피로연장에 남았다.

얼빠진 행동

수학 연구에 정신이 팔려 있기 때문인지, 버그먼은 종종 현실과 동떨어져 있는 것으로 보였다. 언젠가 그는 일행과 함께 캘리포니아 북부의 해변에 갔다. 날씨가 서늘했는지 물에서 나온 그는 평상복으로 갈아입는 것이 좋겠다고 했다. 옷이 있던 자동차를 찾으려고 주차장으로 향했는데, 길을 잘못 들었다. 평소 그의 이런 행동에 익숙해 있던 일행은 그에게 더 이상 신경을 쓰지 않았다. 잠시 뒤에 버그먼이 옷을 입고 돌아왔는데, 분명히 그의 옷이 아니었다. 그는 흥분해서 말했다. "우리 차에 아주 독살 맞은 여자가 있어."

생존 전략

제2차 세계 대전 말에 버그먼은 프랑스를 방문한 적이 있는데, 모든 신분증을 잃어버렸다. 요즘도 난처한 상황이지만, 당시에는 생존과 관련된 문제였다. 신분증이 없으면 배급 카드를 얻을 수 없었다. 수학자 특유의 기질을 발휘해서 버그먼은 이 문제를 수학적으로 해결했다. 그는 파리 교외의 작은 도시의 시장을 찾아갔고, 그를 설득해서 다음과 같은 내용이 적힌 종이쪽지를 얻었다. "이것으로 스테판 버그먼 씨가 증명서가 없음을 증명합니다." 이것은 분명히 증명서였고, 이것으로 버그먼은 배급 카드를 확보할 수 있었다.

버그먼 핵

버그먼은 20세기 초에 단위 구간에서의 L^2 공간에 관한 슈미트의 강의를 들었다고 한다. 당시에는 힐베르트 공간의 개념이 창안되지 않았고 전개되지도 않았다. 그래서 수학자들은 자연스럽게 특수한 경우의 힐베르트 공간을 연구했다. 당시 버그먼은 독일어를 다른 몇 가지 언어와 함께 뒤섞은 상태로 형편없이 구사했다. 전하는 이야기에 따르면, 버그먼은 슈미트가 강의하는 내용을 잘못 이해해서, 그가 단위 원판 위에서 제곱 적분 가능한 해석 함수를 논의하고 있다고 생각했다. 이에 따라 버그먼 공간(한 영역에서 제곱 적분 가능한 해석 함수의 공간)이 탄생했다.

어쨌든, 버그먼의 가장 자랑스러운 발견의 하나는 '버그먼 핵'이다. 그는 이 주제에 대해 많은 논문과 책을 썼다. 만년에 그는 버그먼 핵에 관한 연구 결과를 발표한 사람은 누구나 자신의 집으로 초대해서 만찬을 대접했다. 그리고 만찬 뒤에는 버그먼 핵의 중요성에 대해 버그먼의 부인에게 강의할 것을 강력하게 요청했다.

대표 좌표계

1970년대 중반은 버그먼 핵의 전성 시대였다. 콘, 케르츠만[5], 페퍼먼[6]등의 연구와 함께 이 주제는 매우 활발하게 연구됐다. 복소 다변수에 관한 1975년의 학술 대회에서는 버그먼이 연구하고 개발한 내용과 관련된 개념에 대한 발표가 많이 있었다. 버그먼은 아내와 함께 그 학술 대회에 참석했고, 자신의 노력이 드디어 가치를 완전하게 인정받는 장면을 즐겁게 목격했다. 그는 자신의 연구와 관련된 많은 발표에서 나오는 "1923년에 버그먼은 핵 함수를 발견했다."는 말을 귀기울여 듣고는 이를 매번 공책에 써넣었다. 3주 동안의 학술 대회에서 이런 말을 20번이나 써넣었는데, 다른 기록은 없었다.

그런데 겹해석 사상biholomorphic mapping에 관해 발표하는 도중에 버그먼이 일어서서 말했다. "여러분은 대표 좌표계representative coordinates를 찾아야 한다고 생각합니다." (이것도 역시 버그만의 고안이다.) 청중의 대부분은 그가 말하는 내용을 몰랐고, 이에 따라 그의 말은 무시됐다. 그는 몇 번 더 이렇게 지적했는데, 반응은 역시 똑같았다. 5년 뒤, 벨[7], 리고카[8], 웹스터[9]는 해석 함수에 관해 알려진 결과들을 놀랍도록 단순화하고 확장하는 방법을 발견했는데, 버그먼의 대표 좌표계를 이용했다.

❺ Norberto Kerzman(1943~)
❻ Charles Fefferman(1949~)
❼ S. Bell(1954~)
❽ E. Ligocka(1947~)
❾ Sidney Webster(1945~)

아르틴 Emil Artin

1898~1962

아르틴은 1898년 3월 3일 오스트리아 빈에서 태어났다. 제1차 세계 대전에 참전한 뒤, 라이프치히 대학에서 박사 학위(1921)를 취득하고 1년간(1921~22) 괴팅겐 대학에서 연구했다. 함부르크 대학에서 1922년에 조교, 1923년에 교수 자격 취득, 1925년에 부교수, 1926년에 정교수가 됐다. 1937년 나치에 의해 추방되어 미국으로 건너가서 노트르담 대학(1937~38), 인디아나 대학(1938~46), 프린스턴 대학(1946~58) 등의 교수를 역임했다. 1958년 독일로 돌아가 함부르크 대학 교수가 됐다. 그는 대수학과 위상 수학에서 큰 업적을 넘겼다.

수학의 화신

아르틴은 16세 이전에는 수학에서 특별한 재능을 보이지 않았다. 오히려 화학에 더 큰 매력을 느꼈다. 16세 때 프랑스에서 1년 동안 학교를 다닌 적이 있었는데, 이때부터 가장 흥미로운 과목이 수학으로 바뀌었다.

젊은 시절 아르틴은 가까운 친구 사이에서 별명 '마Ma'로 통했다. 그는 자신의 이름 '에밀'보다 별명을 더 좋아했다. '마Ma'는 'Mathematics'를 줄인 말이다. 친구들 사이에서 아르틴은 수학의 화신이었다.

그래프 이론과 화학

아르틴이 토론토 대학에서 그래프 이론에 대한 강의를 했다. 그가 다루고픈 문제는 어떤 원자가 조건들을 만족시키는 얼마나 많은 화학 합성물이 가능한지에 관한 문제에서 제시된 것이었다. 강의 뒤에, 한 화학자가 아르틴에게 그의 결과를 실질적인 합성물의 개수와 비교하는 방법을 물었다. 아르틴이 대답했다. "나는 모릅니다. 그리고 관심도 없습니다."

프린스턴의 우상

아르틴은 1946년 인디애나 대학에서 프린스턴 대학으로 옮겼다. 풍문에 의하면, 인디애나 대학은 프린스턴 대학의 제의만큼 봉급을 주지 않기로 결정했다고 한다. 이유는 그가 10년 동안의 연구 기간 중 단지 한 편의 짧은 논문만을 발표했기 때문이라고 했다.

그런데 몇 년 뒤, 아르틴은 프린스턴 수학과의 우상이 됐다. 그가 가르치는 대학원생들은 그의 말투와 걸음걸이를 흉내 냈으며, 허리를 바짝 죄어 맨 긴 겨울 코트의 복장도 따라 했다.

제자와의 대화

아르틴은 랭[1]을 포함해서 몇 명의 제자와 대화하면서 오랜 시간을 보냈다. 파인 홀에서, 그의 집에서, 산책하면서, 심지어 값비싼 장거리 전화를 통해서. 그는 훌륭한 교수가 되기 위해 온갖 노력을 다 기울였으며, 기대 이상의 성

랭

[1] Serge Lang(1927~2005), 프랑스 파리에서 태어나 십대 때 미국으로 이주했다. 프린스턴 대학에서 박사 학위를 받고(1951), 시카고 대학과 컬럼비아 대학에서 가르쳤다. 수론에 대한 연구와 수학 교과서로 유명하다.

공을 거두었다.

아르틴은 경우에 따라 학생들을 거칠고 오만하게 대했다. 거의 예상하지 못한 순간에 갑자기 벌컥 화를 내고는 큰 소리로 "내가 백 번은 말하지 않았느냐…"라며 꼴사납게 훈계하는 장면을 공공연하게 보인 적도 있었다. 랭이 폴리아와 세괴의 문제들이 수학 교육에 좋지 않다고 큰 소리로 말했을 때도 이렇게 발끈 화를 내었다. 아르틴은 특수 함수와 명확한 계산을 좋아했으며, 폴이아와 세괴의 책 《해석학의 문제와 정리》를 좋아했다.

정연한 강의

아르틴의 강의는 반짝이는 다이아몬드라는 평을 들을 정도였다. 그의 강의는 고통스럽고 긴 리허설 뒤에야 나올 수 있는 대가의 자연스러운 연주와 같았다. 그는 언제나 강의록을 보지 않았는데, 거의 실수하지 않았으며 증명의 한 단계도 빠뜨리지 않았다. 완전히 잊었을 때는 부정행위를 하듯이 호주머니에서 아주 작은 종이 조각을 꺼내어 급히 훑어보고는 칠판으로 돌아섰다. 그런데 그는 엄밀하고 공리적인 방식으로 강의했는데, 동기 부여도 없이 가능한 한 적은 수의 예를 제시했다. 교육적으로는 좋지 않았다.

아르틴은 너무 어리석은 질문을 하는 학생에게 분필 조각이나 동전을 던지기도 했다. 그래서 학기가 시작되고 몇 주가 지나고 나면 아주 용감한 학생만이 감히 질문했으며, 학생들은 예배에 참석한 신자들처럼 아르틴의 매혹적인 목소리를 침묵 속에 들었다.

편견

아르틴은 수학 모든 분야의 상대적인 지위에 대해 명확한 견해를 가졌다. 유한 군에 대한 관심이 다시 고조될 것이라고 정확하게 예측하고 이에 대한 연구를 장려했는데, 몇 년 뒤 페이트❷와 톰프슨❸의 연구로 확인됐다. 그러나 그는 반군semigroup을 혐오한다고 공언했다. 아르틴이 죽고 몇 년이 지난 뒤 쉬첸베르거Schützenberger의 연구는 그가 틀렸음을 입증했다. 이를테면, 자유 반군은 자유 군보다 훨씬 더 흥미롭다. 아르틴은 가우스와 디리클레 이래 독일의 뛰어난 수론학자들로부터 자신의 수학적 발상을 얻었다. 이렇게 편중된 지식 때문에 그는 대수학에 대해 매우 편향된 견해를 가졌다. 그는 불, 찰스 퍼스, 딕슨, (리틀우드와 같은) 후기의 영국 불변론자들과 관련된 영미 대수학과 가레트 버코프의 보편 대수학을 격렬하게 혐오했다. 그는 이런 대수학을 '쓸모없다' 고 생각했다.

❷ Walter Feit(1930~2004), 오스트리아 출신의 미국 수학자로 40년 동안 예일 대학 교수를 지냈고, 유한 군론의 선구자로 꼽히고 있다.

❸ John Thompson(1932~), 필즈 메달 수상자

지그문트 Antoni Zygmund

1900~1992

지그문트는 1900년 12월 25일 폴란드 바르샤바에서 태어났다. 1923년 바르샤바 대학에서 박사 학위를 받았고, 1922년부터 29년까지 바르샤바의 공과 대학에서 가르쳤다. 영국에서 1년을 보낸 뒤, 빌노[1]에 있는 스테판 바토리 Stefan Batory 대학의 교수가 됐다. 제2차 세계 대전이 발발해서 군에 징집될 때까지 그 자리를 지켰다. 독일에 점령된 폴란드에서 1940년에 미국으로 피신했다. 여러 대학에서 가르치다가 1947년에 시카고 대학의 교수가 되어 해석학 연구의 중요한 중심지로 만들었으며 1980년에 은퇴했다. 조화 해석학을 연구했으며 이 분야의 고전 《삼각 급수Trigonometric Series, 1935》를 저술했다.

삼각 급수

시카고 대학에서 해석학의 전성기는 1950년대였다. 지그문트는 칼데론[2]과 함께 특이 적분 이론을 전개했으며, 유능한 학생도 많았다. 지그문트는 걸작 《삼각 급수》를 저술했는데, 이는 오늘날까지도 모든 해석학자가 읽어야 할 대표적인 책이다.

❶ Wilno, 현재 리투아니아의 빌니우스(Vilnius).

❷ Alberto Calderón(1920~1998), 아르헨티나 출신의 미국 수학자로, 시카고 대학에서 지그문트의 지도로 1950년에 박사 학위를 받았다. 오하이오 주립 대학(1950~53), 고등 학술 연구소(1954~55), MIT(1955~59), 시카고 대학(1959~72), MIT(1972~75), 시카고 대학(1975~85)에서 가르치고 연구했다.

당시에 한 학생이 지그문트를 찾아가서 논문 지도를 받고 싶다고 말하면, "좋아요. 먼저 내 책을 《삼각 급수》를 읽은 다음에 다시 찾아와요."라는 대답을 들었다고 한다. 이 책을 읽

칼레돈

위덤

는 데는 보통 2년이 걸리는데, 겁쟁이를 거르는 장치로 이용했다. 뛰어난 해석학자 위덤[3]은 지그문트로부터 이런 답을 듣고는 말했다. "저는 아내와 아이가 있습니다. 시간이 많지 않습니다." 그래서 그는 대수학으로 박사 학위를 받았다. 그렇지만 그 뒤 곧 자신이 좋아하는 해석학 연구에 몰두했다.

▣ 지그문트의 답변

지그문트는 강의 중에 자주 "이해할 수 없습니다."라고 말하면서 강의를 방해하는 여학생 때문에 계속해서 화를 냈다. 결국 지그문트가 말했다. "걱정하지 마십시오. 당신은 아직도 매우 어립니다."

▣ 미국에 적응하기

나치를 피해서 미국으로 이주한 지그문트는 미국 사회를 배우기 위해 대단한 노력을 기울였으며, 모든 기회를 최대한 활용했다.

어느 날 그는 학생 휴게실에 들어갔는데, 학생들이 흥분해서 라디오를 듣고 있었다. 그는 무슨 일인지 물었다. 학생들은 월드 시리즈World Series를 듣고 있다고 말했다. 다시 그는 월드 시리즈가 무엇인지 물었다. 야구 시합이라는 대답을 얻었다. 야구가 무엇인지 물었다. 그래서 학생들은 미국인이 즐기

[3] Harold Widom, 시카고 대학에서 1955년에 박사 학위를 받았다. 2006년 현재 산타 크루즈의 캘리포니아 대학 명예 교수로 있다.

는 운동 경기인 야구를 설명해주었다. 내야 플라이 규칙, 대타 등에 대해 알려주었다. 한 시즌에 150경기를 하며, 월드 시리즈로 끝을 맺는다고 말했다. 지그문트는 잠시 생각하더니 말했다. "내 생각엔 월드 시퀀스World Sequence라고 불러야 할 것 같은데."

수학에서 시리즈series는 급수, 시퀀스sequence는 수열을 뜻한다.

디랙 Paul Adrien Maurice Dirac

1902~1984

디랙은 1902년 8월 8일 영국 브리스틀에서 태어났다. 브리스틀 대학에서 전기 공학을 전공하고 1921년 졸업한 뒤, 다시 수학을 전공하고 1923년에 졸업했다. 케임브리지 대학에서 1926년에 역학에 관한 연구로 박사 학위를 취득했다. 1932년부터 37년간 케임브리지 대학에서 (뉴턴이 차지했던) 루카스 수학 교수로 가르쳤고, 1971년 미국으로 건너가 만년을 플로리다 대학에서 보냈다.

디랙은 수리 물리학자로서 양자 역학과 상대성 이론을 통합한 새로운 이론을 세웠으며, 1930년에 발표한 논문 〈양자 역학의 원리〉로 1933년 슈뢰딩거와 함께 노벨 물리학상을 받았다.

전공 바꾸기

디랙은 수학을 좋아했지만, 수학을 전공해서 될 수 있는 것이 교사뿐이라고 생각했다. 이에 1918년 브리스틀 대학에서 입학해서 전기 공학을 전공했다. 1921년 졸업한 뒤 이듬에 평범한 일거리를 얻었지만, 영구적인 직장을 구하지는 못했다. 그즈음 수학에 대한 열정이 솟았고, 케임브리지 대학에 진학하려고 했다.

그런데 이상한 이유로 케임브리지 대학에 진학할 수 없었다. 디랙은 1921

년 6월 케임브리지 장학생 시험을 치러서 케임브리지의 세인트 존스 대학에서 수학을 공부할 수 있는 장학금을 받았지만 충분하지 않았다. 지방 교육 당국으로부터 추가적인 지원을 기대했지만, 아버지가 영국 시민이 된 지 충분히 오래되지 않았다는 이유로 거절당했다. 그렇지만 브리스틀 대학에서 학비를 면제받고 수학을 배울 수 있었고, 1923년에 일등으로 졸업했다. 그리고 연구 보조금을 받아서 케임브리지에서 연구를 시작할 수 있었다.

폴 디랙의 아버지Charles Adrien Ladislas Dirac는 스위스 출신으로 1888년경에 영국으로 이주해서 브리스틀에서 프랑스어를 가르쳤다. 자녀를 매우 엄격하게 교육시켰으며 저녁 식탁에서는 프랑스어만 사용하게 했다. 자녀들과의 관계가 원만치 못했다. 폴 디랙이 케임브리지에서 양자 역학에 관한 훌륭한 연구 성과를 거두고 있을 때, 형Reginald Dirac이 자살했다. 폴은 아버지에게 어느 정도 책임이 있다고 생각했다. 친구가 별로 없는 그에게 이 비극적인 사건은 그를 더욱 위축시켰다.

노벨상을 받은 이유

디랙은 일반인에게 널리 알려지는 것이 싫어서 노벨상을 거부하려고 했다. 그런데 노벨상을 거부하면 오히려 훨씬 더 널리 알려질 것이라는 생각이 들었고, 이에 노벨상을 수락했다.

디랙은 스톡홀름에서 열린 시상식에 부모를 모두 초청할 수 있었지만, 어머니만 초청했다고 한다.

소련을 못간 이유

디랙은 1926년에 박사 학위를 취득한 뒤 곧 유럽을 방문해서, 코펜하겐에서는 닐스 보어와 연구했고, 1927년에 괴팅겐에 들러 오펜하이머, 막스 보른,

프랑크❶, 러시아인 탐❷ 등을 만났다. 1928년에 소련을 방문하고는 1937년까지 거의 해마다 들렀다. 그러나 그 뒤 20년 동안 소련을 여행할 수 없었다.

디랙은 1938년에 고전적인 전자 이론에 관한 유명한 논문을 발표했는데, 방사능 반응에 관한 결과도 포함되어 있다. 제2차 세계 대전 중에는 우라늄 분리와 핵 폭탄에 대해 연구했으며, 정부의 원자 에너지 연구에 자문하기도 했다. 이에 따라 그는 전쟁 뒤에도 영국 정부로부터 소련 방문 허가를 받지 못했다.

물리학과 수학

디랙은 자신의 연구에 대해 다음과 같이 말한 적이 있다. "물리학에 대한 내 연구의 상당 부분은 어떤 특정한 문제의 풀이가 아니라, 물리학자가 사용하는 종류의 수학적 양들을 단순히 점검하고 (응용과 무관하게) 그것들을 흥미로운 방식으로 서로 관련지어 보려는 시도로 이루어진다. 이는 단순히 아름다운 수학에 대한 탐구다. 그런데 그런 연구가 응용된다는 사실이 나중에 밝혀질 수 있다."

디랙은 그런 예로, 제곱하면 단위 행렬이 되지만 서로 가환적이지 않은 세 개의 2×2 행렬을 장난삼아 조작해봤던 경험을 기술했다. 나중에 그런 행렬을 슈뢰딩거 파동 방정식에 사용할 수 있었다.

❶ James Franck(1882~1964), 독일 함부르크 출신으로, 1911년부터 베를린 대학에서 물리학을 가르쳤고, 1917년에 카이저 빌헬름 물리화학연구소 조교수, 1921년 괴팅겐 대학 실험물리학 교수가 되어 막스 보른과 함께 양자 물리학 발전에 기여했다. 1925년에 노벨 물리학상을 받았고, 1933년에 미국으로 건너가 1938년부터 시카고 대학 물리화학 교수를 역임했다. 제2차 세계 대전 중에는 원자 폭탄 개발에 관여했다.

❷ Igor Tamm(1895~1971), 구소련의 이론물리학자로 1958년 노벨 물리학상을 받았다.

시와 물리학

어느 날 저녁, 통상 매우 조용하던 디랙이 오펜하이머를 옆으로 불러서 다음과 같이 점잖게 질책했다. “나는 당신이 물리학을 연구할 뿐만 아니라 시도 쓴다는 말을 들었다. 아니 세상에, 어떻게 서로 다른 두 가지를 동시에 할 수 있습니까? 과학에서는 과거에 아무도 모르는 사실을 누구나 알 수 있는 방법으로 사람들에게 설명하려고 시도합니다. 그렇지만 시의 경우에는 이 과정이 정반대입니다.”

스톤 Marshall Harvey Stone

1903~1989

스톤은 1903년 4월 8일 미국 뉴욕 시에서 태어났다. 아버지는 미국 대법원장을 역임한 유명한 법률가였다. 1919년 그는 겨우 16세의 나이로 하버드 대학에 입학했으며 1922년 최우수 성적으로 졸업했다. 아버지를 따라 법학을 공부하려고 했지만, 수학에 대한 열정이 더 커서 조지 버코프의 지도로 1926년 박사 학위를 취득했다.

스톤은 여러 대학에서 경험을 쌓은 뒤 하버드 대학 교수로 13년 동안(1933~1946) 가르쳤다. 1938년 35세의 젊은 나이에 미국 과학원의 회원으로 선출되기도 했다. 1946년에는 시카고 대학 수학과 학과장이 되어, 시카고 대학 수학과를 다시 최고의 위치에 올려놓았다. 그는 1952년 맥레인에게 학과장 직을 물려준 뒤, 1952년부터 1954년까지 국제 수학 연합International Mathe-mati-cal Union의 회장을 역임했다. 1968년 은퇴하고 시카고 대학의 명예 교수가 됐다. 그 뒤 애머스트Amherst의 매사추세츠 대학에서 버코프 수학 교수로 12년 동안 가르쳤다.

문체

스톤의 문체는 종종 논평의 대상이 됐다. 그는 대단히 정확하게 썼지만, 그의 특이한 성격과 같이 기묘한 결과들을 극단적인 방법으로 표현했다. 읽히기보다는 인용이 더 많이 되는 (662쪽으로 이루어진) 그의 뛰어난 책 《힐베르트 공간의 선형 변환Linear Transformations in Hilbert Space, 1932》의 590쪽에 등장하는 한 정리는 서술하는 데만 완전한 두 쪽이 필요하다. 그리고 이 책의 마지막 장은 218쪽으로 이루어져 있다.

유머

스톤의 유머 감각은 특별했다. 로치[1]는 1933년 미국 국립 연구 협의회 National Research Council 장학금을 받고 하버드 대학에서 스톤의 지도로 박사후 연구 과정을 밟고 있을 때, 연구 주제로 몇 가지 문제를 언급했다. 그 중 가장 좋은 문제에 대해 스톤이 말했다. "아, 자세히는 모르겠지만 틀림없이 어떤 사람이 이 문제를 이미 연구했을걸." 다음 주, 로치는 도서관에서 이 책 저 책을 뒤지다가 바로 그 문제를 완전히 해결한 논문을 우연히 발견했다. 저자는 스톤이었다.

그런데 스톤은 박사 지망생 지도에는 적극적이지 않았는데, 그런 종류의 지도를 싫어했다는 말도 있다. 학위 논문을 쓰고 싶다는 학생이 찾아오면 다음과 같이 말했다고 한다. "좋은 문제가 있다면, 내가 직접 연구하겠다."

시카고 대학 수학과의 제2의 전성 시대

스톤은 1946년 시카고 대학 수학과 학과장이 됐다. 그는 베유, 첸[2], 맥레인, 지그문트 등과 같이 젊고 유망한 수학자를 다수 불러 들였으며, 기존 교수인 앨버트[3]의 도움을 받아 시카고 대학 수학과를 다시 한 번 최고의 위치에 올려놓았다. 이때를 '석기 시대The Stone Age'라 부르기도 한다. 스톤은 또

[1] Edgar R. Lorch(1907~1990), 스위스 출신으로 1917년 미국으로 이주해서 컬럼비아 대학에서 공부하고 1935년부터 1977년까지 모교에서 가르쳤다.

한 유망한 대학원생 포섭에도 노력했다.[4]

스톤은 학과장 시절 일찍 출근했는데, 강의실을 돌면서 칠판을 지우기 위해서였다. 전성기는 1960년경까지 지속됐다. 1956년 베유가 고등 학술 연구소로 떠났고, 그 뒤 할모스는 미시간으로, 첸은 버클리로 떠나면서 전성기의 빛은 많이 바래게 됐다.

▣ 스톤 · 바이어슈트라스의 정리

스톤은 힐베르트 공간과 불 대수학에 대한 연구로 명성을 얻었는데, 이런 연구 결과 중 하나가 바로 바이어슈트라스의 (근사) 정리를 일반화시킨 '스톤 · 바이어슈트라스의 정리' 이다.

이 정도의 결과는 《수학 연보》에 충분히 실을 수 있었다. 그러나 스톤은 그 정리를 담은 논문 〈일반화된 바이어슈트라스의 근사 정리〉[5]를 《수학 잡지》[6]에 게재했다. 왜냐하면 그 잡지가 새롭게 잘 출발할 수 있도록 논문을 게재하기로 약속했기 때문이다.

❷ 陳省身(Chern, Shiing-Shen, 1911~2004), 중국 텐진의 난카이(南開) 대학(학사, 1930)과 베이징의 칭화(淸華) 대학(석사, 1934)을 거쳐, 독일 함부르크 대학에서 블라슈케(Wilhelm Blaschke, 1885~1962)의 지도로 1936년 박사 학위를 받고, 파리에서 카르탕(Elie Joseph Cartan, 1869~1951)과 자신의 평생 주요 분야가 된 미분 기하학을 연구했다. 1937년 칭화 대학의 교수가 됐는데, 1943~45년에는 미국의 고등 학술 연구소에서 연구했다. 1946년 중국으로 돌아가 수학 연구소 설립을 주도했다. 바일과 베블런의 초청으로 1948년에 다시 고등 학술 연구소를 방문했다가, 1949년에 시카고 대학 교수가 됐고, 1960년에는 버클리의 캘리포니아 대학으로 옮겨 1979년에 은퇴했는데, 모두 47명의 박사를 배출했다. 1981년부터 1984년까지 버클리의 수리 과학 연구소(Mathematical Science Research Institute, MSRI)의 최대 소장이었고, 1985년에는 텐진의 난카이 수학 연구소의 창설에 주도적으로 참여했고 죽을 때까지 명예 소장으로 지냈다.

❸ Abraham Adrian Albert(1905~1972), 미국 시카고에서 태어나서 거의 평생을 그곳에서 보냈다. 시카고 대학에서 딕슨의 지도로 박사 학위를 받았고(1928), 프린스턴 대학 연구원(9개월)과 컬럼비아 대학 강사(1929~31)를 거쳐 1931년부터 시카고 대학 교수로 여생을 보냈다.

❹ 이를테면 Paul Cohen, Izzy Singer, Eli Stein, John Thompson, Joe Rotman 등이 당시 대학원생이었다.

❺ The generalized Weierstrass approximation theorem

❻ Mathematics Magazine, vol. 21(1948), MAA. pp. 167-184.

엄격한 아버지

스톤은 1927년 결혼해서 세 딸을 두었다. 그는 옛 방식대로 아버지의 역할을 했다는 이야기가 있다. 딸들은 정규적으로 집안 허드렛일을 해야 했으며, 용돈 관리를 엄격하게 해야 했다. 반면에, 그는 가족의 즐거움을 위해 노력했는데, 요리에 흥미가 있었고 식도락을 즐겼다. 그는 1962년에 이혼하고, 곧 재혼했다. 재혼한 부인과 여생을 보냈다.

여행광

스톤은 많은 것에 관심을 가졌는데 그중에서도 여행에 대한 열정이 남달랐다. 그는 어린 시절부터 여행을 즐겼는데, 자주 여행을 떠나 지구의 모든 면을 보는 데 흥미를 느꼈다. 태평양에 있는 섬들을 방문하기도 했고, 재혼한 부인과 여행하다가 남극 대륙에서 난파당하기도 했다. 그는 인도 마드라스를 여행하다가 병에 걸려 1989년 1월 9일 갑자기 죽었다.

1950년대의 미국 수학

미국에서 1950년대의 수학은 라틴어와 그리스어와 같이 주변 학문이었다. 수학자라는 직업은 여전히 일반인에게 제대로 인식되지 못했고, 수학과 졸업생은 보험 계리인이 되려고 하느냐는 질문을 자주 받았다. 수학 연구 중

락스

니렌버그

모라웨츠

심지는 매우 적었고 서로 멀리 떨어져 있었으며, 그들 사이의 교류도 거의 없었다. 시카고와 프린스턴이 유일하게 정립된 수학과였다. 하버드는 아주 멀리 뒤쳐진 셋째였고, 예일은 단과 대학의 굴레를 벗어나는 과정에 있었다. 뉴욕에서, 쿠란트는 수학 연구소를 세우려고 바빴으며, 이제 겨우 락스, 니렌버그❼, 모라웨츠❽, 그래드❾ 등 그가 미국에서 가르친 1세대를 배출한 상태였다.

❼ Louis Nirenberg(1925~), 캐나다 출신의 미국 수학자로, 1949년에 뉴욕 대학에서 박사 학위를 받고 모교의 교수가 되어 1999년에 은퇴했다. 선형 · 비선형 편미분 방정식과 이의 복소 해석학 · 기하학에의 응용에 대해 연구했다.

❽ Cathleen Synge Morawetz(1923~), 캐나다 출신의 미국 수학자로, 1951년에 뉴욕 대학에서 박사 학위를 받았고, MIT를 거쳐 1952년부터 뉴욕 대학에서 가르쳤다. 쿠란트 수학 연구소 소장(1984~88)과 미국 수학회 회장(1995~96)을 역임했다.

❾ Harold Grad(1923~?), 1948년 뉴욕 대학에서 학위를 받았고, 모교에서 가르쳤다.

처치 Alonzo Church

1903~1995

처치는 1903년 6월 14일 미국 워싱턴에서 태어났다. 프린스턴 대학에서 1924년 학사 학위를 받았으며 베블런의 지도로 3년 뒤에 박사 학위를 받았다. 그 뒤 하버드 대학과 독일 괴팅겐 대학에서 1년씩 연구했으며, 1929년 프린스턴 대학 수학 교수가 됐다. 1967년부터는 로스앤젤레스의 캘리포니아 대학으로 옮겨 수학 및 철학 교수로 1990년까지 가르쳤다. 그는 수리 논리학, 반복 이론, 이론 컴퓨터 과학에서 중요한 업적으로 남겼다.

논리적인 언어 생활

프린스턴 대학을 다닌 로타는 처치를 다음과 같이 기억했다. 처치는 팬더와 큰 올빼미의 잡종과 같았다. 완벽한 문장을 조용히 말했는데, 마치 말하는 기계가 단조롭고 천천히 책을 읽는 것과 같았다. 그는 방해를 받으면, 기분 나쁜 표정으로 긴 시간 동안 멈추었다가 다시 앞의 이야기를 이어나갔다. 결코 우발적인 발언을 하지 않았다. 예를 들면, 그는 '비가 오고 있다.' 라고 말하지 않았다. 따로 떼어놓은 이런 문장은 처치에게는 무의미했다. 대신에 그는 '나는 나소 거리로 떠날 것을 연기해야 한다. 왜냐하면 지금 비가 오고 있기 때문인데, 창문 밖을 보고 이 사실을 확인할 수 있다.' 와 같이 말할 것이다.

연구 습관

로타는 칸토어, 체르멜로, 괴델, 페아노, 포스트 등과 같은 20세기의 뛰어난 논리학자가 한때 정신병 치료를 받았다고 지적했다. 처치는 이중에서 비교적 정신이 말짱했지만, 그의 행동은 여러 가지 면에서 이상했으며 수학자의 기준에서도 그랬다.

처치는 이상한 연구 습관을 갖고 있었다. 밤과 낮 어느 시간에도 파인 홀의 복도에서 그를 볼 수 있었다. 로타는 어떤 성탄절에 자료를 찾기 위해 파인 홀 도서관으로 갔다. (파인 홀 도서관은 언제나 개방되어 있다.) 그때, 처치를 계단에서 만났는데, 그는 전혀 놀라지 않고 로타를 맞이했다.

엄숙한 강의

처치의 1년에 걸친 수리 논리학 강좌는 프린스턴 대학의 큰 자랑거리였다. 1951년 그 강좌를 네 명의 학생이 수강했다. 모든 강의는 칠판에 한 점의 얼룩도 없이 완벽하게 지우는 10분 동안의 의식으로 시작했다. 학생들은 그가 도착하기 전에 칠판을 지워서 그의 수고를 덜어주려고 했지만, 소용이 없었다. 그 의식은 누구도 대신할 수 없었다. 종종 물, 비누, 솔이 이용됐고, 칠판이 마르기까지 또다시 10분 동안의 완벽한 침묵이 뒤따랐다.

처치는 칠판을 지우면서 강의를 준비할 것이라 예상할 것이다. 전혀 그렇지 않았다. 그는 강의 준비가 결코 필요하지 않았다. 그의 강의는 그가 지난 20년 이상 동안 써서 타자기로 작성한 원고를 완벽하게 재현하는 것이었다. 그 원고를 위층 파인 홀 도서관에서 찾아볼 수 있다. 때때로, 강의 중에 말한 문장이 위층의 원고와 다를 수 있는데, 그런 경우에는 학생들에게 말과 글 사이의 차이점에 대해 미리 경고했다.

처치는 "잠시 중단하고 수학 외적인 언급을 하겠습니다."와 같은 문장을 한결같이 앞에 붙이는 약간의 이탈을 제외하면, 자신의 말을 모두 매우 정확하고 조심스럽게 칠판에 썼다. 초등학교 교사와 같이 대문자 필기체로 썼으며 구두점을 찍고 단락을 나누었다. 종종 단어의 철자를 빠뜨리는 경우가 있었다. 학생들은 처음에 이를 지적했지만, 이것이 그를 매우 당혹스럽게 만든다는 사실을 곧 알게 됐고 그 뒤로는 입을 다물었다.

처지는 언젠가 이미 증명한 정리를 바꾼 적이 있었는데, 기호만을 바꾼 것이었다. 그는 약간 침묵한 뒤 학생들을 돌아보며 말했다. “단순히 ‘마찬가지로’ 라고 말할 수 있겠지만, 다시 증명하는 것이 좋겠습니다.”

폰 노이만 John [János] von Neumann

1903~1957

폰 노이만은 1903년 12월 28일 헝가리 부다페스트에서, 합스부르크 왕조로부터 작위를 받은 부유한 유대인 은행가의 아들로 태어났다. 곧 과학의 신동으로 밝혀졌다. 유대인에게 엄격한 쿼터 제도가 적용되는 부다페스트 대학에 1921년에 입학했지만 강의를 듣지 않고, 같은 해에 베를린 대학에 입학해서 화학을 공부했다. 1923년에는 취리히 공과 대학으로 옮겨 화학과 수학을 동시에 공부했다. 1926년에 취리히 공과 대학에서는 화학 공학 학위를 취득했고, 같은 해에 부다페스트 대학에서 수학 박사 학위를 받았다.

폰 노이만은 베를린 대학(1926~29)에서 무급 강사로 가르치면서, 록펠러 장학생으로 괴팅겐 대학(1926~27)에서 힐베르트의 지도로 박사후 과정을 밟았다. 함부르크 대학(1929~30)의 무급 강사를 거쳐, 1930년 프린스턴 대학의 초정으로 미국으로 건너갔고 1933년 신설된 고등 학술 연구소 최초의 다섯 명의 수학 교수 중 한 명이 됐다. 당시 그는 논리학, 수학 기초론, 작용소 이론, 양자 역학, 게임 이론 등에서 이미 명성을 얻고 있었다. 20세기 수학의 대단히 많은 분야에서 크게 공헌했다. 그는 놀랍도록 대담하고 독창적인 연구를 했으며, 중요한 연구 영역을 예견하는 데 거의 초인적인 능력을 갖고 있었다.

폰 노이만은 제2차 세계 대전 중 원자 폭탄 제조 계획(맨해튼 계획)의 자문역을 맡아서 최초의 원자 폭탄에 사용된 뇌관 장치 개발을 도왔고, 텔러, 울람 등과 함께 수소 폭탄의 개발에도 참여했다. 장기 일기 예보와 관련된 과학적이고 행정적인 업무도 맡았으며, 프로그램 저장식 컴퓨터를 개발해서 이 분야의 선구자가 됐다.

폰 노이만은 1955년 X선 검사를 통해 수술도 불가능한 암에 걸렸음을 알게 됐다. 많은 사람은 이것이 원자 폭탄의 제조와 실험에 참여한 것과 관련이 있다고 생각하고 있다. 1957년 2월 8일 워싱턴에서 54세의 나이로 사망했는데, 역사는 그를 20세기의 가장 뛰어난 천재로 기록할 것이다.

신동

폰 노이만은 여섯 살 때 이미 여덟 자리 수를 여섯 자리 수로 나누는 계산을 암산으로 해냈다. 독일어와 헝가리어는 물론 영어와 프랑스어도 유창하게 구사했으며, 고대 그리스어로 아버지와 농담을 나눌 정도였다. 2년 뒤에는 미분 적분학을 배우기 시작했다. 부다페스트의 전화 번호부 한 쪽을 읽고는 눈을 감고 이름과 주소, 전화 번호를 외우는 놀라운 기억력을 보였다.

취리히 공과 대학에서 그를 가르친 폴리아는 다음과 같이 말했다. "그는 나를 두렵게 만든 유일한 학생이었다. 그는 매우 빨랐다. … 어떤 정리가 떠올랐는데, 증명되지 않았으며 어려울 것이라고 말했다. 폰 노이만은 아무런 말도 하지 않고 있다가 5분 뒤에 손을 들었다. 그를 호명하자, 칠판 앞으로 가서 증명을 적어나갔다. 그 뒤론 폰 노이만을 두려워하게 됐다." 취리히 공과 대학에서 폰 노이만은 바일의 조교가 됐다. 바일이 잠시 취리히를 떠나 있을 때, 폰 노이만이 그의 수업을 맡은 적도 있었다.

당구, 공부, 여자

폰 노이만과 위그너[1]는 학창 시절의 어느 날, 당구를 칠 수 있는 부다페스트의 한 카페에 갔다. 그들은 한 전문가에게 당구 게임을 가르쳐달라고 했다. 그러자 그 전문가가 말했다. "자네들은 공부에 관심이 있는가? 여자에 관심이 있는가? 정말로 당구를 배우려면, 공부와 여자를 모두 포기해야 하네." 폰 노이만과 위그너는 잠시 동안 논의한 뒤에, 어느 하나는 포기할 수 있지만 둘 모두는 포기할 수 없다고 합의했다. 그들은 당구를 배우지 않았다.

양자 역학

폰 노이만은 베를린 대학의 무급 강사 시절(1926~1929)에 중요한 논문을 한 달에 거의 한 편 꼴로 발표했으며, 세 가지의 아주 다른 수학 분야에서 국제적인 명성을 얻게 됐다. 하나는 게임 이론인데, 말년에 다시 이를 연구하게 된다. 다른 하나는 집합론의 기초에 관한 것이다.

마지막은 가장 중요한 것으로 양자 역학의 수학적 기초에 관한 연구이다. 1920년대 중반 양자 역학에는 하이젠베르크의 행렬 역학론과 슈뢰딩거의 파동 함수론의 두 상반된 이론이 팽팽히 맞서 물리학자들을 곤란하게 만들었다. 폰 노이만은 힐베르트 공간을 이용해서 이 두 이론을 모순되지 않게 통합했으며, 1932년에 《양자 역학의 수학적 기초》라는 책을 냈는데, 아직까지도 읽히고 있다.

반신 반인

폰 노이만은 매우 비상한 기억력 때문에 '반신 반인半神半人'이라는 말을 들었다. 그는 도무지 잊는 법이 없었다. 20년 전에 읽은 소설을 아무런 어려움 없이 오랫동안 암송하기도 했다.

❶ Eugene Wigner(1902~1995), 헝가리 출신의 미국 수리 물리학자로 1963년에 노벨상을 받았다.

골드스타인[2]이 말했다. "폰 노이만은 책이나 논문을 한 번 보고는 구절구절을 인용할 수 있었습니다. 더구나 몇 년 뒤에도 서슴없이 외울 수 있을 정도였다. … 한 번은 《두 도시 이야기》[3]가 어떻게 시작되는지 얘기 좀 해달라고 시험삼아 말했는데, 그는 거침없이 바로 첫 장을 암송하기 시작하더니 이제 제발 그만 하라고 할 때까지 10분이나 15분 이상을 계속했습니다."

골드스타인이 술회했다. "프린스턴에서는 이렇게 말했어요. 폰 노이만은 정말 반신 반인이라고. 그가 사람인 양 보이는 것은 그만큼 사람을 깊이 연구하여 완벽하게 모방을 할 수 있었기 때문이라고요."

▣ 인간 계산기

폰 노이만은 인간 계산기였다. 그의 연구소 조교였던 할모스는 말했다. "그가 만든 전자 계산기를 처음 테스트할 때였어요. 누군가 2의 거듭제곱에 관한 비교적 간단한 문제를 냈어요(그것은 2를 거듭 제곱해 나갈 때 천의 자리에 처음으로 7이 나오게 하려면 최소 몇 번 곱해야 하는가 하는 문제였다. 이는 요즘 컴퓨터로 보면 아주 간단한 문제로 100분의 1초도 걸리지 않는다.) 컴퓨터와 쟈니(폰 노이만의 애칭)가 동시에 시작했는데, 놀랍게도 쟈니가 먼저 문제를 끝냈습니다."

[2] Herman Goldstine(1913~2004), 미국의 수학자와 컴퓨터 과학자로, 시카고 대학에서 1933년에 박사 학위를 받고, 1939년부터 미시간 대학에서 가르쳤다. 제2차 세계 대전 중에 입대했고, ENIAC 개발에 참여했으며, 그 뒤 ENIAC, 폰 노이만과 함께 EDVAC, ENVAC, IAS 등의 개발에 참여했다. 폰 노이만이 죽은 뒤에 IBM 수리 과학부를 창설하고 지휘했다.

[3] 프랑스 대혁명을 배경으로 런던과 파리를 무대로 쓴 찰스 디킨스의 역사 소설.

천재들의 실수

어느 날 할모스는 폰 노이만과 함께 어떤 문제를 기가 막히게 멋지고 새로운 방법을 이용해서 풀었다. 마침 기차 시간에 쫓기고 있던 폰 노이만은 할모스에게 그 풀이를 기록해 놓으라고 했다. 할모스는 걱정하지 말라고 했다. 이때가 금요일 저녁이었다. 할모스는 다음 날 증명을 정리하기로 하고, 맥주를 먹으러 나갔다. 그런데 다음 날 아침, 그 증명을 생각해낼 수 없었다. 칠판은 이미 청소부가 지운 뒤였다. 아무것도 남아 있지 않았다. 할모스는 폰 노이만과 함께 고안한 증명을 다시 찾아내려고 노력하면서 고통스럽게 주말을 보냈지만, 허사였다. 며칠 뒤에 폰 노이만이 돌아왔을 때, 잔뜩 겁먹은 할모스는 증명을 '잃어버렸음'을 고백했다. 불행하게도 폰 노이만도 그 문제에 관한 모든 것과 증명을 완전히 잊어버렸다. 그들은 그 문제를 처음부터 다시 풀어야 했다.

무관심

폰 노이만은 연구에만 몰두해서인지 일상사에는 무심했다. 폰 노이만의 둘째 부인인 클라리Klari Dan는 그녀가 아팠을 때의 일을 웃으면서 이렇게 회상했다. "남편에게 물 한 잡을 부탁했는데, 한참 뒤에 와서는 컵이 어디에 있는지 모르겠다는 것이었어요. 그 집에서만 17년을 살았는데 말입니다(물론 집에는 가정부가 있어 물어만 봐도 당장 알 수 있었다)."

한 번은 뉴욕에서 누구와 만날 약속이 있다며 프린스턴에서 아침에 차를 몰고 나갔는데, 중간쯤에서 누구와 만나기로 했는지 기억이 나지 않아, 전화를 걸어 부인에게 지금 "내가 왜 뉴욕으로 가고 있는 거지요?" 하고 물었다고 한다.

고독한 사람

폰 노이만은 개인적으로 심각한 문제를 갖고 있던 고독한 사람이었다. 첫 번째 부인은 어떤 대학원생과 눈이 맞아 떠나버렸다. 그는 엄격하게 형식적인 수준을 제외하면 다른 사람들과 교제하는 데 어려움을 느꼈다. 그와 대화를 나눠본 사람은 누구나 결코 넘을 수 없는 분명한 괴리감을 느끼게 된다.

완벽한 복장

폰 노이만은 은행가처럼 언제나 완벽한 정장 차림을 했다. 신사복에 넥타이를 매고 손수건을 가지런히 넣고 다녔다.

언젠가 그와 부인은 애리조나로 여행을 가서 그랜드캐니언을 찾아갔다. 물론 그는 모든 것을 보고 싶어했는데, 계곡 아래까지 노새를 타고 내려가기로 했다. 예상할 수 있듯이 다른 사람들은 모두 가벼운 복장을 했다. 그러나 폰 노이만은 여전히 평상시와 같이 완벽한 정장 차림이었다.

폰 노이만의 조교

1930년대 초, 수학계의 거물들은 뉴저지주 프린스턴에 자리잡고 있었고, 이곳에 고등 학술 연구소가 막 창설되었다. 이 연구소는 수학과가 주도하여 처음에는 5명의 수학 교수를 둔 수학과만 있었다. 미국의 다른 대학 교수와 달리, 이곳의 수학 교수는 한 명의 조교를 두었다. 조교의 임무는 교수에 따라 큰 차이가 났다. 이를테면, 아인슈타인의 조교는 아무것도 하지 않았다는 이야기가 있다. 그리고 아인슈타인 조교의 자격 조건은 나치 독일을 피해 망명한 유대인이면 충분했다. 바일의 조교는 통상적인 임무, 즉 군론에 관한 그의 강의록을 등사 인쇄하는 임무가 있었다.

로치는 1934년 폰 노이만의 조교 자리를 제의받았다. 로치는 프린스턴으로 가서 당시 연구소의 책임을 맡고 있던 베블런에게 물었다. "폰 노이만 교수님의 조교는 어떤 일을 해야 합니까?" 그의 대답은 놀라웠고 약간 경멸조였는데, 일등병만이 4성 장군에 대해 그런 질문을 할 것이라고 말했다. 로치가 정리한 폰 노이만 조교의 네 가지 주요한 임무는 다음과 같았다.

1. 월요일, 화요일, 수요일에 있는 작용소 이론에 관한 폰 노이만의 강의를 듣고, 대단히 많은 양의 강의 내용을 기록한 뒤 미완성 증명을 보완하고 자세히 검토한 다음, 즉시 미국의 모든 대학 도서관에 배포한다. 빈틈없이 빠르고 영리한 젊은이라도 이 과제 하나만을 처리하기 위해서는 모든 정력을 쏟아야 했다. 이런 강의록은 600쪽이 넘었다.
2. 폰 노이만의 조교는 《수학 연보》[4]의 편집자였다. 조교는 게재 승낙을 받은 모든 원고를 읽고, 그리스 문자는 빨강색, 독일 문자는 초록색으로 밑줄을 긋고 이탤릭체로 인쇄할 것에는 동그라미를 쳐야 하며, 조판에 필요한 모든 지시 사항을 여백에 써야 한다. 다음 일화는 1930년대 초 《수학 연보》의 편집 조교가 겪었던 어려움을 예시한다. 소련의 뛰어난 수학자 폰트랴긴[5]이 원고를 투고했다. 당시 소련에서는 종이가 매우 귀했기 때문에, 폰트랴긴은 포장지를 구해서 적절한 크기로 잘라서 타자기 원고를 만들었다. 그런데 불행하게도 폰트랴긴은 장님이었다. 포장지를 불규칙하게 잘랐기 때문에, 가장자리에 있어야 할 글자와 기

[4] *Annals of Mathematics*, 1884년에 버지니아 대학 교수 오몬드 스톤(Ormond Stone)이 창간했고, 1099년부터 하버드 대학, 1911년부터 프린스턴 대학에서 편집했는데, 1933년부터는 고등 학술 연구소가 편집에 공동으로 참여하고 있다. 실베스터가 창간한 《미국 수학 잡지》에 이어 미국에서 두 번째로 오래된 수학 잡지다.

[5] Lev Semenovich Pontryagin(1908~1988), 러시아 모스크바에서 태어났고, 14세 때 폭발 사고로 눈의 시력을 잃었다. 어머니의 도움으로 책을 읽고 공부해서 1927년에 모스크바 대학에 입학했고 1929년에 졸업하면서 수리 역학부의 교수가 됐다. 위상 수학과 대수학을 연구했는데, 1952년부터는 응용 수학으로 연구 방향을 바꾸었다.

호가 매우 많이 나타나지 않았다. 그럼에도 불구하고《수학 연보》의 편집 조교는 그 원고를 다시 치고 빠진 글자와 기호를 보충했다고 한다. 영웅적인 투쟁이었다.

3.《수학 연보》를 발간하는 볼티모어의 출판사를 일주일에 한 번씩 찾아가서 아래 첨자와 위 첨자 등 수학 기호를 조판하는 방법을 가르쳐줘야 한다. 처음에《수학 연보》는 독일 함부르크에 있는 한 출판사에서 인쇄했다. 히틀러가 집권하고 반유대주의가 팽배해지자 미국을 위한 출판을 할 수 없었다. 그래서 미국에서 별도로 출판을 해야 하는데 그 미국 출판사는 수학 기호를 조판한 적이 없었다. 해결책은 폰 노이만의 조교가 출판업자를 가르치는 것이었다.
4. 100쪽에 달하는 폰 노이만의 수많은 논문을 영어로 번역해야 한다. 폰 노이만이 미국 연구 기관의 교수였기 때문에, 그의 논문은 독일어가 아니라 영어로 작성됐을 것이라고 생각할 것이다. 그러나 폰 노이만에게는 조교가 있었기 때문에, 자연스럽게 조교가 번역했다.

로치는 베블런을 만나고 풀이 죽어 나갔다. 당대 최고의 수학자 곁에서 연구하는 것도 좋지만, 너무 과중한 업무였다. 마침, 다른 장학금을 받게 된 로치는 폰 노이만의 조교 자리를 버리고 헝가리로 가서 프리기에스 리츠와 연구했다. 로치는 그 뒤 폰 노이만의 조교 자리가 넷으로 분리됐다는 소문을 들었다.

◎ 속임수 문제

오래된 '속임수' 문제가 있다. 두 대의 가상의 기차와 한 마리의 벌이 있다. 일정한 속도로 달리는 두 기차가 동시에 시카고와 뉴욕에서 출발해서 단

선 위를 서로 마주보며 달린다. 뉴욕에서 기차가 출발하는 순간에, 기차보다 빠른 일정한 속도로 벌 한 마리가 뉴욕을 떠나 시카고에서 출발한 기차를 향해 날아간다. 벌이 시카고에서 출발한 기차와 만나면, 방향을 바꾸어 뉴욕에서 출발한 기차를 향해 날아간다. 이 벌이 뉴욕에서 출발한 기차와 만나면, 방향을 바꾸어 시카고에서 출발한 기차를 향해 날아간다. 이 벌은 두 기차가 마주쳐서 그 사이에 낄 때까지 두 기차 사이를 계속해서 왕복한다. 뉴욕과 시카고 사이의 거리를 안다고 가정했을 때, 이 벌은 얼마의 거리를 날았을까?

깊이 생각하지 않은 사람은, 두 기차 사이에서 연속적으로 나른 거리를 계산하고 그 결과로 얻어지는 수렴하는 급수의 합을 구해서 벌이 날아다닌 거리를 계산하려고 시도하기 때문에 이 문제는 '속임수' 문제가 된다. 그렇지만 이 문제를 푸는 훨씬 더 간단한 방법이 있다. 먼저 두 기차가 마주치기 전까지의 시간을 구한다. 이 시간에 벌의 속도를 곱하면, 벌이 날아다닌 전체 거리가 얻어진다.

이 기차 · 벌 문제를 수학 천재 폰 노이만에게 제시했을 때, 그는 거의 순간적으로 정확한 답을 말했다고 한다. 문제를 제시한 사람이 말했다. "당신은 이 문제를 푸는 더 간단한 방법을 알고 있군요." 그리고 그는 폰 노이만에게 깊이 생각하지 않는 많은 사람이 사용하는 복잡한 방법을 설명하기 시작했다. 그러자 폰 노이만이 탄성을 질렀다. "아, 더 간단한 방법이 있있네요."

폰 노이만의 죽음

폰 노이만은 1955년 여름 어느 사무실 건물 복도에서 미끄러져서 왼쪽 가슴을 다쳤나. 그 상처를 치료하다가 8월에 골수암 진단을 받았다. 이미 전이된 상태였다. 이에 대해 그는 처음에 낙관적이었고 충분히 극복할 수 있을 것이라고 생각했으며, 전보다 더 열심히 일했다. 대단히 놀라울 정도의 정력을

발휘해서, 미국 원자력 위원회 이사로서 자신에게 부과된 일을 해결하고 다른 관심거리를 처리해나갔다. 핵무기 실험이 암을 유발하지 않는다고 주장했던 그 자신이 그 무서운 병에 걸렸다는 사실은 참으로 비극적이었다. 그는 몇 번의 핵무기 실험에 직접 참관하고 오랫동안 로스앨러모스에 기거해서 암에 걸릴 가능성을 키웠었다.

곧 폰 노이만은 하루 4~5시간의 평소의 수면이 부족하다는 사실이 곧 밝혀졌고, 그의 엄청난 활동력은 속도를 늦추어야 했다. 그렇지만 죽음은 생각할 수도 상상할 수도 없었고, 아직 완성하지 못한 계획과 과제가 많이 있었다. 심리적 압박이 엄청났으며, 자신은 사라지지 않을 것이라는 그의 각별한 의식은 도전을 받았다. 정신적 고뇌를 줄이려고 폰 노이만은 유대교에서 가톨릭으로 개종시킨 사제를 찾았다. 경제학자인 모르겐슈테른[6]은 특히 충격을 더 받았다. "그는 평생 동안 완전한 불가지론자였습니다. 그러다가 갑자기 가톨릭으로 개종했어요. 이는 그가 건강할 때 보여주거나 생각했던 태도와 전혀 달랐습니다."

그러나 종교가 폰 노이만의 고통을 없애지는 못했다. 자부심이 컸던 자신의 정신도 점점 더 신뢰할 수 없게 됐다. 철저한 심리적 붕괴와 공황 상태에 빠졌고, 매일 밤 감당하기 어려운 두려움에 비명을 질렀다. 친구인 텔러는 다음과 같이 말했다. "폰 노이만은 자신의 정신이 더 이상 기능하지 못하게 됐을 때, 내가 겪어본 다른 어떠한 사람보다도 더 고통을 받았다고 생각한다."

폰 노이만은 1957년 2월 8일 미국 공군 병원에서 엄중한 경호 속에 죽었다.

[6] Oskar Morgenstern(1902~1976), 수리 경제학자로 폰 노이만과 함께 게임 이론을 창안했다.

터커 Albert William Tucker

1905~1995

터커는 캐나다 온타리오에서 1905년 11월 28일에 태어났다. 터커의 아버지는 수학 교사였는데, 나중에 장로교 목사가 됐다. 아버지의 수학에 대한 사랑과 높은 도덕 규범은 그의 인생에 깊은 영향을 주었다. 토론토 대학에서 학사 학위(1928)와 석사 학위(1929)를 받고, 1929년 프린스턴 대학으로 옮겨 박사 학위를 취득했다(1932). 1933년 프린스턴 대학 수학과 강사가 된 뒤 평생을 그곳에서 보냈다. 위상 수학에 대한 연구로 프린스턴 대학의 교수로 임용되고 승진했으며, 1954년에는 도드❶ 수학 교수가 됐고, 1954년부터 1964년까지 수학과 학과장을 지냈다. 교육과 연구에서 뛰어난 업적을 남긴 그는 1995년 1월 25일 사망했다.

터커는 세 명의 사내 중 두 아들 알란 터커❷와 톰 터커❸ 모두 유명한 수학자가 됐다.

보험 계리사

터커가 다닌 중등학교의 교장 선생님은 과학과 수학도 가르쳤다. 교장 선

❶ Albert Baldwin Dod(1805~1845), 프린스턴 대학 교수

❷ Alan Tucker, 스토니 브룩의 뉴욕 주립 대학(State University of New York at Stony Brook) 용용 수학 및 통계학과 교수

❸ Thomas J. Tucker, 조지아 대학 수학과 교수

생님은 유클리드 기하학을 몇 주 가르친 뒤 시험을 주었는데, 온타리오 주에서 관장하는 시험 문제의 일부를 그대로 이용했다. 그 시험은 지식에 관한 문제와 '창의성'에 관한 문제로 이루어졌다. 창의성 문제를 전혀 가르치지 않았기 때문에 이런 문제에 답할 학생이 없을 것이라고 생각했다. 그런데 터커는 그런 문제를 풀 수 있었다. 시험을 치른 날 밤, 교장 선생님은 터커의 집을 방문해서 터커 아버지에게 창의성 문제를 가르쳐줬는지를 물었다. 아버지는 그런 적이 없다고 대답했다. 그러자 교장 선생님이 아버지에게 말했다. "당신의 아들은 틀림없이 수학의 천재라고 생각합니다. 이 아이는 보험 계리사로서 매우 장래가 촉망됩니다."

▣ 재수생

터커는 고등학교 시절 뛰어난 성적을 얻었지만, 그가 대학에 갈 수 있는 유일한 희망은 온타리오 주의 두 명의 학생에게 주어지는 토론토 대학 장학금을 타는 것이었다. 3학년 때 이 장학금을 타는 데 실패했다. 그러나 1년 뒤 다시 시도했고 이번에는 성공했다. 그는 중등학교의 수학과 물리학 교사가 되려고 했지만, 수학에 대한 사랑 때문에 대학원까지 다니게 됐다.

▣ 아이젠하트와 레프셰츠

터커는 뜻밖에 기하학에 대한 매력 때문에 베블런, 레프셰츠, 알렉산더, 아이젠하트[4]가 있는 프린스턴 대학을 선택해서 박사 과정을 밟았다.

터커는 뜻밖에 첫 논문을 아이젠하트의 지도로 썼는데, 그 사연은 다음과 같다. 터커는 프린스턴으로 간 첫 해에 아이젠하트의 리만 기하학 강의를 들

[4] Luther Pfahler Eisenhart(1876~1965), 미국 수학자로 프린스턴 대학에서 1900년 학위를 받고 1945년 은퇴할 때까지 모교에서 가르쳤다.

었다. 반 년쯤 지났을 때, 터커는 공변 미분에 관한 설명에서 오류를 발견했다. 수업이 끝난 뒤 그에 관해 물어보려고 아이젠하트를 찾아갔는데, 그는 그에 대해 써보라고 매우 친절하게 말했다. 터커가 3~4쪽의 글을 써서 아이젠하트에게 가져가자, 그는 그에 대해 비판하고 다시 쓰라고 했다. 이렇게 몇 번 반복한 뒤, 네 번째로 다시 쓴 글을 가져가자, 아이젠하트가 말했다. "터커 군, 나는 이것을 《수학 연보》에 제출해서 게재하고 싶네." 그래서 터커는 뜻밖에도 논문을 발표하게 됐다.

터커의 박사 학위 논문도 의외의 상황에서 완성됐다. 터커가 프린스턴에서 첫 해를 마쳤을 때, 레프셰츠는 위상 수학에 관한 그의 첫 번째 책의 원고 중 일부를 터커에게 주며 여름 방학 중 읽으면서 오류를 찾아보라고 시켰다. 여름 동안 이를 읽은 터커는 오자 및 잘못된 사소한 내용을 지적하지 않고 완전히 다른 방법으로 다시 써야 할 것이라고 제안했다. 터커는 이를 고집했지만, 레프셰츠는 매우 냉소적이었다. 레프셰츠가 모스크바를 방문하기 위해 한 학기를 비운 사이, 터커는 자신의 생각대로 그 내용을 다시 정리했고, 두 번째 여름 방학 뒤에 이를 레프셰츠에게 제출했다. 이때, 이미 레프셰츠의 책은 출판됐지만, 터커는 자신의 주장을 굽히지 않았다. 그러자 레프셰츠는 터커가 정리한 내용을 발표할 수 있도록 1주일에 한 번씩 세미나를 개최했는데, 시간에 지남에 따라 더욱 더 열광적이 됐다. 그리고 이를 박사 학위 논문으로 제출하라고 했다.

단치히와의 만남

미국 국방성은 1947년 단치히[5]가 고안한 단체simplex 방법에 대단히 감동받아, 선형 계획법을 더욱 연구하기 위한 대학 차원의 연구 계획을 수립했다. 그래서 단치히는 1948년 프린스턴을 방문해서 이 연구 계획을 폰 노이만과

상의했지만, 폰 노이만은 흥미가 없었다. 단치히는 워싱턴으로 다시 가기 위해 기차를 타야 했는데, 이때 터커를 처음 만났고 기차역까지 바래다주겠다고 제의했다. 차를 타고 가면서 단치히는 수송 문제를 예로 들어 선형 계획법에 대해 5분 동안 설명했다. 터커는 이 주제에 흥미를 느꼈고, 자신의 전공 분야인 조합 위상 수학의 관점에서 흥미가 있던 전기 회로에 관한 키르히호프의 법칙들과 어떤 관계가 있을 것이라고 지적했다. 이런 5분 동안의 대화가 있고 1주일이 지난 뒤, 터커는 단치히로부터 시험 연구 계획에 참여할 의사가 있는지를 묻는 편지를 받았다. 이렇게 해서 터커의 제2의 수학 인생이 시작됐다. 그는 선형 계획법과 게임 이론에서 '쿤 · 터커 정리'와 같은 유명한 결과를 얻었으며, 이 분야에서 초기에 선구적인 역할을 한 대부분의 수학자를 배출했다.[6] 그의 수학적 프로그래밍 연구 계획의 지원을 받은 대학원생과 박사후 연구생 중 8명이 응용 수학, 경제학, 컴퓨터 과학 등에서 미국 과학원의 회원이 됐다.[7] 그리고 존 내시[8]는 터커의 지도로 1950년에 작성한 박사 학위 논문의 결과로 1994년 노벨 경제학상을 수상했다. 폰 노이만은 게임 이론에 대한 내시의 새로운 접근 방법을 반박했지만, 터커는 폰 노이만의 견해에 동요되지 않고 내시를 격려했다.

❺ George Dantzig(1914~2005), 미국의 수학자로 '선형 계획법의 아버지'로 불린다. 버클리의 캘리포니아 대학에서 박사 과정에 있을 때, 지도 교수 네이먼(Jerzy Neyman, 1894~1981)이 제시한 미해결 문제를 숙제로 착각하고 며칠 내에 해결했다는 이야기가 있다. 공군 군무원, 국방성 수학 고문, 1952년 RAND 회사의 수학 연구원, 1960년 버클리의 캘리포니아 대학 교수를 역임하고, 1966년부터 은퇴할 때까지 스탠포드 대학 OR 및 컴퓨터 과학 교수를 지냈다. 그의 아버지 토비아스 단치히(Tobias Dantzig)는 《수: 과학의 언어(Number: the language of science)》를 저술한 수학자다.

❻ Kuhn, Gale, Wolfe, Shapley, Goldman, Luce, Balinski, Edmonds, Lucas 등

❼ IBM 부사장 Ralph Gomory, MIT 인공지능 연구소장 Marvin Minsky 등

❽ John Forbes Nash(1928~), '노벨상과 필즈 메달'에서 좀더 자세하게 다룬다.

미분 적분학

터커는 헌신적으로 수학을 가르쳤다. 그는 대학원 시절 미분 적분학 과목의 조교를 지낼 때, 담당 교수가 너무 빨리 진도를 나가서 많은 학생이 따라가지 못함을 발견하고 이에 계속해서 이의를 제기하다가 해임당할 뻔했다.

터커는 1945년 40세 때 잡지에 연구 논문 게재를 중지했는데, 이는 젊은 수학자에게 더 많은 기회를 주기 위함이었다. 그리고 학과장으로 재직하던 1950년대와 1960년대에는 학부 과정 강좌를 두 과목씩 강의했는데, 신입생을 위한 미분 적분학 강의의 책임도 맡았다. "학과장으로서 신입생 미분 적분학을 지도하는 것이 나의 의무라고 생각했다. 왜냐하면 이것은 수학과의 가장 중요한 활동이기 때문이다."

괴델 Kurt Gödel

1906~1978

괴델은 1906년 4월 28일 오스트리아 · 헝가리 제국의 브륀❶에서 직물 공장을 운영하던 소수 독일계 아버지의 둘째 아들로 태어났다. 1923년 빈 대학에 입학해서 물리학을 전공하려다가 수학자 푸르트벵글러❷의 강의에 깊은 인상을 받아 전공을 수학으로 바꿨다. 한❸의 지도로 1929년 박사 학위를 취득했고, 1939년 초까지 모교를 중심으로 연구하고 가르쳤다. 1940년부터 미국 고등 학술 연구소에서 연구했으며, 1953년부터 사망할 때까지 프린스턴 대학에서 강의 의무가 없는 교수로 있었다.

괴델은 기호 논리학, 수리 철학, 집합론의 기초에 관해 깊이 연구했다. 특히, '괴델의 불완전성 정리'로 유명하다.

학창 시절

괴델은 중등학교 시절 문학과 역사보다 수학과 언어에서 훨씬 더 좋은 성적을 올렸고, 이런 과목만을 주로 공부했다. 고등학교에서 이미 대학 수학을

❶ Brünn, 현재 체코의 Brno.

❷ Philipp Furtwängler(1869~1940), 독일 출신의 수론학자로, 괴팅겐 대학에서 클라인의 지도로 1896년에 박사 학위를 받았고, 1912년부터 빈 대학 교수를 지냈다. 목 아래가 마비되어 휠체어에 타고 강의를 했으며, 조교가 판서를 대신했다.

❸ Hans Hahn(1879~1934), 오스트리아의 수학자로 집합론과 함수 해석학(한 · 바나흐 정리)을 연구했다.

완전히 습득해서 교사와 동료 학생들을 놀라게 만들었다. 그리고 라틴어에서 최고의 성적을 항상 유지했으며 단 하나의 문법적인 실수도 하지 않았다는 소문이 있었다.

논리적 실증주의

괴델이 빈 대학에서 공부할 때, 그곳에서는 열정적인 철학 연구가 진행되고 있었다. 당시 기호 논리학의 언어를 사용해서 과학 전체를 통합하려는 논리적 실증주의가 형성됐고, 이른바 '빈 학파'의 철학자들에 의해 발전되고 있었다. 빈 학파는 수학과 근처의 세미나 실에서 모임을 가졌다. 괴델의 지도교수인 한은 이 학파의 주요한 구성원이었는데, 괴델은 그의 소개로 1926년부터 그 모임에 정기적으로 참석했고 1938년까지 활동했다.

불완전성 정리

괴델은 1931년 불완전성 정리를 발표했다.[4] 이 정리로 모든 공리적 수학 체계에는 그 체계의 공리로 증명하거나 반증할 수 없는 명제가 존재함을 증명했다. 이 정리는 수학 전체를 공리적 기초 위에 설정하려는 100여 년의 시도에 종지부를 찍었고, 힐베르트의 형식주의에 심각한 타격을 주었다. 그리고 이 정리는 20세기 수학에서 획기적인 사건으로 수학이 완성된 학문이 될 수 없으며, 수학의 모든 문제를 컴퓨터로 해결할 수 없음을 보여주었다.

그런데 체르멜로도 이 결과를 이미 증명했지만 발표하지는 않았다는 말이 있다.

[4] 괴델은 불완전성 정리에 관한 논문을 교수 자격 취득 논문으로 제출했는데, 1932년 12월 한의 승인을 받았고, 1933년 3월 빈 대학의 무급 강사가 됐다.

신경 쇠약

괴델은 여섯 살 때 류머티즘열[5]로 고생했다. 병은 회복됐지만, 평생 동안 건강에 대한 병적인 두려움에 시달렸다. 그리고 어린 시절부터 정서적으로 불안정했고, 오뉴월 더운 날에도 스웨터를 여러 겹 껴입고 고무 덧신을 신고 다녔다는 말이 있다.

괴델은 미국을 처음 방문한 뒤인 1934년 가을부터 1년 남짓 신경 쇠약증을 치료받기 위해 빈 근교에 있는 요양소에 들어갔다. 그리고 세미나를 통해 그에게 논리학에 대한 관심을 불러일으켰던 슐리크Schlick 교수가 나치주의자인 학생에 의해 1936년에 살해됐을 때, 대단히 큰 충격을 받았고, 또다시 신경 쇠약 증세가 나타났다. 그 뒤에도 신경 쇠약증과 우울증 때문에 병원과 요양소를 여러 차례 들락거렸다.

로타는 20세기의 뛰어난 논리학자 몇 명이 한때 정신병 치료를 받았다고 말했다. 이미 언급한 칸토어와 괴델 이외에 체르멜로, 페아노, 포스트, 처치 등이 그 예이다. 우연의 일치일까?

미국과의 인연

1933년 히틀러가 정권을 잡았지만, 빈에서 괴델의 활동에는 영향이 없었다. 그는 정치에 관심이 없었다. 고등 학술 연구소에서 강연해달라는 베블런의 초청을 받고, 1933년 10월 6일 뉴욕에 도착했다. 봄 학기에 불완전성 연구 결과에 대해 강연했고, 5월 말에 유럽으로 돌아갔다.

[괴델은 1938년 여름에 괴팅겐을 방문해서 집합론에 관한 연구 결과를 강의했고, 빈으로 돌아가서 아델레 님부르스키Adele Nymbursky와 결혼했다. 그

[5] 발열성 질환으로 심장 장애를 수반한다.

녀는 괴델보다 6세 많았는데, 나이트클럽에서 무용수로 일하던 1927년에 만났다. 결혼하기까지 부모의 완강한 반대에 부딪쳤었다.]

괴델은 1938년 가을에 다시 미국으로 가서 가을 학기는 고등 학술 연구소에서 보냈고, 1939년 봄 학기는 노트르담 대학에서 강의했다.

1938년 3월부터 오스트리아는 독일에 점령됐다. 그 뒤 오스트리아의 무급 강사들은 대부분 봉급을 받게 됐는데, 괴델은 제외됐고 유대인으로 오해를 받기도 했다. 전쟁이 시작된 뒤에는 독일군에 징집될 가능성도 높아졌다. 이에 어렵게 미국 비자를 얻어서 아내와 함께 1940년 1월 18일 오스트리아를 떠나 [전쟁 중인 위험한 대서양을 피해] 러시아와 태평양을 경유해서 3월 4일에야 샌프란시스코에 도착했다.

선택 공리와 연속체 가설

괴델의 논문 편수는 매우 적다. 그와 많은 대화를 나눈 에르되시에 따르면, 그는 수학의 모든 분야를 이해하고 있었으며, 논문을 발표하지 않게 된 뒤에도 계속해서 연구했다고 한다.

괴델은 신경 쇠약 등 건강 문제로 어려움을 겪고 있을 때도 연구를 계속했는데, 1935년에는 집합론의 공리들과 선택 공리 사이에 모순이 없음을 증명했다. 이 결과는 그가 저술한 유일한 책 《선택 공리와 일반화된 연속체 가설의 무모순성》[6]에 실렸다. 이 책에서 칸토어의 연속체 가설은 당시의 집합론 공리들로 반증할 수 없다는 사실도 증명했다.

괴델은 선택 공리와 연속체 가설을 집합론의 공리에 추가해도 모순이 없음을 증명한 것이지 독립적임을 증명한 것은 아니다. 이런 독립성은 그 뒤 코

[6] *The Consistency of the Axiom of Choice and of the Generalized Continuum Hypothesis*, 1940

헨[7]이 1963년에 증명했다.

코헨은 연속체 가설의 독립성에 관한 논문을 쓴 뒤에 괴델의 확인을 받으려고 프린스턴으로 가지고 갔다. 당시 괴델은 신경증과 병적인 공포증에 시달리고 있었다. 코헨이 괴델의 집으로 갔지만, 괴델은 문을 열어주지 않았다. 그 대신 하얀 손을 문 밖으로 내밀어 원고를 움켜쥐었다. 며칠 뒤에 괴델은 그 결과가 정확하다고 공언했고, 코헨을 초청해서 차를 대접했다.

영원한 논리학자

철저한 논리학자이며 수학자인 괴델은 진리를 발견하기 위한 수단으로서 상식을 신용하지 않았다. 언젠가 관료적이지만 간결하게 정리된 질문서를 작성한 일이 있었다. 그 내용을 조사하면서 점점 더 혼란에 빠져서 어떻게 답해야 할지 모르게 됐다. 그래서 보통 사람들과 같이 대충대충 '예' 또는 '아니오' 라고 답하지 않고, 각 질문에 대해 다음과 같은 식으로 복잡하고 긴 논평을 썼다. "이 질문이 A를 의미한다면 답은 X이지만, 이 질문이 B를 의미한다면 …."

또, 괴델은 맥아더[8] 장군이 가짜라고 논증한 적도 있었다. 프린스턴에서 아인슈타인과 매우 친하게 지냈는데, 그의 조교인 슈트라우스와 함께 점심 식사를 하곤 했다. 그들은 식사를 하면서 수학이 아닌 다양한 주제를 논의했는데, 정치 이야기를 자주 나누었다. 특히, 맥아더 장군이 한국에서 돌아가서 뉴욕 시에서 화려한 가두 행진을 한 뒤에, 주목할 만한 논의가 있었다. 괴델은 흥분한 상태로 점심 식사 자리에 나타나서는 《뉴욕타임스》 첫 면에 사진

[7] Paul J. Cohen(1934~2007), 미국 출신의 수학자로, 시카고 대학에서 지그문트의 지도로 1958년에 박사 학위를 받았다. 1959~61년 고등 학술 연구소 연구원을 거쳐, 1961년부터 스탠포드 대학의 교수로 있다. 1966년에 필즈 메달을 받았다.

[8] Douglas MacArthur(1880~1964), 미국의 군인

이 실린 사람은 맥아더가 아니라 가짜라고 주장했다. 증명을 위해 괴델은 맥아더의 옛 사진과 자를 준비했다. 각 사진에서 코끝에서 턱끝까지의 거리에 대한 코의 길이의 비를 비교했다. 그것은 달랐다.

미국 시민권 따기

괴델은 1940년 미국으로 이주했지만, 1948년에야 미국 시민권을 취득했다. 여러 해 동안 미국 시민권 취득을 주저했는데, 이유는 미국 헌법에서 논리적인 모순을 발견했기 때문이라고 한다.

괴델은 시민권을 따기 위해 구두 시험을 치러야 했기 때문에 미국 헌법을 공부했다. 그런데 이 과정에서 미국 헌법에 상당한 문제점이 있음을 발견했다. 즉, 몇 가지 논리적인 모순이 있다는 것과 자세히 들여다보면 미국이 아주 합법적으로 독재 국가가 될 수 있다는 점이었다. 괴델은 이 사실을 친구인 경제학자 모르겐슈테른에게 털어놓았다. 그러자 그 친구는 괴델에게 시민권 시험에서는 절대 그 사실에 관해서 언급해서는 안 된다고 말했다.

괴델과 아인슈타인

1948년 4월 2일 괴델은 아인슈타인과 모르겐슈테른을 증인으로 동반하고 트렌턴의 관청으로 갔다. 트랜턴으로 가는 도중에 아인슈타인은 미국 헌법의 논리적인 문제를 괴델의 머리 속에서 털어 내려고 여러 가지 이야기들을 계속 들려주었다. 그러나 일은 벌어졌다. "당신은 지금까지 독일 시민권을 갖고 있었군요." 관리가 이렇게 말하자 그는 즉시 그 말을 정정해 주었다. 괴델은 독일인이 아니라 오스트리아인이었다. "어쨌든 지독한 독재 정권 아래 있었군요. 하지만 다행히도 미국에서는 독재란 불가능하지요. …" 관리가 계속 말을 이어나갔다.

그때 "아니, 그렇지 않아요. 나는 독재가 어떻게 일어날 수 있는지 알고 있소."라고 소리친 것이다. 아인슈타인과 모르겐슈테른이 간신히 괴델을 진정시켜 시험을 치르게 하고 미국 시민으로서 맹세를 하게 했다.

특이한 성격

레제Tullio Regge는 《대화》[9]에서 괴델에 대해 다음과 같이 썼다.

> … 나는 프린스턴 대학에서 고등 학술 연구소로 자리를 옮겼을 때, 오펜하이머와 괴델을 알게 됐다. 그렇지만 괴델과의 대화는 거의 전무했다. 괴델은 극도로 말이 없었으며, '군중' 을 보지 않으려고 연구소 식당에도 나타나지 않았다. 사실, 군중이래야 그의 동료에 불과했고 그를 전혀 성가시게 만들지 않았지만, 그는 매우 소심했다. 나는 만찬에서 그를 만난 적이 한 번 있었는데, 그렇게 같은 식탁에서 그와 몇 시간을 함께 보낸 사람은 소수에 불과하다고 생각한다. … 그와 가까운 친구인 경제학자 모르겐슈테른이 어느 날 그를 만나러 갔지만 집이 텅 비어 있었다. 주전자가 스토브 위에서 끓고 있었지만, 괴델은 보이지 않았다. 모르겐슈테른은 괴델이 어떤 사람인지 잘 알고 있었기 때문에, 집을 샅샅이 뒤지기 시작했고 지하실 목탄 부대 뒤에 숨어 있는 그를 발견했다. 방문객에 대한 그의 공포는 대단했다.

비사교적

괴델은 전혀 사교적이지 못했다. 한번은 '괴델 붕괴' 를 주장했던 수학자 바일이 수학자 폴 로렌첸P. Lorenzen에게 연구소에 와줄 것을 요청한 적이 있

[9] *Dialogo*, Primo Levi와의 공저, 프린스턴 대학교 출판사, 1989, pp. 28–29. 다음에서 인용 "*The College Mathematics Journal, MAA*, vol 24, no 3, 228."

었다. 로렌첸은 괴델 붕괴가 수학에 미친 손상을 복구하려는 논문 몇 편을 쓴 인물이었고, 그 논문들은 바일의 마음에 쏙 들었던 것이다. "나는 하늘이 다시 열리는 것을 보았소."라고 바일은 로렌첸에게 썼다. 불행하게도 바일은 로렌첸이 프린스턴으로 오기 전에 죽었고, 로렌첸이 연구소에 나타났을 때는 괴델이 그를 맞았다. 괴델이 대뜸 말했다. "나는 당신이 쓴 논문들을 보았소. 해롭기 그지없는 것들이더군요." 이 말은 로렌첸에게 큰 상처로 남았다. 후일 로렌첸은 "그때 들은 말은 한마디도 빠뜨리지 않고 가슴속에 새겨 두고 있습니다."라고 말했다.

다른 경우로, 언젠가 괴델은 고등 학술 연구소에서 1년에 두 번 열리는 전통적인 만찬에 참석했다. 그는 젊고 유명한 천체 물리학자 바콜[10] 건너편에 앉았다. 두 사람은 서로 자신을 소개했는데, 바콜은 자신이 물리학자라고 말했다. 그러자 괴델이 깔보면서 대꾸했다 "나는 자연 과학을 믿지 않습니다."

죽음

괴델은 모든 것에 대해 매우 확고하고 주관적인 견해를 갖고 있었는데, 이를 결코 바꾸려 하지 않았다. 그리고 수학뿐만 아니라 의학도 자신의 생각이 옳다고 믿었으며, 의사의 지시를 따르지 않았다.

괴델은 방광에 문제가 있었지만 한사코 치료를 거부했다. 두 명의 의사가 번갈아 가면서 권고했지만 막무가내였다. 1974년 괴델은 전립선과 연결된 요도에 이상이 생겨 입원했다. 그의 아버지가 전립선 이상으로 죽었음에도 불구하고 괴델은 수술을 거부했다.

또, 그는 십이지장 궤양으로 심각한 출혈이 발생한 뒤에는 줄곧 극단적인

[10] John Bahcall(1934~2005)

식이 요법을 유지했는데, 이것 때문에 그의 체중은 서서히 줄어들었다. 말년에는 자신이 독극물에 중독됐다고 확신했고, 담당 의사가 자신을 죽이려 한다고 생각했으며, 독극물을 피하기 위해 음식도 거부했다. 이에 따라 그는 굶어서 죽었다. 사망 진단서에 따르면, 그는 성격 장애로 인한 영양 실조로 죽었다.

베유 André Weil

1906~1998

베유는 1906년 5월 6일 프랑스 파리의 유대인 가정에서 태어났다. 어린 나이에 수학에 빠졌으며, 중독됐다고 한다. 에콜 노르말 쉬페리외리를 1923년에 졸업하고, 로마와 괴팅겐을 방문했다. 괴팅겐에서 대수 곡선 이론을 연구했는데, 그 뒤 파리 대학에서 아다마르의 지도로 그에 관한 논문으로 1928년 박사 학위를 취득했다.

베유는 1930년부터 32년까지 인도의 알리가르 대학의 교수를 지냈고, 1933년부터 제2차 세계 대전 발발 전까지 프랑스의 스트라스부르[1] 대학 교수로 있었는데, 이때 부르바키 학파를 발의해서 그 일원으로 활동했다.(부르바키는 다음에 나오는 듀돈네 뒤에서 자세히 알아본다.) 병역을 피하려고 핀란드로 갔다가 프랑스로 송환되어 투옥됐고 잠시 입대했다가 미국으로 갔다. 1941년부터 하버포드 대학Haverford College과 스워스모어 대학Swarthmore College, 1945년부터 브라질의 상파울로 대학, 1947년부터 미국의 시카고 대학 교수를 역임했고, 1958년부터 1976년 은퇴할 때까지 고등 학술 연구소에서 연구했다. 정수론, 군론, 대수 기하학 등에서 선구적인 업적을 남겼다.

[1] Strasbourg, 프로이센 · 프랑스 전쟁(1870~71) 뒤에 독일에 합병되어 슈트라스부르크(Strassburg)로 불리다가, 1918년 제1차 세계 대전 뒤에 다시 프랑스의 영토가 됐다.

구사일생

베유는 1939년 핀란드 헬싱키에 있었으며, 네반린나❷를 방문했다. 그런데 11월 30일 러시아가 헬싱키에 폭탄 공격을 시작했다. 그 사건 직후에 베유는 적절하지 않은 시간에 적절하지 않은 장소를 방황하고 있었다. 날카로운 눈매와 이국적인 차림새 때문에 경찰의 의혹을 받았고 체포됐다. 며칠 뒤에 당국은 베유의 아파트를 수색했는데, 다음과 같은 물건을 찾아냈다.

- 벽장 바닥에 있던 속기용 문자로 작성한 여러 개의 종이 뭉치
  - 베유는 발자크의 소설 중 일부라고 주장했다.
- 폰트랴긴으로부터 온 러시아어로 쓰인 편지
  - 베유를 레닌그라드로 초청하는 편지였다.
- 폴다비아 왕립 학술원 회원인 니콜라스 부르바키의 명함 다발
- 부르바키의 딸 베티의 결혼 청첩장 몇 개

모두 유죄를 입증하는 물건이었다. 베유는 감방에 갇혔다.

며칠 뒤인 12월 3일, 당시 핀란드 육군 작전 참모진의 예비역 대령으로 있던 네반린나는 경찰국장과 저녁 식사를 함께 했다. 커피를 마시면서 국장이 말했다. "내일 간첩을 처형할 예정인데, 그가 당신을 안다고 합니다. 통상 그런 하찮은 일에는 신경 쓰지 않지만, 여하튼 지금 당신과 함께 있으니 당신에게 조언을 구할 수 있어서 기쁩니다." "그의 이름이 무엇입니까?" 네반린나가 물었다. "앙드레 베유." 네반린나의 충격을 상상할 수 있을 것이다. 그렇지만 침착하게 말했다. "나도 그를 압니다. 정말로 그를 처형해야 합니까?"

❷ Rolf Hermann Nevanlinna(1895~1980), 핀란드의 수학자

경찰국장이 대답했다. "글쎄요, 우리가 어떻게 하기를 바라십니까?" 네반린나가 조심스럽게 제의했다. "그냥, 국외로 추방하면 안 될까요?" "아, 그것도 한 가지 방법입니다. 그런 방안은 전혀 생각하지 못했습니다." 경찰국장이 대답했다. 이렇게 베유의 운명이 결정됐다.

베유는 프랑스로 송환된 뒤에 징집 기피로 투옥됐다가, 육군에 입대했다. 그는 오랜 세월이 흐른 뒤에, 감옥이 조용하고 거의 간섭을 받지 않기 때문에 수학을 연구하기에 가장 완벽한 장소라고 종종 말했다.

자칭 최고 수학자

1950년대에 시카고 대학 수학과에서 성탄절 잔치가 있었다. 베유, 첸, 시걸[3] 등을 포함해서 뛰어난 수학자가 많이 참석했다. 그 자리에 모인 사람들은 장난삼아서 자신들을 제외하고 생존하는 수학자 중에서 가장 뛰어난 10명의 명단을 만들기로 했다. 그렇지만 베유는 고려하는 대상에 자신을 포함시킬 것을 고집했다. 그래서 그들은 역사 전체를 통해 가장 뛰어난 수학자 10명의 명단을 만들기로 했다. 베유는 또다시 자신을 포함시키자고 고집했다.

베유는 나중에 고등 학술 연구소로 옮겼는데, 관례에 따라 프린스턴 대학의 다과 모임에 종종 참석했다. 어느 날, 당시 대학원생인 와인트로브[4]가 휴게실로 들어가서 20세기의 가장 뛰어난 수학자가 누구인지 여러 수학 교수에게 물었다. 이 질문을 받은 베유의 답은 "지겔"이었다. 와인트로브가 20세기에 두 번째로 뛰어난 수학자가 누구인지 묻자, 베유는 미소를 지으면서 자신

❸ Irving Segal(1918~1998), 미국 수학자로, 예일 대학에서 1940년에 박사 학위를 받았고, 하버드 강사와 프린스턴 연구 소교를 거쳤다. 군 복무 뒤에 고등 학술 연구소에서 연구했고(1945~48) 시카고 대학 교수(1948~60)와 MIT 교수(1960~89)를 역임했다. 1989년부터 MIT의 명예 교수였다. 함수 해석학과 조화 해석학에서 선구적인 연구를 했다.

❹ Steven H. Weintraub, 루이지애나 주립 대학 수학 교수

의 옷깃에 손톱을 문지르기만 했다.

해석학과 대수학

1960년대의 어느 날 고등 학술 연구소에서 베유는 테이블슨[5]의 강연에 참석했다. 그는 테이블슨의 말을 계속해서 막으면서, 해석학자인 테이블슨이 모듈 관계를 나타내는 대수학의 기호를 사용하고 있다고 주장했다. 테이블슨은 대수학이 아니라 해석학을 강조하고 싶다고 말했다. 몇 번 더 간섭하던 베유는 결국 다음과 같이 말했다. "그것은 내 기호지만, 사용할 수 있도록 허가하겠습니다."

테이블슨

다른 경우로, 강연을 준비하던 베유는 푸리에 해석학의 일부 내용을 사용해야 했다. 한 가지 특별한 점이 그를 혼란스럽게 만들었는데, 테이블슨을 여러 번 찾아가서 도움을 청했다. 사실, 그는 똑같은 점 때문에 테이블슨을 반복해서 찾아갔다. 드디어 그는 분명히 이해했다고 말했다. 그렇지만 강연 중에 또다시 혼란에 빠졌다. 그는 안절부절못하다가 청중을 둘러보다가 결국 다음과 같이 말했다. "이해할 수 없으면, 해석학자에게 문의하시오."

추천서

베유는 날카롭고 신랄한 추천서를 쓰기로 유명했다. 그래서 그에게 추천서를 써달라고 부탁하기가 두려웠다. 그런데 어떤 자신만만한 젊은이가 추천서를 부탁했다. 어떤 수학자에게 보낸 그 추천서의 일부 내용은 다음과 같다.

[5] Mitchell Taibleson(1929~2004), 미국의 수학자로, 시카고 대학에서 박사 학위를 취득했고, 1962년부터 세인트루이스의 워싱턴 대학 수학 교수를 지내고 2000년에 은퇴했다.

"이 사람은 현재 당신의 어느 제자보다도 더 뛰어나고, 예전 당신의 어느 제자보다도 더 뛰어나며, 미래의 당신의 어느 제자보다도 더 뛰어날 것입니다." 그 사람은 직장을 얻었다.

페르마 전문가

오랫동안 고등 학술 연구소의 정신적인 지주였던 베유는 항상 높은 수준을 견지했다. 1973년 당시 프린스턴 대학 과학사학과 부교수 마호니[6]가 무모하게도 (또는 불행하게도) 페르마의 전기를 썼다. 당시 베유는 페르마에 관한 역사를 연구하고 있었다. 그 주제로 일련의 강의를 했고, 페르마를 매우 잘 이해하고 있기에 자신이 탁월한 페르마 전문가가 될 것이라고 생각했다. 따라서 동료가 쓴 페르마의 새로운 전기가 그의 생각을 흔들지 못했다. 어쨌든 베유는 《미국 수학회 공보Bulletin of the AMS》에 그 책에 대한 서평을 썼다. 그 서평은 다음과 같이 시작된다. "페르마에 관해 적당히 봐줄 만한 정도의 책을 쓰기 위해서도 몇 가지 능력이 요구된다." 그러면서 다음과 같이 필요한 능력을 나열했다.

- 통상적인 정확성
- 단순한 개념을 쉬운 영어로 표현하는 능력
- 프랑스어에 대한 어느 정도의 지식
- 라틴어에 대한 어느 정도의 지식
- 어느 정도의 역사적 감각
- 페르마와 같은 시대 사람들의 연구 성과와 페르마의 수학에 대한 어느

[6] Michael S. Mahoney, 2007년 현재 정교수

정도의 지식
- 수학에 대한 지식과 감수성

그리고 베유는 이런 각 능력의 속성을 하나씩 논의했으며, 논평하는 책에서 인용한 내용을 바탕으로 저자가 이런 능력 중에서 어떠한 것도 갖추지 못했음을 명확하게 증명했다.

에콜 노르말의 익살

에콜 노르말 쉬페리외리는 프랑스 전체에서 최고 엘리트 대학이지만, 짓궂은 장난도 잘 치는 오랜 전통이 있었다. 베유가 전한 매우 재미있는 이야기가 있다. 1916년, 팽르베[7]는 소르본 대학의 젊고 매우 뛰어난 교수였다. 그는 또한 에콜 노르말 쉬페리외리의 입학 시험관이었다. 각 응시생은 엄격한 구두 시험을 치러야 했는데, 팽르베가 시험 위원이었다. 응시생들은 아침 일찍 도착해서 시험을 치르는 강의실 밖에서 순서를 기다렸다. 에콜 노르말 쉬페리외리의 재학생 몇 명이 나타나서 응시생들과 잡담을 나누었다. 그들은 짓궂은 장난으로 유명한 이 학교의 전통을 알려주었다. 전형적인 속임수는 학생이 시험관을 사칭해서 응시생을 놀리고 창피를 준다는 것이었다. 응시생들은 잔뜩 경계심을 갖게 됐다.

이런 정보를 알게 된 한 응시생이 시험을 치르러 들어갔다. 그리고 매우 젊어 보이는 팽르베 앞에 앉더니 불쑥 말했다. "나한테는 성공할 수 없을 것입니다." 당혹스러운 팽르베가 대꾸했다. "그게 무슨 뜻인가? 무슨 말을 하고 있는 거야?" 그러자 응시생은 비웃으며 말했다. "아, 나는 모든 것을 다 알고

[7] Paul Painlevé(1863~1933)

있습니다. 이것은 장난이지요, 당신은 가짜입니다." 그 응시생은 팔짱을 끼고 뒤로 물러나 대답을 기다렸다. 팽르베가 말했다. "나는 팽르베 교수이고, 시험관이다 …"

그렇지만 상황은 더욱 악화됐다. 결국 팡르베는 총장을 모시고 와서 자신을 확인시켜야만 했다.

베유는 이 이야기를 종종 들려주었는데, 그때마다 거의 쓰러질 정도로 웃어댔다.

무관심

베유는 자신과 관련 없는 일에는 전혀 무관심했다. 타지마할을 "무갈 폭군의 일시적인 변덕과 허세에 이식된 이탈리아 바로크의 모조품"이라고 말한 적도 있다. 어떤 수학자가 어떤 정리를 발견했다는 말을 듣고는, 그 화제를 얼른 종결지으며 말했다. "그것은 참일 수 없다. 만약 참이라면, 그는 제대로 알지 못할 것이기 때문이다."

시몬느 베유

앙드레 베유의 여동생은 유명한 신비주의자 시몬느 베유[8]다. 그녀는 매우 젊은 나이에 죽었지만, 앙드레는 80세를 훨씬 넘긴 1998년까지 살았다. 자연스럽게도, 《뉴욕타임스》는 앙드레에게 여동생에 관해 인터뷰했다. 그리고 그것이 그를 인터뷰한 모든 이유라는 사실이 이 위대한 수학자를 끝없이 분개하게 만들었다.

[8] Simone Weil(1909~1943), 프랑스의 여류 실존 사상가

로그 법칙

베유는 교수 초빙에 적용되는 로그 법칙이 있다고 즐겨 말했다. 간단하게 말하면, 일류 학과는 일류 학자를 고용하고, 이류 학과는 삼류 학자를 고용하며, 삼류 학과는 오류 학자를 고용한다.

이를 다음과 같이 대학이 쇠퇴하는 베유의 지수 법칙이라 말하기도 한다. "일류는 일류를 임명하고, 이류는 사류를 임명하며, 사류는 팔류를 임명한다. 이와 같이 계속된다."

베유의 존재 증명

수학이 무모순이기(일관되기) 때문에 신은 존재하고, 우리가 그것을 증명할 수 없기 때문에 악마가 존재한다.

듀돈네 Jean Alexandre Eugène Dieudonné

1906~1992

듀돈네는 1906년 7월 1일 프랑스 릴Lille에서 태어났다. 14세 때 대수학을 접하고 수학에 대한 열정이 불타올랐다. 1924년 에콜 노르말 쉬페리외르에 입학해서 피카르❶, 아다마르, 엘리 카르탕, 르베그❷, 몽텔❸, 덴조이❹, 줄리아❺ 등의 저명한 수학자로부터 배웠다. 그리고 프린스턴, 베를린, 취리히 등에서 공부한 뒤 몽텔의 지도로 해석 함수론에 관한 논문으로 1931년 박사 학위를 받았다.

듀돈네는 렌Rennes 대학을 거쳐 낭시Nancy 대학에서 가르쳤으며(1937~52), 미국으로 건너가 1952년에는 미시간 대학에서 이듬해부터 1959년까지 노스웨스턴 대학에서 가르쳤다. 1959년에 프랑스로 되돌아간 듀돈네는 고등 과학 연구소Institut des Hautes Etudes Scientifiques의 교수가 됐고, 1965년에는 니스Nice 대학 최초의 자연 과학부장이 됐다.

듀돈네는 1931년부터 1970년 은퇴할 때까지 해석학, 대수학, 위상 벡터 공간, 대수적 기하학 등의 다양한 분야에서 약 130편의 논문을 썼다. 은퇴한

❶ Charles Émile Picard(1856~1941), 프랑스의 수학자
❷ Henri Léon Lebesgue(1875~1941), 프랑스의 수학자로 적분론 연구
❸ Paul Antoine Aristide Montel(1876~1975), 프랑스의 수학자
❹ Arnaud Denjoy(1884~1974), 프랑스의 해석학자
❺ Gaston Maurice Julia(1893~1978), 프랑스의 수학자

뒤에도 여러 권의 책을 집필했으며, 수학사에 관해 연구했다. 그는 1992년 11월 29일 86세의 나이로 사망했다.

부르바키 학파

1934년 가을 듀돈네의 인생에서 가장 중요한 두 가지 사건이 발생했다. 하나는 이해심 많고 인내력이 강하며 다정한 미래의 아내를 만난 것이고, 다른 하나는 부르바키 학파가 탄생한 것이었다. 당시 듀돈네는 렌 대학의 강사였다.

듀돈네는 부르바키 학파의 발기자 중 한 명으로 부르바키의 주 작가로 활동했는데, '부르바키의 산물 중 50%는 듀돈네로부터 나왔다' 는 말이 있을 정도였다. 대단히 정열적인 듀돈네는 새벽 5시에 일어나 한 시간 동안 정원을 가꾸고, 부르바키를 위해 5쪽의 글을 쓴 뒤에 니스 대학의 학부장으로서의 업무를 시작했다.

실수

듀돈네는 부르바키의 이름으로도 글을 썼을 뿐만 아니라 자신의 이름으로도 상당히 많은 글을 썼다. 이에 따라 종종 자신의 개인적인 글과 부르바키를 위한 글을 구별하는 데 어려움을 겪었다. 그는 자신이 정한 방법으로 일관되게 기술하려고 노력했지만, 실수를 피할 수는 없었다.

듀돈네는 부르바키의 이름으로 어떤 글을 발표했는데, 나중에 실수가 발견됐다. 그 실수는 후에 〈부르바키의 실수에 대하여〉라고 이름이 붙인 논문에서 수정했는데, 그 논문은 듀돈네의 이름으로 서명이 되어 있었다.

세 가지 열정

듀돈네는 세 가지에 대한 열정이 있었다고 하는데, 수학, 음악, 요리가 그것이다. 그는 뛰어난 피아니스트였는데, 종종 바쁜 일정에서도 한 시간 동안 피아노를 연주했다. 고전 실내악을 좋아했으며, 음악에 관한 지식도 풍부해서 니스에서 포레❻에 관해 강의하기도 했다.

요리에도 큰 열정을 가진 듀돈네는 집으로 동료를 초대해서 훌륭한 레스토랑 수준의 프랑스 요리를 손수 만들어 대접했다.

❻ Gabriel Urbain Fauré(1845~1924), 프랑스의 작곡가 · 오르간 연주자

부르바키 Nicolas Bourbaki

1939년 이래 프랑스에서는 가장 기초적이고 일반적인 원리로부터 출발해서 (공리적 방법에 따라) 전문화된 다양한 분야로 진행하는 수학에 관한 포괄적인 책들이 '니콜라스 부르바키' 라는 이름으로 등장하고 있다. 정체 불명의 저자인 부르바키는 처음에 프랑스 과학원의 《보고서Comptes Rendus》와 다른 잡지에 발표된 단신과 논평 및 논문과 연관되어 나타났는데, 그 뒤 이 이름으로 연구서가 연속적으로 출판됐다. 부르바키는 20세기의 가장 영향력 있는 '수학자' 에 속한다.

▣ 부르바키의 구성원

니콜라스 부르바키는 그리스식 이름이고 국적은 프랑스이며, 20세기의 가장 영향력 있는 수학자의 반열에 올랐다. 그의 연구 결과는 많이 읽혀지고 인용되고 있다. 열광적인 지지자를 갖고 있는 반면에 통렬한 비판자도 또한 있다. 그런데 신기하게도 그는 존재하지 않는다!

부르바키는 1930년대 중반에 수학의 기초적인 분야에 관한 교과서를 편찬하기 위해 결성된 수학자들의 비공식적인 집단이 사용하는 공동의 필명이다. 이 조직의 구성원은 비밀을 지킬 것을 서약하지는 않았지만, 대부분 다소 모호한 상태에 있는 것을 즐겼다. 그럼에도 불구하고 그들의 이름은 대부분의 수학자에게는 거의 공공연한 비밀이었다. 부르바키에 관한 여러 편의 글을 통해, 현재 상당히 자세한 역사가 밝혀졌다.

1934년 스트라스부르 대학에 함께 근무하고 있던 앙리 카르탕❶과 베유는 당시에 사용하던 해석학 교과서에 불만을 품고 새로운 해석학 교과서의 필요성을 공감했다. 그들은 정기적으로 파리를 방문했는데, 매달 둘째 월요일에 앙리 푸앵카레 연구소Institut Henri-Poincaré에서 줄리아가 이끄는 수학 세미나에 참석했다. 이 세미나는 해마다 군론, 힐베르트 공간 등과 같은 특별한 주제를 선택해서 집중적으로 연구했다. 이때 에콜 노르말 쉬페리외르 동문을 만나서 베유는 새로운 해석학 교과서의 집필을 제안했고, 1934년 12월 모임에서 그 제안을 논의했다. 이때, 앙리 카르탕, 슈발리❷, 델사르트❸, 듀돈네, 드 포셀❹, 베유 등 6명이 참석했다. 1935년 7월 모임에서는 '니콜라스 부르바키'라는 이름으로 책을 발간하기로 정했고, 회원을 9명까지로 제한했다. 만델브로❺는 이때부터 참여했다.

구성원은 시간이 지나면서 변했다. 이 집단에는 50세가 되면 의무적으로 탈퇴해야 된다는 유일한 규칙 이외에 다른 규칙이 전혀 없다.

부르바키라는 이름의 유래

이 집단의 창시자들은 의도적으로 니콜라스 부르바키라는 이름의 유래를 신비 속에 얼버무렸다. 십중팔구 이 집단은 반은 장난으로, 또 빈은 논문에

❶ Henri Paul Cartan(1904~), 프랑스의 수학자로 엘리 카르탕(Elie Joseph Cartan, 1869~1951)이 아들

❷ Claude Chevalley(1909~1984), 프랑스의 수학자

❸ Jean Frédéric Auguste Delsarte(1903~1968), 프랑스의 수학자

❹ Lucien Alexandre Charles René de Possel(1905~1974), 프랑스의 수학자. 베유와 의견을 달리해서 얼마 뒤 부르바키 모임에 참여하지 않았다.

❺ Szolem Mandelbrot(1899~1983), 프랑스의 수학자로, 프랙털 연구로 유명한 Benoit Mandelbrot(1924~)의 삼촌

저자들의 긴 목록을 넣는 번거로움을 피하기 위해서 사용했을 것이다. 그렇지만 이 이름을 선택한 이유를 설명하는 이야기가 두 가지 있다.

프로이센 · 프랑스 전쟁에서 어느 정도 화려한 명성을 얻은 장군으로 샤를 부르바키[6]가 있었다. 그는 46세였던 1862년 그리스의 왕권을 제의받았지만 이를 거절했다. 1871년 참혹한 전쟁 중에 스위스로 퇴각했으며, 그곳에 억류됐다가 총으로 자살을 기도했으나 실패했다. 80세 이상까지 살았기 때문이다. 그의 동상이 프랑스 낭시에 있다는 말이 있는데, 아마도 이것이 그와 후세의 이 수학자 집단을 연결시켰을 것이다. 왜냐하면 이 집단의 여러 구성원이 낭시 대학과 관련이 있기 때문이다. 그렇지만 이 설명은 '니콜라스' 라는 부분을 여전히 해결하지 못한다.

이름 부르바키의 유래에 대한 또 다른 이야기는 다음과 같다. 프랑스의 많은 수학자를 배출한 에콜 노르말 쉬페리외르를 70여 년 전에 다닌 학생들은 유명한 방문객이었던 니콜라스 부르바키의 강의를 들었다. 사실, 그는 아마추어 배우이거나 상류 계급의 사람이었는데, 표정 없이 수학적으로 그럴듯한 내용을 빨리 이야기하는 재주가 있었다.

부르바키의 연구 방법

부르바키는 1935년 7월 모임을 시초로 책의 출간을 위한 대회Congress를 1년에 세 번 가진다. 한 번의 대회는 통상 1주일 동안 열리는데, 2주일까지 진행되기도 한다. 1935년에 이미 다음과 같은 6종의 책을 '선형 순서' 로 발간하기로 결정했다.

[6] Charles Denis Sauter Bourbaki(1816~1897), 그리스 혈통의 프랑스 장군

Ⅰ. 집합론

Ⅱ. 대수학

Ⅲ. 위상 수학

Ⅳ. 일변수 실함수

Ⅴ. 위상 벡터 공간

Ⅵ. 적분론

여기시 '선형 순서'란 위의 순서에서 앞의 책은 인용할 수 있지만 다른 어떠한 문헌도 참고하지 않는다는 것이다. 각 책은 여러 개의 장으로 구성된다.

이 집단은 발간할 책의 부제를 *Éléments de Mathématique*(수학 원론)로 정했다. 여기서 통상적 "*Mathématiques*" 대신에 '*s*'를 매우 의도적으로 생략하고 "*Mathématique*"를 사용했는데, 이는 수학의 단일성에 대한 부르바키의 믿음을 반영한다. 이 집단의 연구는 또한 각 수학 문제에는 그것을 다룰 수 있는 많은 방법 중에서 최상의 또는 최적의 방법이 존재한다는 믿음에 근거하고 있다. 물론, 입증할 수 없는 형이상학적인 믿음이다.

그런 믿음을 실현하기 위한 부르바키의 연구 과정은 길고도 고통스러웠다. 각 대회에서 어떤 책 또는 장을 써야 하는지를 결정한다. 자원자가 초고를 작성하는 일을 맡고, 이 집단의 다소 모호한 계획에 근거해서 자신의 안을 수립한다. 그는 1~2년 뒤 작업이 끝나면 부르바키 대회에 제출하고, 대회에서 한 줄 한 줄씩 큰 소리로 읽고 참석자들로부터 무자비한 비판을 받는다. 논의는 활기차게 진행되어 고함소리가 들리고 험악한 논쟁으로 번지며, 모임은 마치 미치광이들의 집회와 같이 된다. 논의를 중재하고 이끌어가는 사회자도 없고 회장도 없다. 누구나 말할 수 있으며, 누구나 방해할 수 있다. 초고가 무자비하게 갈가리 찢겨 버리면, 공동 연구를 원하는 둘째 사람이 이 작업을 다시 시작한다. 또다시 그의 안이 파기되면 셋째 사람이 다시 시작하고, 순전히 인간적인 이유에서 이런 과정이 끝날 때까지 계속해서 진행된다. 이렇게 해서 모든 구성원이 똑같은 책 또는 장을 예닐곱 번 또는 열 번 이상 되풀이해서 검토한 다음에야 만장일치의 투표를 통해 인쇄소로 보낸다. 출판된 책을 재판할 때도 이런 과정이 종종 재연된다. 이 집단이 어떤 책 또는 장을 쓰기로 결정한 시기부터 출판물이 서점에 등장할 때까지 평균 8년 내지 12년이 걸린다.

《수학 원론》

부르바키의 《수학 원론》은 1939년에 제1권이 출판됐고 뒤이어 몇 권이 발간됐다. 그렇지만 이 야심찬 활동은 제2차 세계 대전으로 중단됐다. 베유와 슈발리는 미국에 있었고, 카르탕과 듀돈네만이 이 작업을 계속했을 뿐이었다. 전쟁 뒤 '제 2 세대'의 젊은 수학자들을 영입했는데,[7] 1947년부터 다시 출판을 재개했다.

《수학 원론》의 목적은 1950년 《미국 수학 월간지》에 〈수학의 구조〉[8]라는 제목으로 영어로 번역되어 발표된 논문에 설명되어 있다. 이 논문의 한 주석에 다음과 같은 말이 있다. "과거에 폴다비아 왕립 학술원Royal Poldavian Academy의 회원이었으며 현재 프랑스 낭시에 거주하고 있는 부르바키 교수는 현대 수학에 대한 포괄적인 연구서의 저자인데, 이것은 《수학 원론》이라는 제목으로 출판됐으며, 현재까지 10권의 책이 출판됐다."

[7] 이 중에는 다음과 같은 수학자가 포함됐다. Roger Godement(1921~), Pierre Samuel (1921~), Jacques Dixmier(1924~), Jean-Pierre Serre(1926~), Samuel Eilenberg(1913~1998), Jean-Louis Koszul(1921~), Laurent Schwarz(1915~2002)

[8] "The architecture of mathematics," *The American Mathematical Monthly*, Mathematical Association of America

처음에 계획했던 6종의 책은 1958년에 완성됐는데, 1950년대 중반부터 '제3세대'의 부르바키 회원이 형성됐다.[9] 이때에 이르러 수학은 양적으로 엄청나게 증가했고, 수학관도 상당히 변했다. '선형 순서'에 따라 편집한다는 원칙도 더욱 더 발전된 주제를 다룸에 따라 지키기가 더 어렵게 됐다. 그리고 학생들에게 수학에 대한 최신 접근 방법을 가르치기 위해 책을 개정한다는 원래의 목표도 실천할 수 없었다.

이런 문제점과 함께 1970년대에는 출판사와의 인세 문제 등으로 어려운 시기를 보냈다. 그래도 부르바키는 1980년까지 미분 다양체과 해석적 다양체에 관한 요약 두 장, 가환 대수학에 관한 일곱 장, 리 군과 리 대수학에 관한 여덟 장, 스펙트럼 이론에 관한 두 장을 발간했다. 처음 6종의 책과 뒤에 발간한 책의 일부를 영어로 번역했다.

윤활유

부르바키 집단에게 《수학 원론》이 상업적으로 성공한 사실은, 특히 미국에서의 성공은 상당히 놀라운 일이었다. 이런 성공은 매우 큰 행운으로 밝혀졌는데, 이렇게 얻은 인세는 여행과 좋은 음식에 필요한 충분한 자금을 제공해 주었기 때문에 이 집단의 정기적인 모임에 아주 유용한 '윤활유'가 되었다.

부르바키의 본보기

듀돈네는 대수학에 관한 판 데르 베르덴의 유명한 책 《현대 대수학》이 부르바키 연구의 최초의 본보기로 이용됐다는 사실을 인정했다. 사실, 판 데르

[9] 다음과 같은 수학자가 포함된다. Armand Borel(1923~2003), François Bruhat(1929~2007), Pierre Cartier(1932~), Alexander Grothendieck(1928~), Serge Lang(1927~2005), John Tate(1925~)

베르덴의 책은 부르바키 식이라고 생각할 수 있는데, 그 책의 형식과 정신뿐만 아니라 판 데르 베르덴이 서문에서 밝혔듯이 뇌터와 아르틴을 포함한 여러 명의 공동 작품이기 때문이다.

뒤얽힌 실 뭉치

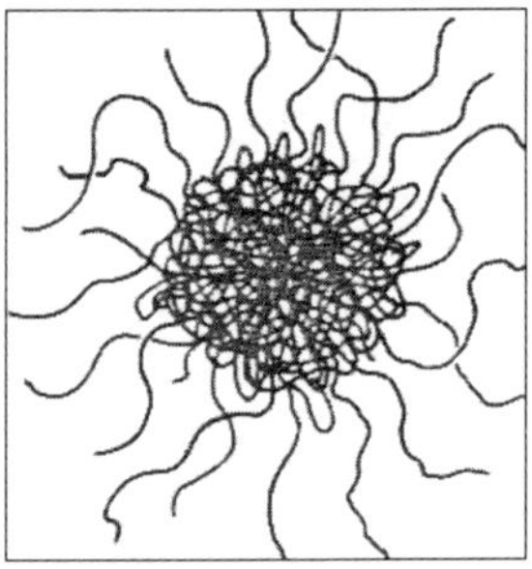

현대 수학에 대한 부르바키의 생각은, 적어도 듀돈네의 생각은 다음과 같다. 현대 수학은 매우 뒤얽힌 실타래와 같다. 실타래 중심에 있는 실들은 거의 예측할 수 없는 방법으로 서로 밀접하게 반응한다. 실타래에는 서로 다른 방향으로 뻗어 나온 여러 가닥의 올과 끝이 있는데, 그것들은 중심의 어느 것과도 직접적인 관계가 없다.

부르바키의 연구 방법은 이렇게 마구 뻗어 나온 실올들을 잘라내고, 모든 것이 뻗어 나온 실타래의 단단한 중심을 집중 공략하는 것이다. 이 단단한 중심은 수학의 기초적인 구조와 기본적인 과정 및 도구들을 포함하며, 수학의 훌륭한 방법과 멋진 결과를 얻을 수 있는 수학의 부분이다. 수학의 이런 부분이 바로 부르바키가 논리적으로 정돈하려고 시도하는 부분이며, 일관되고 쉽게 응용되는 이론을 형성하려고 시도하는 부분이다. 이에 따라 수학의 많은 부분이 부르바키 집단의 관심 영역 밖에 남아 있게 된다.

흥미로운 기호와 용어

다른 저자들도 이용할 만한 흥미로운 기호가 부르바키 집단의 저술에 등장한다. 수학 내용이 특별히 복잡하거나 어려울 때, 이 집단의 책의 여백에 논의의 '위험한 전환점' 을 지적하는 Z 꼴의 이채로운 곡선을 삽입해서 독자에게 경고한다.

부르바키 집단은 또한 간단한 용어를 선호하는데, 이에 따라 관행적으로 사용된 수학 용어들을 파기하기도 한다. 예를 들면, 초구hypersphere와 평행체parallelotope를 각각 boule(공)과 pave(도로포장용 포석 또는 벽돌)로 대체했다.

회원권 신청

미국 수학회에 부르바키라는 이름의 개인 회원권 신청서가 접수된 적이 있었다. 이 학회의 간부들은 이를 장난으로 간주했다. 그들은 회원권 신청을 기각했고, 부르바키는 단체 회원권을 신청해야 한다고 답변했다. 그 뒤로 미국 수학회에 부르바키라는 이름으로 회원권이 신청되지 않았다. 단체 회원권은 개인 회원권보다 상당히 많은 회비를 내야 하는데다가 부르바키는 자신의 존재를 인정하고 싶지 않았을 것이다.

부르바키의 도전

《브리태니커 백과사전》의 〈1947년 연감〉에는 부르바키 집단에 대한 간단한 설명이 등장했다. 그것은 미국 수학자 보애스의 실명이었는데, 그는 당시 《수학 평론》의 주 편집자였다. 그 책이 출판되고 얼마 지나지 않았을 때, 《브리태니커 백과사전》 편집자들은 부르바키라는 이름이 서명된 편지를 받았다. 그 편지는 부르바키가 존재하지 않는다는 보애스의 주장을 격렬하게 반박했다. 편집자들과 보애스는 매우 당혹스러웠는데, 부르바키의 미국 수학회 회원권을 기각한 바로 그 사람의 서명이 있는 편지를 받은 뒤에야 안도할 수 있었다.

그런데 이런 사건이 있은 뒤, 부르바키는 그에 대한 복수로 보애스가 존재하지 않는다는 낭설을 퍼뜨렸다. 부르바키는 다음과 같이 주장했다. "보애스는《수학 평론》의 편집에 참여하는 미국의 젊은 수학자 집단의 공동 필명이다."

부르바키 사무실

일리노이 대학 샴페인-어배너Champaign-Urbana 교정에 있는 가장 오래된 건물 중 하나로 올트겔트 홀Altgeld Hall이 있다. 이 건물은 원래 도서관이었지만 나중에 법학과와 수학과가 사용했고, 최근에는 수학과가 전체를 차지하고 있다. 몇 년 동안 칸막이와 바닥 보수 공사를 포함한 대대적인 수리 작업이 있었다. 그렇지만 모든 것이 수리되지는 않았다. 특히, 이 건물에는 층과 층 사이에 창문이 없는 작은 방이 하나 있는데, 이 방은 엘리베이터로 비상시에만 접근할 수 있다.

미국 수학회의 지역 모임이 이 교정에서 열리기 직전, 수학자들이 도착하기 전에 한 대학 관계자가 건물을 조사하고 있었다. 그는 거미줄이 쳐진 더럽고 작은 그 방에서 부서진 책상, 흔들거리는 의자, 녹아내린 양초가 꼽혀 있는 빈 포도주 병, 골동품 잉크병, 긴 깃촉 펜 등이 놓여 있는 장면을 목격하고는 전율할 수밖에 없었다. 그 방의 입구에는 '부르바키' 라는 작은 표시가 붙어 있었다.

알포르스 Lars Valerian Ahlfors

1907~1996

알포르스는 1907년 4월 18일 핀란드 헬싱키에서 태어났다. 헬싱기 대학에서 린델뢰프❶와 네반린나로부터 수학을 배웠고, 1930년 박사 학위를 취득했다. 1935년부터 3년간 하버드 대학에서 가르치고, 헬싱키 대학으로 되돌아갔다. 제2차 세계 대전이 끝난 뒤 취리히 대학을 거쳐 1946년 하버드 대학으로 다시 가서 1977년 은퇴할 때까지 가르쳤다. 은퇴 뒤에도 1996년 10월 11일 사망할 때까지 계속해서 수학을 연구했다.

몇 세대 동안 인기를 누리고 있는 교과서 《복소 해석학Complex Anaysis》의 저자 알포르스는 복소 함수론의 대가로 명성을 날렸으며, 60년이 넘는 연구 경력을 통해 유리형 곡선, 분포 이론, 리만 곡면, 공형 기하학, 준등각 사상(이 개념의 도입과 전개로 필즈 메달을 받음), 클라인 군(베어스와 공동 연구함) 등의 넓은 영역에서 결정적인 공헌을 했다.

수학의 신동

알포르스의 아버지는 헬싱키에 있는 공과 대학의 교수였다.(어머니는 알포르스를 낳다가 사망했다.) 당시 교수의 봉급은 대단히 많아서 하녀와 요리사 및

❶ Ernst Leonard Lindelöf(1870~1946), 핀란드의 수학자

보모를 둘 수 있었다. 알포르스는 3, 4세 때부터 아버지가 질문하는 수학 문제를 쉽게 답할 수 있을 정도로 수학에 특별한 재능이 있었다. 그보다 두 살과 세 살 위인 누나들의 수학 숙제를 대신해 줄 정도로 수학에 재능을 보였다. 아버지는 학교 진도보다 앞서 공부하는 것을 원치 않았지만, 알포르스는 12, 13세 때 아버지의 서재에 몰래 들어가 수학 책을 찾아 읽기도 했으며, 미분 적분학을 스스로 공부했다.

린델뢰프와의 첫 만남

아버지는 알포르스가 자신과 같이 공학자가 되기를 원했다. 그러나 나사못도 제대로 박지 못할 정도로 기계 조작에 서투른 아들을 보고는 수학을 전공시키기로 결심했다. 알포르스가 약 15세 때 아버지와 함께 헬싱키 거리를 걷고 있었을 때, 헬싱키 대학 수학과의 유일한 정교수를 만났다. 아버지와 그 교수는 정중하게 인사를 교환했다. 그리고 아버지가 말했다. "너는 바로 저분같이 되어야 한다. 너는 수학 교수가 될 것이다." 그 교수는 바로 핀란드 수학의 아버지 린델뢰프였다. 1920년대 핀란드의 모든 수학자는 그의 제자였다.

알포르스는 17세에 헬싱키 대학에 입학한 뒤, 린델뢰프와 네반린나로부터 수학을 배웠고 1928년에 졸업했다.

가장 아름다운 수 21

대학을 졸업한 알포르스는 1928년 가을 네반린나와 함께 취리히로 갔다. 당시 바일은 1년 동안 미국으로 갔고, 네반린나는 바일의 빈 자리를 대신했다. 그곳에서 알포르스는 연구 수준의 수학을 접하게 됐고, 폴리아의 세미나에도 참석했다. 이때 알포르스는 덴조이의 추측을 해결하는 행운을 얻었으며, 21세의 젊은 나이에 명성을 얻었다.

1929년 봄, 알포르스는 네반린나를 따라 파리를 방문했는데, 그곳에서 덴조이를 만났다. 덴조이는 21이 가장 아름다운 수인 이유를 알게 됐다고 말했다. 이유는 자신이 21년 전에 덴조이 추측을 만들었고 21세의 알포르스가 그 문제를 해결했기 때문이라고 말했다.

미국에서 핀란드로

1929년 핀란드로 되돌아간 알포르스는 투르쿠Turku에 있는 작은 대학 아보에 아카데미Aaboe Academy에서 3년간 가르친 뒤 헬싱키 대학으로 옮겼다. 그 뒤 록펠러 재단의 연구비를 얻어 파리와 유럽의 여러 도시를 방문하며 연구했으며, 뮌헨 대학 교수 카라테오도리의 추천을 받아 1935년 하버드 대학으로 갔다.

하버드 대학에서 3년 동안 알포르스의 체류 기간이 끝났을 때, 린델뢰프는 그에게 다음과 같은 편지를 보내 핀란드로 돌아오기를 요청했다. "핀란드는 상품을 수출할 수 있지만, 두뇌는 수출할 수 없네."

알포르스는 핀란드에서 1년 동안 행복하게 보냈지만, 1939년 전쟁이 발발했다. 대학은 문을 닫았고, 알포르스는 방공호 속에서 해제 경보가 울리기를 기다리며 보냈다. 그는 전쟁 기간 중 도서관을 이용할 수는 없었지만, 오히려 더 많은 연구를 할 수 있었다.

최초의 필즈 메달 수상자

알포르스는 1936년 더글러스와 함께 첫 번째 필즈 메달을 수상했다. 그는 이에 대해 나중에 다음과 같이 말했다.

> 나는 1936년 오슬로에서 열린 국제 수학자 대회 개회식 한 시간 전에 역사상 최초

> 로 수여되는 필즈 메달의 수상자로 선정됐다는 말을 듣고 대단히 놀랐다. … 나는 특별히 선택됐다는 느낌을 받았고 대단히 영광스러웠다. 카라테오도리는 추천서에서 내 논문 〈Zur Theorie der Überlagerungsflächen〉을 분명하게 언급했는데, 그 논문은 네반린나의 유리형 함수 이론을 새롭게 조명한 것이다. 이 상은 내 연구에 대한 신뢰감을 대단히 크게 높여 주었다.

▣ 필즈 메달의 용도

알포르스는 1944년 취리히 대학의 교수로 임명됐다. 이미 그곳에 있던 가족과 만나기 위해서, 스웨덴, 영국, 프랑스를 거쳐 천신만고 끝에 1945년 초 스위스에 도착할 수 있었다. 그런데 핀란드에서 취리히로 가는 여비를 마련하기 위해 자신의 필즈 메달을 저당 잡혀야 했다. 그는 이에 대해 다음과 말했다.

> 나는 필즈 메달을 수상한 덕을 톡톡히 봤다. 스웨덴으로 가기 위해 핀란드를 떠날 수 있었지만, 규정상 10크라운 이상을 소지할 수 없었다. 기차를 타고 아내가 기다리는 곳으로 가고 싶었다. 그래서 어떻게 했을까? 나는 필즈 메달을 몰래 가지고 나가서, 전당포에 저당 잡히고 충분한 돈을 얻었다. 다른 방법이 전혀 없었다. 분명히, 이것은 전당포에 저당 잡힌 유일한 메달이었다. … 스위스에 도착해서 약간의 돈을 마련하자마자, 몇 명의 도움으로 메달을 다시 찾았다.

▣ 애주가

알포르스는 애주가였다. 언젠가 친구와 함께 늦게까지 맥주를 마셨다. 그러자 한밤중에 부인이 찾아와서 위스키를 건네며 말했다. "여기 있어요. 이게 더 빨라요."

술을 사려다가 봉변을 당한 적도 있었다. 보스턴 지역에 있던 그의 집을 나가서 위스키를 한 병 샀다. 다시 집에 도착할 무렵, 한 젊은이가 칼을 들고 그를 공격했다. 알포르스는 조금도 주저하지 않고 술병으로 그의 머릴 쳐서 쓰러뜨렸다. 그러곤 집안으로 피신하고 경찰에 신고했다. 다음 날, 알포르스는 이 무용담을 자랑스럽게 떠벌렸지만, 위스키를 잃은 것을 몹시도 후회했다.

적지만 특출나게

오서만[2]은 박사 학위 지도 교수를 정해야 할 때, 몇 명의 선배에게 조언을 구했다. 핀란드에서 온 한 학생은 같은 나라 출신의 알포르스를 추천하는 것이 객관적이지 않을 수 있다고 조심스럽게 말하면서, 다음과 같이 덧붙였다. “알포르스의 논문 목록을 보라. 대단히 짧다. 비교적 적은 수의 논문이지만, 모든 것이 중요하다.” 가우스의 좌우명은 ‘적지만 완벽하게’ 였다면, 알포르스의 좌우명은 ‘적지만 특출나게’ 로 보였다. 그래서 이에 매력을 느낀 오서만은 알포르스를 지도 교수로 정했는데, 훌륭한 결정이었다고 항상 생각했다.

수학자의 낙원

알포르스는 70세 생일 기념식에서 다음과 같이 말했다. “은퇴는 정말 멋지다. 나는 더 이상 해고될 수 없다. 그래서 논문을 발표할 필요가 없다.” 그는 논문을 발표해야 하는 중압감에서 벗어나 관심 분야의 새로운 발전을 자신이 원하는 만큼 알아볼 수 있음을 이 말을 통해 지적했다. 그는 이런 상황을 수학자의 낙원이라고 말했다.

알포르스는 미국 국립 과학 재단(NSF)에 단 한 문장으로 이루어진 연구 계

[2] Robert Osserman, 현재 스탠포드 대학 명예 교수

획서를 제출한 적이 있다. "나는 서스턴❸의 연구 결과를 계속 공부하겠다." 당시 알포르스는 75세였고, 그 분야의 최근 연구 결과를 배우고 있었다.

❸ William P. Thurston(1946~), 미국 수학자로 1982년 필즈 메달 수상

울람 Stanislaw(Stan) Marcin Ulam

1909~1984

울람은 1909년 4월 3일 폴란드의 르보프에서 부유한 유대인 은행가의 집안에서 태어났다. 1927년 르보프 공과 대학에 입학했는데, 바나흐의 지도를 받고 1933년에 박사 학위를 받았다. 고등 학술 연구소의 초청으로 1936년 미국으로 건너갔고, 조지 버코프의 초청으로 하버드 대학에서 가르쳤으며, 1940년에 위스콘신 대학 교수가 됐다. 1943년에 미국 시민권을 취득하고는 폰 노이만의 요청으로 원자 폭탄 개발에 참여했고, 그 뒤 수소 폭탄 개발에도 참여하면서 로스앨러모스 연구소Los Alamos Laboratory와 20년 동안 관계를 맺었다. 1965년부터는 콜로라도 대학 교수를 지냈다.

울람은 수소 폭탄에서 융합을 시작하게 하는 방법에 관한 문제를 해결했고, 통계적인 표본을 사용해서 수학 문제를 해결하는 데 널리 이용되고 있는 '몬테카를로 방법'을 고안했다.

게으름쟁이

울람의 집안은 유대인이 도달할 수 있는 최고의 지위에 있었다. 울람은 개인 지도를 받았으며, 최고의 학교에서 배웠다. 어린 시절 천문학과 물리학에 큰 흥미를 느꼈고, 이에 따라 수학의 필요성을 인식했으며 14세 때부터는 학교 수준 이상의 수학을 스스로 공부했다. 그는 뛰어난 재능 때문에 거의 노력하지도 않고 훌륭한 성적을 얻었지만, 이것은 그에게 평생 동안 게으름을 피우는 요인이 됐다.

예를 들면, 울람은 1930년대 미국 매사추세츠 주 케임브리지에 살 때, 보스턴에서 밤을 보내고 하버드로 돌아가는 경우에는 언제나 택시를 탔는데, 지하철을 타는 것이 번거로웠기 때문이었다. 1960년대에, 로타는 울람이 샌타페이에 있는 그의 집 거실 소파에 누워 있는 장면을 목격했다. 울람은 그날 신문지를 깔고 있었는데, 한 번에 한 장의 신문지를 찢어내어 읽고는 바닥에 버리고 있었다. 그는 신문지를 등 뒤에서 빼내기 위해 몸을 일으키는 수고를 피하고 싶었다.

카페에서의 연구

울람은 대학에 입학한 뒤 곧 정말로 중요한 수학은 강의실이 아니라 르보프의 카페(스코틀랜드 카페와 로마 카페)에서 생생하게 찾을 수 있다는 사실을 알게 됐다. 르보프 수학자들은 그곳에 매일 모였다. 그들은 브랜디나 커피를 마시며, 당시 수학에서 유명한 추측들을 제시하고 종종 풀기도 했다. 이 '르보프 학파'는 특히 바나흐의 책 《선형 작용소 이론》이 출판된 뒤에 세계적으로 주목을 받았는데, 그 책에는 울람의 이름이 자주 등장한다.

보르쉭

어느 날 아마추어 울람은 바르샤바의 뛰어난 위상 수학자 보르쉭[1]과 스코틀랜드 카페에서 잡담을 나누다가, (현재 불리는 대로) 보르쉭 · 울람 정리의 진실성을 즉석에서 알아냈다. 보르쉭은 자신의 모든 전문적인 기술을 발휘해서 울람이 추측한 내용을 증명해야 했다. 그 결과는 곧 바다를

[1] Karol Borsuk(1905~1982), 폴란드의 수학자

건너 널리 퍼지게 됐고, 울람은 즉시 유명한 위상 수학자가 됐다.

울람은 르보프 수학자 중에서 새로운 추측을 하는 데 가장 대담했다. 그의 추측 대부분은 참으로 판명됐으며, 현재 대학원 교재에서 그의 이름을 자주 찾아볼 수 있다. 울람은 스코틀랜드 카페에서 유력한 역할을 맡은 이후 모순된 성향이 나타나기 시작했다. 즉, 깊은 통찰력을 보인 반면에 세세한 내용은 참을성 있게 다루지 못했고, 신명나게 창의력을 발휘했지만 긴 연구를 싫어했다. 그리고 수학 교육을 잘 받은 신사가 진지하게 다룰 필요가 없는 하나의 게임으로 보기 시작했다. 그는 통찰력을 발휘해서 아직도 활발하게 연구되고 있는 수학의 새로운 분야를 개척했지만, 자신은 이런 분야를 한번 지나쳐 가는 흥밋거리로만 생각했다. 게다가, 이런 분야를 진지하게 연구하는 사람들을 잔인하게 조롱하기까지 했다.

울람이 스스로 쓴 수학 논문들은 모두 로보프 시절로 거슬러 올라간다. 이런 논문은 대개 한 자리에서 그리고 밤 동안에 종종 작성했는데, 스코틀랜드 카페에서 동료의 도전에 대한 응답으로 썼을 것이다.

폰 노이만과의 만남

보르쉭 · 울람 정리는 매우 두드러진 결과였기 때문에 레프세츠의 관심을 끌기에 충분했다. 울람은 레프셰츠의 지원을 받고 초청되어 1936년 프린스턴 고등 학술 연구소를 방문했으며, 폰 노이만의 조교가 됐다. 3년 동안 폴란드와 미국을 오가면서 처음에는 프린스턴 대학에서 다음에는 조지 버코프의 초청으로 하버드 대학에서 가르쳤다. 당시 부모가 주는 돈으로 호화로운 생활을 했다. 1939년 여름, 남동생과 함께 미국으로 간 뒤 약 한 달 뒤에 제2차 세계 대전이 발발했다. 1939년 가을 폴란드는 함락됐고, 그의 아버지와 여형제는 독가스실에서 사망했다. 울람은 가까스로 죽음을 모면했던 것이다.

울람은 조지 버코프의 도움으로 메디슨의 위슨콘신 대학 조교수가 됐다. 그러나 울람은 과중한 강의를 고통스럽게 받아들였는데, 강의 중 잠에 골아떨어진 적도 있었다고 한다. 1년 뒤 미국은 전쟁에 참여했는데, 이번에는 폰 노이만의 도움으로 대학에서 탈출해서 원자 폭탄 개발에 참여했다.

울람이 1936년 프린스턴의 고등 학술 연구소에서 폰 노이만의 조교에 임명된 뒤부터, 이들은 곧 절친한 동료가 됐다. 그들은 비슷한 배경과 공통된 문화 충격을 경험했다. 그들은 순진한 장난과 잡담, 그리고 유대인의 농담과 수학적인 대화로 여러 시간을 보내기도 했다. 울람은 폰 노이만이 가깝게 지낸 유일한 사람이었으며, 폰 노이만은 울람을 가능한 한 가까이 두려고 노력했다. 울람은 폰 노이만보다 더 독창적인 수학자였지만, 수학 업적은 폰 노이만보다 훨씬 적었다. 폰 노이만은 울람보다 비교할 수 없을 정도로 강력한 기법을 알고 있었다. 이들의 자유로운 의견 교환을 통해 몬테카를로 방법, 컴퓨터에서의 수학적 실험, cellular automata, 모의 성장 양식 등 응용 수학의 발전에 엄청나게 공헌했다.

1955년 폰 노이만이 암으로 입원했을 때, 울람은 최신 우스갯소리와 로스앨러모스의 음란한 이야기를 많이 준비해서 매일같이 병원으로 문병을 갔다. 폰 노이만은 눈물이 나올 정도로 웃어댔고 그의 큰 배가 요동침에 따라 병원의 작은 침대가 흔들릴 정도였다. 폰 노이만이 죽은 뒤, 울람은 입원실 밖의 복도에서 남의 시선도 의식하지 않고 큰 소리로 엉엉 울어댔다.

▣ 천기 누설

폰 노이만은 로스앨러모스에서 진행되고 있던 원자 폭탄 개발 계획에 울람을 참여시키려고 노력했다. 당시 그 계획이 정확하게 무엇을 뜻하고 어디에서 진행되고 있는지를 말할 위치에 있지 않았다. 단순히 흥미롭고 재미있는 일이며 전쟁에 중요하다는 말만 울람에게 했다. 수학, 물리학, 공학이 필요할 것이라고 말했다. 울람이 말했다. "알고 계시겠지만, 저는 공학이나 실험 물리에 대해 많이 알지 못합니다. 사실, 양변기 배수 장치가 어떻게 작동하는지도 모릅니다. 일종의 자가 촉매autocatalytic 효과라는 것은 알고 있습니다." 이때 폰 노이만은 움찔하면서, 난처해하기 시작했다. 조금 뒤에 울람이 말했다. "최근에 저는 분기 과정branching process에 대한 약간의 연구 결과를 봤습니다." 폰 노이만은 울람을 의심스러운 눈초리로 보면서 계면쩍은 미소를 지었다. 밝혀지듯이, '자기 촉매' 라는 단어는 원자 폭탄의 발명과 관련된 다양한 이론에서 사용됐으며, '분기 과정' 은 중성자 증식 연구에 사용되는 도구였다. 가엾은 폰 노이만은 울람이 자신의 우편물을 읽었을 것이라고 생각해서 매우 걱정했다.

어쨌든, 폰 노이만의 추천으로 울람은 맨해튼 계획에 참여했다. 폰 노이만이 응용 물리학의 연구를 위해 집합론 연구자를 선택한 것이 이상하게 보이겠지만, 이는 훌륭한 결정이었음이 밝혀졌다. 로스앨러모스에서 울람의 관심사는 수학이 아니라 물리학이었다. 울람은 칠판에서 페르미❷와 파인먼❸이 논의하는 사항을 세심하게 관찰하고는 간단한 계산을 통해 물리적 양을 정확하게 어림잡는 솜씨를 발휘했다. 사실, 그는 이런 게임에서 다른 어떠한 사람보다도 탁월했다.

❷ Enrico Fermi(1901~1954), 이탈리아 로마 출신의 물리학자로, 이론과 실험 양면에서 탁월한 재능을 발휘해서 '양자전기역학의 아버지' '중성자의 마술사' '원자력의 설계사' 등으로 불린다. 1938년 노벨 물리학상을 받은 뒤 곧 미국으로 망명해서 컬럼비아 대학 교수가 됐으며, 1944년 미국으로 귀화하고 맨해튼 계획에 참여해서 원자폭탄 제조에 깊이 관여했다. 전생 뒤 시카고 대학 교수가 됐는데, 1954년 암으로 사망했다.

❸ Richard Phillips Feynman(1918~1988), 미국 뉴욕 출신의 이론물리학자로, MIT와 프린스턴 대학에서 공부했으며, 제2차 세계 대전 중에는 원자 폭탄 개발에 종사했다. 1945년 코넬 대학, 1950년 캘리포니아 대학 교수가 됐다. 코넬 대학 시절부터 양자전기역학을 연구했는데, 재규격화 이론을 완성해서 1965년 노벨 물리학상을 받았다.

수술

전쟁 뒤, 울람은 남가주Southern California 대학의 교수직을 얻었다. 그런데 1946년 어느 날 아침에 깨어났을 때 갑자기 말을 할 수 없었다. 몇 시간 뒤, 뇌염 진단을 받고 위험한 수술을 받았다. 두개골을 쪼개어 개봉하고 두뇌 조직에 항생 물질을 뿌렸다. 그는 곧 건강을 회복했고, 겉보기에 상처를 입지 않은 것처럼 행동했다. 수술에서 회복된 뒤 교수직을 사임하고 로스앨러모스로 되돌아가서, 텔러가 지휘하는 수소 폭탄 제조에 관여했다.

그렇지만 울람을 알고 있던 사람들은 그의 성격에 약간의 변화가 생겼음을 분명히 알 수 있었다. 수술 전 그는 복장에 신경을 많이 쓴 멋쟁이였다. 수술 후에도 세심하게 의복을 선택했고 값비싼 것도 마다하지 않았지만, 차림새가 눈에 띄게 너저분해졌다.

이런 사건이 있고 여러 해가 지난 1963년에 로타는 울람을 만났는데, 그의 사고의 흐름이 보통 사람과 같지 않음을 쉽게 알 수 있었다. 결코 수학자로 보이지 않았다. 그는 매우 쾌활하고 재미있게 대화했으며, 매혹적인 발상을 많이 보여주었다. 그렇지만 세세한 내용은 피하려고 애쓰는 것처럼 보였다. 어떠한 주제도 몇 분 이상 몰두하지 않았으며, 참을성을 잃고 완전히 다른 주제로 대화를 바꾸었다.

1930년대에 하버드 대학에서 울람과 함께 연구했던 옥토비[4]는 당시 울람이 매일같이 칠판 앞에 앉아서 몇 시간이고 논의하고 연구했다고 알려주었다. 그렇지만 수술 후 울람은 아주 간단한 계산도 어쩔 수 없는 경우에만 했다. 언젠가 이차 방정식을 푼 적이 있었다. 작은 글씨로 공식을 적으면서 이마에 주름살을 짓고 엄청난 집중력을 발휘했다. 드디어 답을 얻은 그는 한숨

[4] John Oxtoby(1910~1991), 미국의 수학자로, 하버드 대학에서 석사 학위를 받고, 1939년부터 브린 모어 대학에서 1979년에 은퇴할 때까지 가르쳤다. 1971년에 저술한 "*Measure and Category*"가 있다.

을 돌리며 말했다. "나는 이 계산에 하루는 걸린 것 같다."

울람의 궁지

울람이 자서전 《한 수학자의 모험Adventures of a Mathematician》에서 생생하게 서술한 다음과 같은 상황에 대해 '울람의 궁지'라는 말을 사용할 수 있을 것이다.

나는 몇 해 전 프린스턴에서 있었던 폰 노이만의 컴퓨터 제작 25주년 기념식에서 행한 강연 중에, 갑자기 매년 수학 잡지에 발표되는 정리의 개수가 얼마나 될지를 머리 속에서 조용히 계산하기 시작했다. 곧 암산을 통해 매년 약 10만 개의 정리가 발표되고 있다고 계산했다. 내가 이 수치를 말하자 청중들은 놀랐다. 그 다음 날 청중 속에 있던 두 명의 젊은 수학자가 나를 찾아와서, 그 어마어마한 수치에 깊은 감명을 받아 연구소 도서관에서 좀 더 조직적이고 상세하게 조사했다고 나에게 말했다. 잡지의 수에 연간 발행 호수를 곱하고 각 호에 게재된 논문 편수와 각 논문에 실린 정리의 평균 개수를 곱했을 때, 그들은 거의 20만 개의 정리가 매년 발표되고 있다는 결론을 얻었다. 만약 정리의 개수가 개인이 점검할 수 있는 수보다 크다면, 어느 정리가 중요한지를 누가 자신 있게 판단할 수 있을까? 상호 작용이 없다면 적자 생존도 있을 수 없다. 좀 더 뛰어나고 흥미 있는 결과들을 계속해서 숙지하는 것마저 현실적으로 불가능하다. 이 사실을 수학은 단 하나의 학문으로 살아남을 것이라는 견해와 어떻게 조화시킬 수 있는가? 수학에서 각 개인은 자신의 작은 분야와 밀접하게 관련된다. 그렇기 때문에 수학 연구의 가치 판단은 점점 더 어렵게 되고, 우리 대부분은 주로 특정한 분야의 전문가가 되고 만다. 젊은 과학자들이 연구하는 대상의 종류는 지수적으로 증가하고 있다. 그래도 이를 사고의 오염이라 부를 수는 없을 것이다. 이는 아마도 100만 종류의 서로 다른 곤충을 만들어내는 자연의 풍부함을 반영한 것으로 보인다."[5]

[5] P.J. Davis · R. Hersh 저 / 양영오 · 허민 역, 《수학적 경험》 상, 경문사, 1997, pp. 30-31.

맥레인 Saunders Mac Lane

1909~2005

맥레인은 1909년 8월 4일 미국 코네티컷 주 노리치Norwich에서 조합 교회Congregational Church 목사의 아들로 태어났다. 예일 대학에서 학사 학위(1930)와 시카고 대학에서 석사 학위(1931)를 받았고, 괴팅겐 대학에서 1933년 박사 학위를 취득했다. 나치가 정권을 획득하고 괴팅겐 대학이 쇠퇴하기 전에 이 대학에 유학한 마지막 미국인에 속한다. 1938년에 하버드 대학의 수학 교수가 됐고, 1947년에 시카고 대학으로 옮겨 오랫동안 가르쳤으며 1982년 이후 명예 교수를 지냈다.

맥레인은 폭넓은 주제를 연구했는데, 대부분 대수학과 관련이 있다. 대수적 수론, 부치 이론valuation theory, 군의 코호몰로지, 카테고리 이론, 대수적 위상 수학, 수리 논리학과 기초론 등을 연구했다. 대단히 유명한 교과서 《현대 대수학 개관》❶을 가레트 버코프와 함께 저술했으며, 다수의 책을 썼다.❷

맥레인은 미국 수학회AMS와 미국 수학 협의회MAA의 회장을 모두 역임한 다섯 명의 엘리트 수학자❸ 중 한 사람으로, 50년 이상 미국 수학계의 지도적

❶ *A Survey of Modern Algebra*, Macmillan, 1941.

❷ *Homolgy*, Springer(1963); *Algebra*, with Garrett Birkhoff, Macmillan(1967), Chelsea(1988); *Categories for Working Mathematicians*, Springer(1972); *Selected Topics*, Springer(1979), *Mathematics: Form and Function*, Springer(1985).

❸ 맥레인 이외에 R H Bing, E.R. Hedrick, E.J. McShane, R.L. Wilder가 있다.

인 위치에 있으면서 미국 수학의 성장과 발전을 직접 목격한 사람이었다.

▣ 예일 대학 학부 시절

맥레인은 고등학교 1학년 때는 미식 축구 코치를 겸한 교사로부터 대수학을 배웠고, 2학년과 3학년 때는 기하학을 배웠다. 3학년 때 기하학을 가르치는 교사가 내용을 잘 이해하지 못해서 맥레인은 교사를 매우 심하게 괴롭혔다. 그는 학창 시절 여러 과목에서 뛰어났는데, 특히 화학이 대단히 큰 분야라고 주장한 《창조적 화학Creative Chemistry》이라는 책을 읽고 화학자가 되려고 생각했다. 대학에 진학해서는 화학을 지루하게 생각했고 실험을 싫어했다. 그리고 당시 박사 과정에 있던 한 조교 힐[4]의 신입생을 위한 수학 강의에 흥미를 느껴 그의 권고로 경시 대회Barge Prize에 참여해서 상을 받은 뒤 수학을 전공하기로 결심했다.

브라운

맥레인은 물리학을 동시에 전공했다. 당시 수학과 학부 학생은 역학을 공부해야 했다. 유명한 수리 천문학자이며 한때 미국 수학회 회장을 역임한 브라운[5]으로부터 역학을 배웠는데, 그의 해밀턴 역학 강의는 매우 훌륭했다. 맥레인은 이에 관한 관심을 노년까지도 유지했고, 이에 관한 논문[6]을 쓰기도 했다.

맥레인은 수학을 여러 교수로부터 배웠는데, 특히 노르웨이 출신으로 독일의 현대 대수학을 잘 알고 있던 오레[7]로부터 갈루아 이론과 군론을 배웠

4 Lester Sanders Hill(1890~1961), 예일 대학에서 1926년에 학위 취득

5 Ernest William Brown(1866~1938), 영국 출신의 수학자 · 천문학자로, 미국 하버드 대학(1891~1907)과 예일 대학(1907~32)에서 가르쳤다. 미국 수학회 회장은 1914~16년에 지냈다.

6 "Hamiltonian mechanics and geometry," *Amer. Math. Monthly* 77(1970), 570-586.

고, 그의 추천으로 하우프트[8]의 책을 읽고 추상 대수학을 배우면서 대수학에 큰 흥미를 느꼈다. 맥레인은 철학에도 관심이 컸다.

시카고 대학원

맥레인은 시카고 대학으로 가서 대학원 과정을 다녔는데, 그 연유가 재미있다. 당시 예일 대학은 미식 축구에서 대단한 명성을 날리고 있었다. 예일 대학의 부자 동문들이 만든 몽클레르[9]예일 클럽은 해마다 파티를 열어 축구팀의 승리를 축하하고 패배를 슬퍼했다. 그러다가 각종 운동 경기에서 뛰어난 업적을 올린 동문에게 기념 컵을 주기로 했으며, 1929년에는 학업 성적이 뛰어난 동문에게도 컵을 주기로 했다. 맥레인은 당시 예일 졸업생 전체에서 가장 뛰어난 성적을 얻었다. 이에 따라 기념 컵을 받았는데, 그 자리에서 당시 시카고 대학 총장으로 임명받은 허친스[10]를 만났다. 허친스가 맥레인에게 물었다. "젊은이, 어떤 분야를 공부하려고 하는가?" "수학입니다." 그러자 허친스가 말했다. "시카고 대학 수학과는 아주 훌륭하네. 시카고로 오게." 이에 맥레인은 1년에 무려 1000달러의 장학금을 받고 시카고 대학으로 가게 됐다.

맥레인은 딕슨으로부터 수론을 배웠고, 당시 시카고 대학을 방문하고 있던 란다우로부터 해석적 수론을 배웠다. 블리스로부터는 모스의 변분법 연구에 관한 강의를 들었는데, 이를 위해 대수적 위상 수학을 세미나를 통해 알게 됐다.

---

7. Øystein Ore(1899~1968), 노르웨이 크리스티아니아(현재 오슬로)에서 태어났고, 크리스티아니아 대학에서 학위를 받았다. 괴팅겐 대학을 방문해서 대수학에 대한 뇌터의 새로운 접근 방법에 영향을 받았다. 1927년 미국 예일 대학에 초빙되어 여생을 가르쳤다.
8. Otto Haupt(1887~1988), 독일의 수학자, 하우프트의 책은 판 데르 베르덴의 책이 출현한 뒤 완전히 자취를 감추었다.
9. Montclair, 미국 뉴저지 주에 있는 도시
10. Robert Maynard Hutchins(1899~1977), 미국의 교육자 · 법학자

▣ 엘리아킴 무어의 조언

맥레인이 시카고 대학 대학원을 다닐 때(1930~31), 거의 70세가 된 엘리아킴 무어는 여전히 학생을 지도하고 있었다. 무어는 맥레인에게 선택 공리에 의해 모든 집합이 정렬 집합임을 증명한 체르멜로의 논문을 발표하도록 했다. 맥레인은 이에 관해 스스로 멋진 설명이라고 생각하며 한 시간 동안 발표했다. 발표가 끝났을 때, 무어의 조교와 중국 학생들은 모두 떠나고 무어만이 남아 있었다. 무어가 말했다. "아주 좋은 강의는 아니었다. 자네는 이렇게 저렇게 해야 했다. 그렇게 하면 더욱 좋은 발표가 됐을 것이다." 무어는 약 한 시간 동안 열정적으로 맥레인의 발표에 대해 평가하고 조언했다. 나중에 맥레인이 회고했다. "시카고 대학에서의 어떤 시간보다 무어와의 한 시간 동안의 대화에서 더 많은 것을 배웠다."

맥레인은 무어의 권유로 괴팅겐 대학으로 유학을 갔다.

▣ 괴팅겐 대학

시카고 대학에서 석사 학위를 취득한 맥레인은 장학금을 얻어 괴팅겐 대학으로 갔다. 수학의 기초와 추상 대수학에 관심이 있었기 때문에, 기초론을 연구하던 힐베르트를 만나고 싶었다. 뇌터의 강의, 바일의 세미나, 헤르글로츠의 강의를 들었다.

맥레인의 지도 교수는 베르나이스였는데, 1933년 4월 27일 해고당했다. 그래서 바일이 지도 교수가 됐는데, 어려운 구두 시험을 주었다. 그렇지만 하우스도르프 공간의 정의를 제외하고 모두 답할 수 있었다. 그리고 또 다른 구두 시험으로 수리 철학과 기하학적 함수론을 치렀다.[11]

⑪ 수리 철학은 가이거(Moritz Geiger, 1880~1937) 교수로부터 받고, 기하학적 함수론을 헤르글로츠로부터 받았다.

맥레인은 1933년 7월 19일 박사 학위를 받고, 며칠 뒤에 괴팅겐에서 결혼한 뒤 1933년 8월 미국으로 되돌아갔다.

오레의 비평

미국에 돌아간 맥레인은 예일 대학에서 1년간(1933~34) 연구 조교로 근무했다. 오레는 맥레인이 대수학을 연구하기를 원했지만, 당시 맥레인은 논리학을 연구하고 있었다. 맥레인은 오레로부터 추상 대수학을 매우 많이 배웠지만 두 사람 사이의 관계가 그다지 좋지 않았다. 1933년 미국 수학회 모임에서 맥레인은 논리학에 대해 10분간 발표했는데, 오레가 일어서서 10분 동안 이에 대해 비난했다. 4년 뒤, 시카고 대학의 강사로 있던 맥레인은 멩거[12]가 조직한 격자 이론 회의에서 격자류에 관해 발표했다. 그러자 오레가 일어서서 맥레인이 완전히 틀렸다고 주장했다. 그러자 그 자리에 있던 스톤이 말했다. "여보세요, 오레. 맥레인은 이에 대한 구체적인 예를 제시했습니다. 당신의 말을 취소하는 것이 좋겠습니다." 다음 날 오레는 맥레인이 옳았다고 말했다.

오레

《현대 대수학 개관》

맥레인은 교수직을 얻는 데 어려움을 겪었다. 하버드 대학에서 겨우 강사 자리를 얻어 2년 동안(1934~36) 가르쳤다. 그 뒤 1년간(1936~37) 코넬 대학에서 강사로 가르쳤고, 1937년 시카고 대학으로 옮겼다. 시카고 대학으로 옮긴 지

[12] Karl Menger(1902~85), 오스트리아 출신의 수학자로, 1924년에 빈 대학에서 박사 학위를 받고, 브로우베르의 초청으로 암스테르담 대학(1925~27), 한(Hans Hahn)의 초청으로 빈 대학 기하학 교수(1927~38), 미국 노트르담 대학(1938~48)을 거쳐, 1948년부터는 시카고에 있는 일리노이 공과 대학(Illinois Institute of Technology)에서 여생을 보냈다.

6개월만에 하버드 대학으로부터 조교수 제의를 받아 1938년부터 1947년까지 하버드에서 가르쳤다.

맥레인은 이런 시기에 줄곧 대수학을 강의했다. 하버드 대학 강사 시절에도 대수학을 가르쳤고, 코넬에서도 보크너⑬ 책으로 대수학을 가르쳤으며, 시카고 대학에서도 앨버트의 책 《현대 고등 대수학Modern Higher Algebra》으로 가르쳤다. 이런 경험을 바탕으로 하버드 대학에서 대수학을 가르치던 가레트 버코프를 만나 함께 인기 있는 교과서 《현대 대수학 개관》을 저술했다.

아일렌버그와의 공동 연구

1941년, 맥레인은 미시간 대학의 초청으로 군의 확장에 관해 5~6시간의 강의를 했다. 청중 속에 아일렌버그가 있었는데, 그는 마지막 강의를 자신에게 먼저 해달라고 요청했다. 그는 맥레인의 강의에서 위상 수학과의 관계를 탐지했다. 그래서 두 사람은 밤새도록 그 관계를 찾아내려고 시도했고 결국 성공했다. 그들은 호몰로지에서 군의 확장에 관한 최초의 공동 논문을 썼다. 맥레인과 아일렌버그는 카테고리 이론을 창시하기도 했다.

시카고 대학 교수

맥레인은 1947년 시카고 대학으로 옮겼으며, 스톤에 이어 1952년부터 학과장을 맡기도 했다. 그는 39명의 박사를 배출했는데, 하버드 대학에서 지도한 카플란스키⑭를 제외하면 모두 시카고 대학에서였다.

맥레인이 시카고 대학에서 지도한 톰프슨⑮은 1970년에 필즈 메달을 수상

⑬ Salomon Bochner(1899~1982), 폴란드 출신의 유대 수학자로, 베를린 대학에서 박사 학위를 받고1921, 뮌헨 대학에서 교수 자격을 취득하고(1927) 1933년까지 그곳에서 가르쳤다. 1933년부터 1968년까지 프린스턴 대학에서 가르치면서, 레프셰츠와 함께 프린스턴 대학 수학과를 세계의 중심지로 만들었다. 그 뒤에는 라이스(Rice) 대학에서 사망할 때까지 가르쳤다. 함수 해석학과 군론에서 뛰어난 업적을 남겼다.

아일렌버그 Samuel Eilenberg 1913~1998

아일렌버그

동료 사이에서 '새미Sammy' 로 불렸던 아일렌버그는 1913년 9월 30일 폴란드 바르샤바에서 태어났고, 바르샤바 대학에서 석사 학위(1934)와 박사 학위(1936)를 취득했다. 아버지의 권유로 1939년 미국으로 건너간 뒤, 미시간 대학(1940~46) 강사와 조교수, 인디애나 대학(1946~47) 교수를 거쳐 1947년부터 컬럼비아 대학에서 가르쳤다. 1982년에 은퇴하고 1998년 1월 30일 뉴욕에서 사망했다.

아일렌버그는 어린 시절 수학에서 대단히 총명함을 발휘했기 때문에 젊은 시절 절친한 친구들은 그를 S^2P^2(Smart Sammy the Polish Prodigy, 폴란드의 영리한 신동 새미)라고 불렀다. 1974년 그의 연구 목록을 정리했는데, 4권의 책과 111편의 논문이 있었다. 이중 처음 37편의 논문은 미국으로 이주하기 전에 썼으며, 20세 이전에 이미 논문을 발표하기 시작했다.

아일렌버그는 예술품 수집에 열정적이었다. 인도, 파키스탄, 인도네시아, 캄보디아 등에서 청동, 은, 돌로 만든 매우 귀중한 조각품을 다수 수집했는데, 일부는 기원전 3세기까지 거슬러 올라간다. 1987년 이 수집품 중 많은 것을 뉴욕의 메트로폴리탄 박물관에 기증했다.

했고 시카고 대학 교수가 됐다. 또, 시카고 대학의 제자 아이젠버드David Eisenbud는 2005년 현재 수리과학연구소MSRI의 소장이면서 미국수학회AMS 회장을 맡고 있다.

카플란스키

톰프슨

노익장

시카고 대학에서 맥레인의 지도로 박사 학위를 받은 맥도널드John MacDonald는 1999년 포르투갈 코임브라Coimbra에서 열렸던 카테고리 이론 학술 대회에서의 일화를 전했다. 어느 날 강연이 끝난 뒤, 맥레인을 택시에 태워 호텔로 모시고 가려고 했다. 학술 대회가 열린 대학부터 호텔까지는 경사가 매우 급했기 때문이다. 그러나 맥레인은 이를 사양하고 걸어가기로 했다. 가파른 길이었지만, 90세 노인의 발걸음은 조금도 흐트러지지 않았다.

장수하는 수학자

수학자 중에는 어린 나이에 뛰어난 업적을 쌓은 경우가 매우 많다. 그러나 맥레인의 경우과 같이, 은퇴한 뒤에도 정력적으로 연구한 수학자도 많이 있다.

스트뤽

앙리 카르탕

특히 20세기에 들어와서는, 거의 한 세기를 산 맥레인과 같이 장수하는 수학자를 쉽게 찾아볼 수 있다. 이미 앞에서 언급한 수학자 중에서 90세 이상을 산 수학자로 베유(André Weil, 1906~1998), 한 세기를 넘긴 스트뤽(Dirk Jan Struik, 1894~2000)과 앙리 카르탕(Henri Paul Cartan, 1904~), 이브스(Howard W. Eves, 1911~2004), 첸(陳省身, Chern, ShIing-Shen, 1911~2004), 단치히(George

⓮ Irving Kaplansky(1917~2006), 캐나다 토론토 출신으로, 토론토 대학에서 석사 학위까지 받고, 박사 학위는 하버드에서 1941년에 받았다. 하버드 강사(1941~44)와 컬럼비아 대학(1944~45) 연구원을 거쳐, 1945년부터 1984년 은퇴할 때까지 시카고 대학 교수를 지냈다. 1984년부터는 버클리의 캘리포니아 대학 수리과학 연구소(MSRI) 소장을 맡았다.

⓯ John Griggs Thompson(1932~), 미국 캔자스 오타와 출신으로 예일 대학에서 1955년에 학사 학위를 받고, 시카고 대학에서 1955년에 박사 학위를 받았다. 1962년부터 시카고 대학 교수를 지내고 있다.

이브스

첸

단치히

싱

두브

가쿠타니

Dantzig, 1914~2005) 등이 있었다.

앞에서 언급하지 않은 수학자 중에서 아일랜드 출신으로 캐나나, 미국, 아일랜드에서 활동한 수학자 · 물리학자 싱(John Lighton Synge, 1897~1995), 미국 오하이오 출신으로 일리노이 대학 교수(1935~78)를 지낸 두브(Joseph Leo Doob, 1910~2004), 일본인 수학자로 예일 대학 교수(1950~82)를 지냈으며 내시에게 노벨상을 안겨준 정리(내시 평형의 존재)의 증명에서 결정적인 역할을 한 고정점 정리로 유명한 가쿠타니(Shizuo Kakutani, 1911~2004)도 90세 이상을 살았다. 두브는 통계학, 확률론, 측도론을 연구했는데, 그가 일리노이에서 처음으로 배출한 박사 제자인 할모스(Paul Richard Halmos, 1916~2006)도 90세를 넘겼다.

가레트 버코프 Garrett Birkhoff

1911~1996

앞에서 이미 여러 번 언급한 조지 버코프의 아들 가레트 버코프는 17세에 하버드 대학에 입학했고, 1932년 하버드 대학을 졸업했다. 졸업 후 유럽을 여행하면서, 슈파이저의 《군론》[1]과 판 데르 베르덴의 《현대 대수학》을 공부했다. 그리고 케임브리지 대학에서 홀[2]의 우아한 군론 개념에 감명 받았으며, 그곳에 있을 때 '보편 대수학'의 개념도 고안했고 격자에 대해 생각하기 시작했다.

가레트 버코프는 박사 학위를 받기도 전에 장래가 촉망되는 젊은 학자를 위해 하버드 대학에 설치된 최초의 신진 연구원의 한 명으로 선발됐고(1933~36), 그곳에서 1936년에 강사가 된 뒤 45년간 근무했다. 제2차 세계 대전 중에는 국가를 위해 일했고, 전쟁 뒤에는 주로 응용 문제에 몰두했다. 1981년 하버드 대학에서 은퇴하고 많은 대학에서 가르쳤다.

가레트 버코프는 격자 이론, 현대 대수학, 유체 역학, 수치 해석학, 핵반응 이론 등 순수 수학과 응용 수학의 넓은 영역에서 대단히 중요한 공적을 남겼다.

[1] Andreas Speiser(1885~1970, 1909년 괴팅겐 대학에서 힐베르트의 지도로 박사 학위 취득), *Die Theorie der Gruppen endlicher Ordnung* 2nd edition, Berlin: Springer, 1927.

[2] Philip Hall(1904-1982), 영국의 수학자로 군론 연구

위대한 아버지와 위대한 아들

조지 버코프

조지 버코프는 세계적으로 지도적인 수학자의 반열에 오른 최초의 미국인이었다고 말할 수 있다. 시카고 대학(1902~3)과 하버드 대학(1903~5)을 다니고 하버드 대학에서 학사 학위(1905)와 석사 학위(1906)를 취득했으며, 시카고 대학으로 되돌아가 1907년 박사 학위를 취득했다. 1907년부터 1909년까지 매디슨의 위스콘신 대학에서 가르쳤고, 프린스턴 대학으로 옮겨 1911년 교수가 됐으며, 1912년부터 하버드 대학의 교수로 근무했다. 고전 해석학, 에르고딕 이론, 차분 방정식, 동역학계, 물리학 이론, 4색 문제, 미학에 관한 수학적 이론 등 약 190편의 논문과 여러 권의 책을 썼다.

유명한 아버지의 아들이 된다는 것은 결코 쉬운 일이 아니다. 가레트 버코프는 아버지의 그늘에서 살아야 하는 고통을 겪었을 것이다. 가레트는 공개적인 강연 중 '아버지'를 종종 언급했다. 그렇지만 가레트는 아버지 이상의 명성을 얻었다. 1938년 조지 버코프는 미국수학회 50주년 기념식에서 행한 강연 '미국 수학 50년'에서 아들 가레트의 중요한 공헌, 특히 격자 이론을 인용할 수 있었다.

《현대 대수학 개관》

가레트는 매우 빠르게 수학계에 이름을 알렸다. 모스는 30세 이전에 책을 쓰면 안 된다고 말했지만, 가레트는 30세 이전에 두 권의 책을 썼다. 1940년 당시 29세였을 때 《격자 이론Lattice Theory》을 출판했다. 그리고 1941년에는 맥레인과 함께 《현대 대수학 개관》을 출판했다. 이 책은 뇌터, 아르틴, 판 데르 베르덴, 홀이 옹호한 대수학의 현대적인 공리적 관점을 명확하게 강조했는데, 학부용 교과서로서 대단히 큰 성공을 거두었고 엄청난 영향을 끼쳤으며 수학을 전혀 모르는 많은 학생에게 대수학에 흥미를 느끼게 만들었다. 이 책은 1996년 제5판이 출판됐다.

에르되시 Paul[Pal] Erdös

1913~1996

'부다페스트의 마법사' 에르되시는 1913년 3월 26일 헝가리 부다페스트에서 태어났다. 1930년 부다페스트의 파즈마니 페테르Pázmány Péter 대학에 입학했고, (지도 교수는 페예르였지만 거의 독자적인 연구를 통해) 1934년 박사 학위를 취득하고 맨체스터 대학의 특별 연구원이 되어 모델이 주도하는 뛰어난 수학자들의 집단에 들어갔다. 1938년부터 10년 동안은 미국에서, 1948년부터는 유럽과 미국을 오가며 활동했다. 1954년 암스테르담에서 열린 학회를 마친 뒤에 미국 재입국 비자를 얻지 못하고, 이스라엘에 영주했다. 유별난 방랑벽으로 세계 도처를 여행하며 많은 수학자에게 큰 영향을 주었으며, 결코 '적절한' 영구적인 직업을 갖지 않았지만 역사상 '가장 많은 수학자를 알고 있던 사람' 이었다.

'문제 풀이가' 였던 에르되시는 수론과 조합론은 물론 보간법과 함수론, 기하학, 집합론, 군론, 복소함수론, 확률론 등의 광범위한 영역에서 엄청나게 많은 논문(1500편 이상)과 대단히 많은 공동 논문(약 500편)을 남겼을 뿐만 아니라, 미해결 문제도 매우 많이 제시했다. 그는 '현대의 오일러' 였다. 또, 오일러가 시력을 잃은 1765년 이후에 자신의 전체 연구 결과 중 절반 이상을 발표한 것과 마찬가지로, 에르되시도 그의 인생 마지막 20년 동안 절반 이상을 발표했다. 그는 1996년 9월 20일 바르샤바 바나흐 센터에서 열린 세미나 참석

중 심장마비로 사망했다. 평생 독신으로 살았으며, 가까운 친척도 없었다.

에르되시와 가족

▣ 신동

에르되시는 신동이었다. 3세 때 세 자리 수들을 곱할 수 있었고 4세 때는 음수를 스스로 발견했으며 네 자리 수들을 암산으로 곱했다. 방문객의 생년월일을 묻고는 그가 몇 초 동안 살았는지를 곧 알려주었다. 부모는 에르되시가 학교에서 병을 얻을 것을 염려해서 오랫동안 집에서 가르쳤는데, 대부분 아버지로부터 배웠다. 그가 16세 때, 아버지는 무한 급수와 집합론을 가르쳐 주었는데 그가 평생 동안 좋아했던 분야가 됐다.

에르되시는 중등 학생을 위한 《수학 및 물리학 잡지》를 통해 수학 문제에 흥미를 갖게 됐다. 국가에서 시행하는 수학 경시 대회에서 입상하고 파즈마니 페테르 대학에 입학한 뒤 곧 젊고 뛰어난 유대 수학자들의 작은 그룹에서 지도적인 역할을 했는데, 그 그룹은 에르되시가 제시한 문제를 푸는 데 많은 시간을 보냈다. 18세 때 n과 $2n$ 사이에 언제나 소수가 존재한다는 체비쇼프의 정리❶를 초등적인 방법으로 새롭게 증명했다.

네덜란드의 유명한 수학자 브로우베르는 에르되시의 삼촌에게 물었다. "헝가리의 젊은 수학자 에르되시의 친척입니까?" 당시 에르되시는 20을 갓

❶ 베르트랑(Joseph Bertrand, 1822~1900)의 추측이라고도 한다.

넘었는데, 이미 수학계에 이름이 알려져 있었다.

가족

에르되시의 부모는 모두 수학 교사였으며 유대인이었다. 에르되시의 어머니가 그를 낳고 퇴원해서 집에 가보니, 5세와 3세의 두 딸이 모두 성홍열로 죽어 있었다. 이에 따라 부모는 에르되시를 남다르게 돌보게 됐다. 에르되시가 한 살 반도 채 되지 않았을 때, 제1차 세계 대전이 터졌고 아버지는 러시아에 포로로 끌려가 시베리아에서 6년을 보낸 뒤 돌아왔다.

에르되시는 헝가리를 떠나고 10년이 지난 뒤인 1948년 몇 달 동안 유럽을 방문할 때 어머니를 다시 볼 수 있었다. 아버지는 이미 1942년에 사망했다. 그리고 유대인 대학살을 모면한 몇 명의 친척을 만났다.

이스라엘에 영주한 에르되시는 1964년 당시 84세의 어머니와 함께 7년 동안 세계를 여행하며 행복한 시간을 보낼 수 있었다. 어머니는 세상을 보기 위해서가 아니라 아들을 보기 위해 여행을 했다고 말했다. 먼저 이스라엘을 방문하고 유럽과 미국 그리고 오스트레일리아까지 여행했다. 어머니는 1971년 1월 캘거리를 여행하던 도중 사망했다.

결혼하지 않은 이유

1980년대 초반에 이르러, 에르되시는 대중 매체로부터 크게 주목받는 인물이 됐다. 인터뷰 기사가 많이 발표됐는데, 자극적인 내용도 있었다. 예를 들면, 한 인터뷰에서 그는 결혼하지 않는 이유를 질문 받았다. 기자가 예상했을 것으로 보이는 알기 쉬운 답변은, '집도 없고 정규적인 소득도 없으며 나중에는 어머니와 대부분의 시간을 보냈기 때문이었다.' 였을 것이다. 그런데 에르되시의 대답은 다음과 같았다. "당신에게는 이상하게 들릴 수 있겠지만,

나는 성적인 쾌감을 도무지 견뎌낼 수 없습니다."

그는 다른 사람들과 신체적 접촉을 몹시 싫어했다. 악수하자고 내민 손을 잡지 않았고, 그 손등에 자신의 손을 살짝 대었다가 떼는 것이 전부였다. 그의 피부는 매우 특이해서, 실크가 아닌 다른 옷감의 옷을 입으면 알레르기 반응을 일으켰다.

▣ 특이한 용어

에르되시는 아버지로부터 수학과 물리학만이 아니라 영어도 배웠다. 아버지는 포로로 잡혀 있는 동안 시간을 보내기 위해 영어를 독학으로 배웠는데, 영어 단어를 발음하는 방법은 알지 못했다. 그래서 아들에게 이상한 영어 발음을 가르쳤고, 이에 따라 에르되시는 평생동안 특이한 영어를 구사했다. (그는 그 뒤 독어, 프랑스어, 라틴어, 고대 그리스어 등을 배웠으며, 말년에는 히브리어도 약간 배웠다.)

에르되시는 이상한 영어 발음뿐만 아니라 특이한 용어 선택으로 유명했는데, 대학 재학 시절부터 독특한 용어를 개발하기 시작했다. 어린이를 epsilon, 부인을 boss, 남편을 slave, 음악을 noise, 강의를 preaching, 결혼을 capture, 수학 연구의 중지를 to die, 죽음을 to leave, 이혼을 to be liberated, 미국을 Sam, 소련을 Joe 등으로 불렀다.

어느 날 울람과 함께 해안을 거닐고 있던 에르되시는 귀여운 아이를 보고 멈추어 서서 말했다. "스텐(울람의 이름), 여기 봐! 아주 예쁜 epsilon이 있어." 그런데 울람은 그 아이보다 엄마에게 관심이 가 에르되시에게 말했다. "그애 보다 저 capital epsilon을 보세요." 이 말에 에르되시의 얼굴은 빨개졌다.

방랑객 에르되시

▣ 방랑벽

에르되시의 방랑벽은 유별났다. 1934년부터 4년 동안 영국에 체류할 때, 같은 장소에서 1주일을 머문 적이 거의 없었다고 한다. 맨체스터에서 케임브리지로, 런던으로, 브리스틀로, 그리고 또 다른 대학으로 떠돌아 다녔다. 해마다 영국과 헝가리를 세 번씩 왕복했다. 영국에서 하디와 울람을 알게 됐는데, 나중에 미국에 머물 때 울람으로부터 많은 도움을 얻었다. 그 뒤 미국에 머물 때는 더욱 자주 여행했는데, 프린스턴, 펜실베이니아, 노트르담, 퍼듀, 스탠퍼드, 시러큐스 대학 등에서 가르쳤다.

에르되시는 1954년 암스테르담에서 열린 국제 수학자 대회에 참석하고 미국 재입국 비자를 신청했지만 미국 사회의 병적인 반공 분위기 속에 거절당했다. 이스라엘에서 비상근 직장을 얻고 이스라엘에 영주했지만, 헝가리에서 더 많은 시간을 보냈다. 1963년이 되어서야 미국을 자유롭게 방문할 수 있었다.

에르되시는 이스라엘 여권 때문에, 방문하는 나라마다 입국 비자를 받아야 했지만 수학자가 있는 곳은 어디든 가려고 했다. 어머니의 사망으로 큰 충격을 받고는 이전보다 더욱 자주 여행했는데, 1979년 한 해 동안 대서양을 다섯 번 건넜으며 한 나라를 단 하루만에 방문하기도 했다. 다음과 같은 경우도 있었다. 어떤 토요일, 캐나다 위니펙에서 열린 수론과 계산학에 관한 모임에서 강연하고, 저녁에는 헝가리 식당에서 강연자를 위한 환송 만찬에 참석했다. 일요일 아침, 비행기를 타고 토론토에 가서 공항에서 만난 사람들과 미국 아이오와의 워털루로 놀러갔다. 저녁에는 다시 토론토로 되돌아갔다가 비행기를 타고 런던으로 가서 제국 대학에서 11시에 강연했다.

에르되시는 마지막 20년 동안 여름에는 헝가리를 방문했고, 대부분의 시간은 미국에서 보냈지만 이스라엘, 캐나다, 영국, 독일, 프랑스 등을 종종 길게 방문했다.

에르되시는 여행하면서 연구하는 습관이 들어 비행기에서도 매우 쉽게 연구할 수 있었다. 주변 상황에 매우 빨리 적응했다. 동료 수학자의 집 문턱에 나타나 "내 머리는 열려 있습니다My brain is open."라고 말하고는, 며칠 동안 머물면서 집주인과 공동 연구를 하고는 또 다른 수학자를 찾아 떠났다. 그리고 그는 이 문제를 풀다가 갑자기 다른 문제에 몰두할 수 있었고, 강연 중에도 갑자기 주제를 완전히 다른 것으로 바꾸어 사람들을 혼란시키기도 했다.

비행기 속의 에르되시

재산은 성가시다

에르되시는 자유에 대한 열망을 갖고 있었다. 운전을 배운 적이 없고, 국적 때문에 해외 여행에 어려움이 많았지만 자신이 원하는 장소를 갔고 원하는 시간에 갔다. 물질적 소유를 해악으로 간주했으며, 검소하게 생활했다. 여행할 때도 짐이 거의 없었다. 돌봐주는 친구에게 의존했는데, 수표 책도 없었고 신용 카드도 없었다.

이런 일도 있었다고 한다. 에르되시는 인디애나 대학으로부터 퍼듀 대학까지 (100마일의 거리를) 택시를 타고 간 적이 있었다. 그런데 지갑에는 돈이 전혀 없었다. 수학과에 차비를 구했다. 학과장은 여러 사람으로부터 돈을 거두어 택시비를 지불했다.

에르되시는 영구적인 정착지 없이 세계 곳곳을 누비고 다녔는데, 작은 가방 하나에 자신의 모든 소유물을 넣고 여행했다. 한때 작은 트랜지스터 라디오를 가지고 다녔는데, 나중에는 그것도 버렸다. '재산은 성가시다' 고 종종 말했는데, 거의 평생 동안 정기적인 수입도 없었다. 1984년 5만 달러의 볼프 상Wolf Prize을 탔을 때, 720달러만을 남기고 나머지를 즉시 이곳저곳에 기부했다. 에르되시는 라마누잔의 미망인(한 번도 만난 적이 없음), 친척, 동료, 학생들에게 돈을 주기도 했다.

▣ 기억력

에르되시는 전 세계의 수학자에게 전화를 걸었다. 물론, 다른 사람의 돈으로. 시간에 전혀 구애받지 않았는데, 그 사람이 잠을 자거나 어떤 일을 하는지 관계없이 통화를 시도했다. 물론, 수학을 논의하는 것이 목적이었다. 자신이 알고 있는 수학자의 전화번호는 모두 암기하고 있었다. 한 이야기에 따르면, 전화번호부에서 열 개의 번호를 한 번 보고, 30분 동안 다른 이야기를 나눈 뒤에도 그 번호를 하나도 잊지 않았다고 한다.

그런데 에르되시는 이름(세례명)은 전혀 알지 못했다고 한다. 그가 세례명으로 부른 유일한 사람이 'Tom Trotter' 였는데, 실제로는 그를 'Bill' 이라고 불렀다.

다른 경우로, 에르되시가 한 수학자를 만나서, 어디서 왔느냐고 물었다. '밴쿠버' 라고 답하자, 그가 말했다. "아, 그래요. 그러면 나와 절친한 친구 멘델슨[2]을 잘 아시겠습니다." 잠시 동안의 침묵이 흐른 뒤에 다음과 같은 답변이 나왔다. "내가 바로 당신의 절친한 친구 멘델슨입니다."

[2] Elliott Mendelson(1931~), 미국의 수학자

에르되시의 연구

수학적 공헌

많은 뛰어난 결과의 증명 이외에 에르되시의 수학에 대한 공헌을 다음과 같이 세 가지로 요약할 수 있다. 첫째, '초등적인 방법' 을 이용해서 수학 결과를 반복해서 증명했다. 둘째, 최초로 '확률적 방법' 의 힘을 완전히 인식하고, 무작위성 또는 확률론과 전혀 관계없는 대단히 다양한 문제를 공략하기 위해서 이 방법을 개척했다. 그래서 확률론적 방법은 오랫동안 '에르되시의 방법' 으로 불렸다. 셋째, 그의 수학에 대한 중요한 공헌은 '문제' 를 통해 이루어졌다. 문제 제기자로서 그를 능가할 사람은 수학사에서 찾아볼 수 없다. 그는 자신이 제시한 문제에 상금을 걸었는데, 적게는 25달러부터 많게는 만 달러에 달했다. 아인슈타인의 조교를 지냈으며 에르되시와 21편의 논문을 함께 쓰면서 친하게 지낸 슈트라우스는 에르되시를 '문제 풀이의 왕자' 이며 '문제 제기의 황제' 라고 불렀다.

타고난 수학자

에르되시는 타고난 수학자였다. 이는 그가 대단히 많이 알고 있었다는 것이 아니라, 대단히 영리했으며 대단히 열심히 노력했다는 점을 뜻한다. 맥도웰[3]은 퍼듀 대학에서 에르되시와 일단의 수학자가 함께 연구한 경우를 알려주었다. 그들은 어느 날 아침에 모였는데, 어떤 사람이 칠판으로 다가가서 문제를 적었다. "X를 하우스도르프 공간이라고 하자. …" 에르되시가 물었다. "하우스도르프 공간이 무엇입니까?" "이제 X가 분리 가능하다고 합시다.…"

[3] Robert Harbold McDowell(1927~), 미국의 수학자

에르되시가 물었다. "'분리 가능'이 무엇을 뜻합니까?" 이와 같이 계속됐다. 그렇지만 그 날 저녁에 그들은 그 문제를 해결했고, 논문 한 편을 쓸 수 있었다. 그 다음 날, 전 날의 성공에 고취되어 그들은 다시 모였다. 한 사람이 칠판으로 다가가서 문제를 적었다. "*X*를 하우스도르프 공간이라고 하자.…" 에르되시가 물었다. "하우스도르프 공간이 무엇입니까?" 이렇게 다시 계속됐다.

위와 비슷한 상황으로, 1939년 고등 학술 연구소에서 후레비츠가 힐베르트 공간에서 유리 점들의 차원에 관한 문제를 제기했다. 에르되시는 힐베르트 공간의 뜻을 명확하게 알지 못했고, '차원'에 대해 들어본 적이 없었다. 이런 개념을 그에게 설명해주자, 그는 문제를 곧 해결했다. 그 결과는 《수학 연보》에 게재했다.

카츠와의 공동 연구

에르되시와 카츠는 1939년 예상하지 못했던 매우 아름다운 수학 결과를 증명했다. 수의 소인수의 개수는 수가 변함에 따라 정규 분포에 따라 분포된다는 사실을 증명했다. 카츠는 다음과 같이 기억했다.

"나는 1939년 3월 프린스턴에서 행한 강연 중 소인수 개수의 정규 분포에 관한 정리를 (추측으로) 먼저 말했다. 나에게 다행스럽게도 그리고 수학에도 다행스럽게도 그 자리에 에르되시가 있었는데, 그는 즉시 귀를 쫑긋 세웠다. 그는 강연이 끝나기 전에, 내가 이전에 할 수 없었던 증명을 완성했다."

소수 정리

1948년 에르되시는 고등 학술 연구소를 방문했는데, 셀버그[4]도 그곳에 있었다. 셀버그는 소수 정리에 대한 초등적인 증명(즉, 복소 해석학 또는 초등 수론

이상의 다른 도구를 이용하지 않는 증명)을 얻을 수 있는 유망한 발상을 얻었다. 에르되시는 셀버그가 필요로 하는 중요한 단계를 해결해 줄 수 있었다. 나중에 셀버그는 에르되시의 발상이 필요하지 않도록 자신의 증명을 수정했다. 불행하게도, 그 뒤 에르되시와 셀버그 사이에 발견의 우선권에 관한 맹렬한 논쟁이 발생했다.

셀버그

한 이야기에 따르면, 셀버그가 시러큐스 대학에서 어떤 사람의 연구실에서 잡담을 하고 있는데, 다른 수학자가 들어와서 다음과 같이 말했냐고 한다. "내가 한 번도 들어보지 못한 노르웨이 사람과 에르되시가 소수 정리에 대한 초등적인 증명을 발견했다는 말이 적힌 엽서를 방금 받았다." 이에 분개한 셀버그는 그 결과를 모두 자기 혼자 쓰기로 결심했다고 한다. 원래는 각자가 얻은 결과를 설명하는 논문을 같은 잡지에 함께 싣기로 했다고 한다. 어쨌든 셀버그가 혼자 논문을 발표했다.

골드펠드❺는 두 사람 사이의 다툼에 참여했거나 목격한 모든 생존자와 면담했다. 모두가 틀린 것은 아니고 옳은 것도 아니라는 사실이 밝혀졌다. 에르되시와 셀버그는 모두 이 중요한 발견에 공헌했지만, 서로 자존심을 부렸고 서로의 스타일에서 큰 차이가 있었다.

당시 고등 학술 연구소를 방문한 카플란스키는 그 다툼을 어느 정도 자세하게 목격할 수 있었다. 에르되시를 찾아가서 말했다. "파울(에르되시의 이름), 자네는 언제나 수학이 공동 재산이라고 말하지 않았나. 아무도 정리를 소유할 수 없네. 누구나 배울 수 있고 발전시킬 수 있도록 공개되어 있네. 그런데

❹ Atle Selberg(1917~2007), 노르웨이 출신의 수학자로, 오슬로 대학에서 공부하고, 고등 학술 연구소(1947~48), 시러큐스 대학 조교수(1948~49)를 거쳐, 1949년에 고등 학술 연구소의 종신 회원이 됐고, 1951년에 프린스턴 대학 교수가 됐다. 1950년에 필즈 메달을 수상했다.

❺ Dorian Goldfeld(1947~), 미국의 수학자

자네는 왜 셀버그와 계속해서 다투는가? 너그럽게 봐주면 안 되겠나?" 그러자 에르되시가 대답했다. "맞아. 그런데 이것은 소수 정리야."

풀지 못한 초등 문제

에르되시는 한때 퍼듀 대학을 자주 방문했다. 그곳에는 그를 반겨주는 친구가 몇 명 있었기 때문이다. 그렇지만 정규 과목을 맡아 가르치지는 않았다. 퍼듀 대학은 어느 해 그에게 1000달러의 연구비를 주었다. 그렇지만 다음 해부터는 주지 않았다. 당시 에르되시는 그 대학에 머문 시간의 약 3분의 1 또는 2 분의 1 이상을 다른 대학에 강연하기 위해 자리를 비웠기 때문이다.

에르되시는 한 교수의 미분 적분학 강의에 초청되어 미분 적분학의 아름다움과 신비로움 및 미분 적분학의 기본 정리 등에 대해 이야기한 적이 있었다. 에르되시가 말을 마쳤을 때, 그 교수가 학생들에게 질문이 있는지 물었다. 한 학생이 손을 들고 질문했다. "저는 적분 문제 $\int \sec^3 x\,dx$를 풀 수 없었습니다." 그러자 에르되시는 칠판으로 다가가서 말했다. "시컨트는 코사인의 역이다. …" 이 적분 문제를 풀려고 여러 가지 방법을 시도했지만 성공하지 못했다. 그래서 세계적으로 유명한 수학자 에르되시는 학생들을 감동시키지 못했다.

잠자면서 연구하다

에르되시는 하루에 네 시간만 잤다. 그리고 낮에 강연을 들을 때 눈을 감고 있었지만 잠든 것은 아니고 무엇인가 골똘히 생각하고 있었다.

어느 해 겨울, 에르되시는 로스앤젤레스를 방문했다. 평소와 같이 그는 밴코프❻ 및 몇 명과 함께 저녁 식사를 했는데, 변함없이 바흐의 음악을 신청했다. 당시 와이센버그❼의 연주회가 열리고 있었는데, 바흐의 골드베르크 변주곡도 연주했다. 그래서 그들은 다음 날 밤 연주회에 가기로 했다. 밴코프가 에르되시를 연주회에 데려가기 위해 그의 숙소에 들렀을 때, 그는 그레이엄[8]과 저녁 식사를 하고 있었으며 책상 위에 종이를 가득히 펼쳐 놓고 있었다. 연주회장에 도착한 에르되시는 평소와 같이 건물 위아래를 돌아다니며 이곳저곳을 관찰했다. 연주회가 시작되자, 밴코프의 옆자리에 앉았고, 평소와 같이 고개를 푹 숙이고 눈을 감았다. 사실상 잠에 빠진 것으로 보였다. 연주회가 끝난 뒤, 일행은 무대 뒤로 가서 와이센버그를 만났다. 에르되시는 그를 만나보고 싶어했는데, 그도 에르되시를 만나보고 싶었다. 서로 대화를 나누고 있었을 때, 갑자기 에르되시가 전화를 해야겠다고 말했다. 오랜 시간 지난 뒤 그가 되돌아왔을 때, 무슨 일이 있었는지를 그에게 물었다. 그는 그레이엄에게 전화하고 왔다고 말했다. 에르되시는 연주회가 진행되고 있던 중에도 그 전에 그레이엄과 논의하고 있던 문제를 푼 것이었다!

에르되시의 수

에르되시는 자신의 아이디어를 홀로 간직한 채 고독하게 연구하는 과학자가 아니었다. 다른 수학자들과는 달리 에르되시는 공동 연구를 반겼다. 자신이 원하는 사람이 있으면 세계 어디든지 마다하지 않고 달려가 함께 공동 연구를 했다. 그와 함께 논문을 쓴 사람은 유례를 찾아볼 수 없을 만큼 많았다. 이렇게 해서 '에르되시의 수'가 생겨났다.

에르되시와 한 편 이상의 논문을 공동 집필한 수학자에게는 에르되시의

❻ Leon Bankoff(1908~1997), 미국의 치과 의사인데, 수학 문제를 만들고 푸는 재능이 있었다.

❼ Alexis Weissenberg(1929~), 불가리아 출신의 프랑스 피아니스트

❽ Ronald Lewis Graham(1935~), 박사 과정 때 어떤 문제 풀이와 관련해서 에르되시와 서신을 교환했고, 1963년 수론에 관한 학회에서 에르되시를 만나서 공동으로 수학을 연구했다. 그 뒤부터 에르되시의 재정 상태와 우편물 및 원고를 챙겨주었다. 그는 AT&T 벨 연구소의 연구원으로 있다.

수 1이 주어진다. 2000년도 말까지 에르되시의 수가 1인 수학자는 적어도 507명이었다. 그리고 2002년까지도 에르되시의 수 1인 사람의 명단은 확정되지 않았다. 왜냐하면 에르되시의 새 논문이 계속 나오고 있는 중이기 때문이다.

한편, 에르되시의 507명의 공동 연구자들에게도 자신들의 공동 연구자 5897명이 있으며, 이들 5897명에게는 에르되시의 수 2가 주어진다. 또한 에르되시의 수 2를 지니고 있는 사람들과 공동 연구를 한 사람의 수는 26422명이다. 이들은 에르되시의 수 3을 지닌다. 이런 식으로 에르되시의 수가 부여된다. 오늘날 거의 대부부의 수학 연구자들은 6 이하의 에르되시의 수를 지니고 있으며, 단 2퍼센트만이 9 이상의 에르되시의 수를 갖고 있다.

에르되시의 수가 1인 수학자의 수가 점점 늘어남에 따라 에르되시와 함께 두 편 이상의 논문을 쓴 사람들을 구별할 필요성이 생겨났다. 이들에게는 공동 집필 논문 편수에 따라 1보다 작은 분수를 부여하기로 했다. 수론학자 로저스[9]는 에르되시와 7편의 논문을 함께 썼고, 이에 따라 그의 에르되시의 수는 $\frac{1}{7}$이 됐다. 에르되시의 수가 $\frac{1}{7}$이하인 수학자는 총 51명이다. 에르되시의 수가 0에 가장 가까운 수학자는 사르코지Andras Sarkozy로, 그의 에르되시의 수는 $\frac{1}{62}$이다.[10]

▣ 에르되시의 수 1을 얻은 행크 아론

1974년 4월 8일, 행크 아론[11]은 715번째 홈런으로 신기록을 세웠는데, 그

[9] Claude Ambrose Rogers(1920~2005), 영국의 수학자

[10] 조지 G. 슈피로 저/ 심재관 역, 《케플러의 추측》, 영림카디널, 2004, pp. 225-226.
에르되시의 수에 대해서는 <http://www.oakland.edu/enp/>를 참조하라.

[11] Henry Louis "Hank" Aaron(1934~), 미국 프로 야구 선수로, 755개의 홈런 최고 기록을 세웠다.

전에 베이브 루스[12]가 세운 홈런 기록은 714개였다. 이 사실은 스포츠팬에게 큰 관심사였고, 많은 일반인에게도 흥미를 끌었다. 조지아 대학의 넬슨[13], 페니[14], 포머런스[15]는 두 수 714와 715에서 수학적으로 매력적인 사실을 발견했다. 즉, 714×715는 처음 일곱 개의 소수의 곱이다! 또, 714의 소인수의 합은 29인데, 715의 소인수의 합도 29로 서로 같다. 소인수의 합이 서로 같은 인접한 두 수의 쌍은 또 있는데(이를테면 15와 16), 위의 세 수학자는 컴퓨터를 이용해서 이런 쌍을 대단히 많이 찾아냈다. 이 결과를 《오락 수학 잡지》[16]에 발표했는데, 이런 '아론 쌍'은 빈도가 점점 줄어들지만 무수히 많을 것이라고 추측했다.

그 뒤 곧, 에르되시가 포머런스에게 전화를 걸어서 그 추측을 증명할 수 있다고 했다. 포머런스가 조지아까지의 여행 경비를 대주면, 함께 논문을 쓸 수 있다고 했다. 에르되시와 포머런스는 그 논문을 썼으며, 40편 이상의 논문을 더 썼다.

오랜 시간이 지난 뒤인 1995년 행크 아론과 에르되시는 에모리 대학에서 함께 명예 학위를 받았다. 포머런스는 한 야구공에 두 사람의 서명을 함께 받았다. 그래서 프로 야구 선수인 행크 아론은 에르되시의 수 1을 얻었다.

[12] George Herman "Babe" Ruth(1895~1948), 미국의 프로 야구 선수
[13] Carol Nelson(1951~)
[14] David Penny(1938~)
[15] Carl Pomerance(1944~)
[16] *Journal of Recreational Mathematics*

에르되시의 말과 행동

FBI 기록

에르되시의 기이한 성격과 자신에 몰입하는 면을 보여주는 이야기가 많이 있다. 제2차 세계 대전 중인 1941년 8월, 에르되시는 일본인 수학자 가쿠타니, 영국인 수학자 스톤[17]과 함께 뉴욕 주의 롱아일랜드 해안을 따라 거닐고 있었다. 그러다가 실수로 군사 보호 시설인 출입 금지 구역을 들어갔고, 체포됐다. 당국은 세 수학자를 분리해서 조사했다. 에르되시의 기록은 다음과 같다.

> 문: 해안에서 무엇을 했습니까?
>
> 답: 거닐었습니다.
>
> 문: 어디로 가고 있었습니까?
>
> 답: 목적지는 없었습니다.
>
> 문: 그렇다면 해안에서 무엇을 했습니까?
>
> 답: 수학을 논의했습니다.
>
> 문: 수학에 관해 무엇을 논의했습니까?
>
> 답: 우리는 어떤 추측에 대해 생각했습니다.
>
> 문: 그 추측은 무엇입니까?
>
> 답: 중요하지 않습니다. 아마도 틀린 것이었을 겁니다.

그들에게 나쁜 의도가 전혀 없었다는 점이 밝혀졌지만, 이 기록은 FBI에

[17] Arthur Stone(1916~2000)

남았다. 그리고 1954년 비자 재발급 신청에서 불리하게 작용했다고 한다.

回 새 옷

에르되시가 어느 날 새 옷을 입고 시러큐스 대학에 출근했다. 동료들은 깜짝 놀랐다. 에르되시가 겉옷을 벗었을 때 그들은 더욱 놀라게 됐다. 그들은 그의 조끼에 직사각형의 구멍이 뚫려 있음을 발견했다. "이것은 무엇입니까?" 에르되시는 다음과 같이 설명했다. "이 조끼에 라벨이 붙어 있었습니다. 그 라벨이 바로 이만한 크기였고 거기에 가격이 쓰여 있었는데, 필요하지 않아서 잘라 버렸습니다."

回 신에 대한 견해

하디와 같이, 에르되시도 신을 심술궂은 존재로 생각했고 'supreme fascist(최고 독재자)' 라고 불렀다. 신은 인간을 냉정하게 만들고, 약속 시간에 지각하도록 하며, 안경과 공책을 숨기고, 여권을 훔쳐가며, 인간에게 폭풍우와 교통 혼잡을 준다. 게다가, 신은 인간이 기회를 얻었을 때 좋은 업적을 남기지 못하면 매우 기뻐한다.

에르되시는 종종 《책The Book》에 대해 말했다. 무한히 큰 이 책은 모든 정리와 이에 대한 가장 훌륭한 증명을 포함하고 있다. 그런데 불행하게도 이 책은 심술궂은 신이 소유하고 있으며 매우 소수만이 이를 엿볼 수 있다. 이를 엿볼 수만 있어도 수학의 아름다움을 알아볼 수 있다.

回 각성제 중독

에르되시는 만년에 각성제인 벤제드린Benzedrine에 중독되어, 밤낮으로 복용했다. 그를 돌봐준 그레이엄은 각성제 남용으로 에르되시의 건강이 상할까 걱정이 됐다. 그래서 에르되시가 한 달 동안 각성제 복용을 중지하면 꽤 많은 돈을 주겠다고 제의했다. 이에 찬동한 에르되시는 실제로 한 달 동안 약속을 지켰고 상금도 받았다. 그러나 그 뒤 그 한 달이 자신의 인생에서 가장 불행한 시간이었다고 말했다. 하루 종일 빈 종이를 바라보면서 보냈는데, 머리에 아무런 생각도 떠오르지 않았다고 한다. 한 달 뒤에 다시 기쁜 마음으로 각성제를 복용하기 시작했다.

에르되시의 시

'출판과 보상'

하루에 하나의 정리는
승진과 보수를 의미한다!
일 년에 하나의 정리이면
당신은 해고당한다!

수학자의 지력 퇴보 단계

에르되시는 죽음과 노망에 대해 농담하기를 즐겼다. 정신 능력의 상실에 관한 농담도 종종 했다. 수학자의 지력은 다음과 같은 세 단계를 거쳐 퇴보한다고 말했다.(울람의 말이라는 이야기도 있다.)

- 처음에는 자신이 발견한 정리를 잊는다.
- 다음에는 지퍼 올리는 것을 잊는다.
- 마지막으로 지퍼 내리는 것을 잊는다.

베어스 Lipman Bers

1914~1993

항상 리파Lipa로 불린 베어스는 1914년 5월 23일 당시 러시아가 통치하고 있던 라트비아의 리가Riga에서 태어났고, 1993년 10월 29일 뉴욕 주 뉴로셸 New Rochelle에서 죽었다.

리파의 멋진 연구 결과는 널리 응용되고 있는데, 수학 및 물리학 모두와 관련을 맺고 있다. 그는 수학계의 지도자, 교육자, 인권 옹호가로서 존경을 받았다.

유랑자

리파의 아버지Isaac Bers는 리가에 있는 이디시[1] 중등학교 교장이었고, 어머니Bertha Weinberg는 이디시 초등학교 교장이었는데 나중에 정신 분석학자가 됐다. 리파는 1919년까지 러시아 혁명의 와중에 있던 페트로그라드[2]에서 보냈다. 어머니가 교장으로 있던 초등학교에서 공부하다가, 이혼한 어머니가 정신 분석학을 배우기 위해 베를린에 거주할 때는 베를린에서 1년간 배우기도 했다. 아버지가 교장으로 있던 이디시 중등학교를 다니고, 짧은 기간 취리

[1] Yiddish, 이디시어, 고지 독일어 방언에 슬라브어와 헤브라이어가 섞여서 생긴 언어로, 헤브라이 문자를 사용한다. 중부 유럽의 여러 나라와 그리스 출신 유대인 사이에서 사용된다.

[2] Petrograd, 현재 러시아의 상트 페테르부르크

히 대학에서 공부하고 리가로 되돌아가서 그곳의 대학에서 배웠다.

당시 유럽의 정치 상황은 혼동 속에 있었는데, 라트비아는 1934년 독재자의 통치를 받고 있었다. 리파는 정치적으로 적극적인 행동주의자였고 사회민주주의를 지지했는데, 그 독재자를 비판하는 글을 지하 신문에 게재했다. 이에 따라 체포 영장이 떨어졌는데, 아슬아슬하게 체코슬로바키아의 프라하로 도피했다. 찰스 대학에서 공부했고, 뢰브너[3]의 지도로 논문을 쓰고 1938년 박사 학위를 취득했다. 그리고 그와 함께 프라하로 피신했던 여자 친구Mary Kagan와 결혼했다.

1938년에 이르러 체코슬로바키아는 유대인이 거주할 수 없는 나라가 됐고, 이에 따라 리파는 파리로 이주했다. 그렇지만 곧 제2차 세계 대전이 발발했고, 독일은 곧 프랑스를 점령하기 시작했다. 독일 군대가 파리를 점령하기 단 10일 전에, 리파 가족은 파리를 떠나 남쪽으로 갔다. 극적으로 미국 입국비자를 얻어 1940년 미국으로 갔다. 이렇게 여러 나라를 돌아다닌 리파는 적어도 네 가지 언어를 유창하게 구사했다.

리파는 미국에 이주한 뒤 1942년까지 일자리를 얻지 못했다. 그 뒤 브라운 대학 연구 강사(1942~1945), 시러큐스 대학의 조교수와 부교수(1945~1949), 고등 학술 연구소의 연구원(1949~1951), 뉴욕 대학 쿠란트 연구소 정교수(1951~1964), 컬럼비아 대학 교수(1964~1984)를 역임했다.

학문 세계

리파는 중등학교 시절 무한 집합과 그것의 부분 집합 사이의 일대일 대응을 스스로 증명했다. 수학 교사에게 이를 보여주자, 그는 말했다. "무엇인가

❸ Charles Loewner=Karl Löwner(1893~1968), 체코 출신의 수학자로 미국으로 이주했다.

틀림없이 잘못됐다. 15년 동안 수학을 가르쳤지만, 이렇게 어이없는 질문은 처음 본다." 리파는 집합론에 매료되어 수학자가 되기로 결심했다.

리파는 유랑 생활 중에도 수학 연구를 포기하지 않았다. 그의 박사 학위 논문은 퍼텐셜 이론에 관한 것이었고, 프랑스에서 미국 입국 비자를 신청하고 기다리면서 그린 함수와 적분 표현에 관한 논문을 두 편 썼다. 일자리를 찾지 못하고 뉴욕에 거주할 때도 수학 연구를 계속했는데, 이것은 나중에 준해석pseudo-analytic 함수론으로 발전했다.

리파는 브라운 대학에서는 부분적으로 전쟁과 관련된 연구로 음속 이하의 2차원 유체 흐름에 대해 연구했다. 당시 이런 연구는 중요했는데, 고속으로 날 수 있는 제트 비행기의 날개를 제작하고 있었기 때문이다. 시러큐스 대학에서는 비선형 타원 방정식에서 특이점들의 제거 가능성에 대한 문제를 연구하기 시작했다. 이 분야의 주요한 결과는 1950년 국제 수학자 대회에서 발표됐다. 고등 학술 연구소 시절부터 10여 년 동안 준등각 사상, 타이히뮐러 이론, 클라인 군에 대해 연구했다. 그 뒤 알포르스와의 공동 연구를 통해 가측 리만 사상 정리(알포르스 · 베어스의 정리)를 얻었다.

유능한 교육자

리파는 교사로서 그리고 논문 지도자로서 탁월한 재능을 가졌다. 그의 강의는 재미있는 이야기와 수학 일화로 장식됐다. 복잡한 증명을 명확하게 제시했고, 결정적으로 중요한 단계에서는 학생들이 생각할 기회를 주기 위해 잠시 멈추었다가 멋진 방법으로 증명을 완성했다. 학생들의 질문을 환영했으며, 학생들의 작은 진전에도 매우 기뻐했다. 그리고 자신의 연구 분야와 밀접한 과목을 가르쳤는데, 지난 밤 자신이 증명한 명제를 즐거움에 넘쳐 설명하고 다음에 증명해야 할 결과의 어려움을 숨김없이 말했다. 자신의 현재 연구의 상황을 설명하고 앞으로의 진행 방향을 알려주기도 했다.

리파는 학생을 기다리지 않았다. 먼저 대학원생에게 접근해서 대화를 나누었으며, 자신이 논문 지도를 할 수 있다고 제안하기도 했다. 무려 48명의 박사를 배출했는데, 그 중 16명은 여성이었다. 그는 말했다. "나는 여성이 남성보다 지적으로 열등하다고 생각한 적이 결코 없다."

▣ 유럽 신사

리파는 전통적인 유럽 신사였다. 항상 넥타이를 매고 다녔는데, 날씨가 덥고 격렬하게 움직여야 할 때도 결코 포기하지 않았다. 미국 생활을 시작하면서 동료를 복도에서 만날 때마다 악수할 필요가 없고 신분에 관계없이 성이 아니라 이름만을 부른다는 사실을 배워야 했다. 리파는 박사 학위를 받은 한 제자에게 자신과 대화할 때 경칭을 쓰지 않아도 된다고 분명히 말했지만, 그 제자를 부를 때는 모든 호칭을 이용했다.

카츠 Mark Kac

1914~1984

카츠는 당시 러시아가 지배하고 있던 폴란드 지역의 유대인 집안에서 율리우스력으로 1914년 8월 3일에 태어났다.❶

르보프의 얀 카지미에르츠 대학에서 슈타인하우스의 지도를 받았고, 1937년 박사 학위를 취득했다. 1938년 미국으로 이주해서, 코넬 대학(1939~61)과 록펠러 대학(1961~81)을 거쳐, 1981년에 남가주 대학USC 수학과 교수가 됐다.

카츠는 70세였던 1984년 10월 25일 암으로 사망했다. 당대 최고의 수학자의 한 사람으로 확률론 및 이의 수론과 물리학에의 응용에서 선구적인 역할을 했다

폴란드어를 가장 늦게 배운 폴란드인

제1차 세계 대전이 벌어지던 1915년에 카츠 가족은 동쪽의 러시아로 옮겨갔다가, 1921년에 폴란드로 되돌아갔다. 카츠는 11세 때까지 러시아에서는 아버지로부터, 폴란드에서는 프랑스인 가정 교사로부터 초기 교육을 받았다. 그래서 이때까지 러시아어와 가정 교사로부터 배운 프랑스어 및 아버지

❶ 현재 사용하고 있는 그레고리력으로는 1914년 8월 16일이다.

로부터 배운 약간의 유대어를 구사했지만, 폴란드어는 몰랐다. 1925년에 중등학교에 입학한 뒤에야 폴란드어를 배웠다.

카츠의 아버지는 독일 라이프니츠 대학에서 철학 학위, 모스크바 대학에서 역사와 언어학 학위를 받았다. 카츠는 러시아에 거주할 때 아버지로부터 수학을 배웠는데, 구구단을 익히지 못해서 아버지의 애를 태웠다. 그러나 그때 이미 기하학에서는 큰 매력을 느꼈다. 1930년에는 삼차 방정식의 근의 공식을 스스로 유도하면서 수학을 전공하기로 결심했다.

말재주꾼

카츠는 일류의 말재주꾼이었으며, 명강사였고, 항상 빈정거릴 수 있는 재치가 있었다. 그는 캘리포니아 공과 대학의 물리학자 파인먼의 강의에 참석한 적이 있었다. 수학자들을 놀리기를 즐겼던 파인먼은, 만약 수학이 존재하지 않았다면 물리학자들은 수학을 6일만에 만들 수 있었을 것이라고 지적했다. 이에 대해 카츠는 곧바로 응대했다. "그것은 신이 세상을 창조하는 데 걸린 시간이다."

카츠는 파인먼과 함께 그의 가장 잘 알려진 업적 중 하나인 파인먼 · 카츠 선 적분을 만들었다. 이 공식은 확률론과 이론 물리학의 결합이었다.

단순 극점 Smple Pole

카츠는 《자서전》[2]에서 다음과 같은 재미있는 이야기를 들려주었다. 코넬 대학에서 가르칠 때, 박사 시험 위원회에서 매우 서투른 박사 후보의 구두 시험을 치렀다. 그 응시생에게 수학 문제를 몇 개 질문했는데, 결과는 다음과

[2] *Enigma of Chance*, Harper & Row, 1985, p. 126.

같았다.

> 그의 수학 성적은 아주 좋지는 않았다. 몇 문제에 답하지 못했을 때, 나는 그에게 정말 쉬운 문제를 질문했는데, 그것은 복소 평면에서 함수 $f(z) = \frac{1}{z}$의 행동을 설명하는 것이었다. "교수님, 그 함수는 특이점인 $z = 0$을 제외한 전체 평면에서 해석적입니다."라고 그는 대답했는데, 이는 완벽하게 정확했다. 나는 계속 질문했다. "무엇을 특이점이라고 하지요?" 그 학생은 말문이 막혔고, 내가 말했다. "나를 봐요. 나는 어떻지요?" 그의 표정이 밝아졌다. "A simple Pole, sir."❸ 실제로 그것은 정확한 답이었다.

▣ 천재의 수준

수학에는 보통 사람은 넘볼 수 없는 천재들의 발상이 많이 있다. 그런 발상도 수준이 있다. 카츠는 평범한 천재와 마법사 같은 천재를 구분하는 그의 유명한 말로 이 질문에 대답했다.

> 평범한 천재는 우리가 단지 몇 배만 더 똑똑해진 것과 같은 정도로 뛰어난 사람이다. 그의 마음이 움직이는 방법에 관해서는 어떠한 신비로움도 없다. 그가 얻은 결과를 이해하면, 우리도 또한 그것을 얻을 수 있다고 확신하게 된다. 이것이 마법사 같은 천재들과 다른데 … 그런 사람들의 마음이 움직이는 과정은 사실상 이해가 불가능하다. 우리는 그들이 얻은 결과를 이해한 뒤에도, 그들이 그것을 얻을 때 거친 과정은 완벽한 어둔 속에 있게 된다.

❸ 여기에는 두 가지 뜻이 있다. 'simple Pole'은 '단순한 폴란드 사람'을 뜻한다. 그런데 'simple pole'은 복소해석학에서는 '단순 극점'을 뜻한다.

스승의 논리

슈타인하우스의 세미나에는 매우 적은 사람만이 참석했다. 어느 날, 카츠와 다른 한 학생이 참석했다. 슈타인하우스는 이에 개의치 않는 것으로 보였다. 카츠가 강의할 수 있는 최소한의 학생 수를 물었을 때, 슈타인하우스가 대답했다. "세 명이라야 집단이 된다." 다음 세미나 시간에는 카츠만이 참석했다. 다른 학생은 포기했다. 슈타인하우스가 강의를 시작하려고 하자, 카츠가 방해했다. " '세 명이라야 집단이 된다.' 고 된다고 말씀하시지 않았나요?" 슈타인하우스가 대답했다. "신은 언제나 존재한다." 그런데 슈타인하우스는 거리낌 없이 자신이 무신론자라고 말하고 다녔다.

빙 R H Bing

1914~1986

빙은 1914년 10월 20일 미국 텍사스의 오크우드Oakwood에서 태어났다. 남서 텍사스 주립 교원 대학(현재 남서 텍사스 주립 대학)에서 중등학교 수학 교사가 되기 위한 교육을 받았다. 1935년 졸업하고 수학 교사가 됐으며, 미식 축구와 육상 코치를 겸했다. 그리고 타자를 비롯해서 몇 가지를 더 가르쳤다. 여름 학기에 텍사스 대학에서 수학 교육학 석사 과정을 다니다가 1938년 로버트 무어의 기하학 강의를 듣고 수학자가 되기로 결심했다. 1942년부터 본격적으로 대학원에서 수학을 배우고 1945년 박사 학위를 취득했다. 1943년부터 텍사스 대학의 강사로 있다가 1947년 위스콘신 대학 교수가 됐다. 버지니아 대학과 고등 학술 연구소를 방문하기도 했으며, 1973년에 다시 텍사스 대학으로 옮겨 1985년 은퇴할 때까지 머물렀다. 위스콘신 대학과 텍사스 대학에서 35명의 박사를 배출했고, 많은 학술 단체에서 활동했다. 기하학적 위상 수학, 특히 3-다양체에 대한 연구로 유명하다.

특이한 이름

텍사스 사람 중에는 세례명과 중간 이름을 버리고 머리글자만 사용하는 경우가 있다. 그런데 빙의 경우에는 세례명과 중간 이름이 없다. 그의 완전한 이름은 출생 증명서에 기록된 대로 'R H Bing' 이었다. 머리글자들이 아니며,

온점(.)도 없다. 어느 해 빙은 해외 여행을 하기 위해 비자를 신청했다. 신청서를 작성하고 평소와 같이 자신의 이름을 적었다. 그 신청서는 반송됐는데, 국무부는 머리글자로 표기된 이름을 접수하지 않는다는 말을 들었다. 빙은 자신의 이름이 "'R only' 'H only' Bing"이라고 설명한 편지를 보냈다. 몇 주 뒤에 그는 우편으로 비자를 받았는데, 이름이 'Ronly Honly Bing'으로 되어 있었다.

▣ 스승의 인정

빙은 무어의 지도를 받고 1945년 박사 학위를 취득했다. 그의 박사 학위 논문의 중요한 결과들이 《미국 수학회 보고서Transactions of the AMS》에 게재됐다. 오랜 시간이 지난 뒤 그는 친구에게 다음과 같은 말을 했다. "당시 보고서에서는 나에게 논문 별쇄본을 50부 보내줬는데, 누구든 관심이 있으면 별쇄본을 받아볼 수 있다. 왜냐하면 여전히 49부가 남아 있기 때문이었다."

빙의 수학적 재능은 곧 인정받았다. 박사 학위를 받고 한 달이 지난 1945년 6월, 오랫동안 미해결 상태로 남아 있던 유명한 문제인 '클라인 구 특성화 문제Kline Sphere Characterization Problem'를 증명했다. 이름이 알려지지 않은 젊은 수학자가 오래된 이 추측을 해결했다는 소문이 돌았을 때, 이에 의심을 품는 사람들이 있었다. 무어는 빙의 증명을 확인하지 않았다. 실제로, 무어는 박사 학위를 받은 제자의 연구 결과를 검토하지 않았다. 이런 검토는 제자 스스로 자신의 연구 결과를 점검하는 능력을 신뢰하지 않은 행위라고 생각했다. 어떤 유명한 수학자가 무어에게 전화를 걸어 빙의 증명을 어떤 일류 수학자가 검토했는지를 물었을 때, 무어는 대답했다. "예. 빙이 했습니다."

위스콘신의 자존심

빙은 1960년대에 위스콘신 대학에서 대단히 많은 학생을 지도했다. 언젠가 미시간 주에서 열린 수학 모임에 많은 학생과 함께 참석한 적이 있었다. 그들이 도착했을 때, 어떤 사람이 방문한 위상 수학자들을 위해 어려운 수학 문제를 제시했다. 빙의 한 학생은 그 문제에 매우 깊이 빨려 들어갔다. 그는 환영회에도 참석하지 않고 저녁 만찬도 거르고 밤을 새우면서 그 문제에 대해 생각했다. 문제를 풀어서 위스콘신의 자존심을 세우고자 했다. 그렇지만 다음 날 새벽 6시까지도 해결하지 못했고, 매우 풀이 죽은 상태로 일찍 아침 식사를 하러 갔다. 식당에는 빙 교수만이 있었고, 기가 꺾인 그 학생은 지도 교수 옆에 앉았다. 빙이 이렇게 이른 시각에 일어난 이유를 묻자, 그 학생은 위상 수학 문제를 적으면서 밤새도록 풀어보려 했다고 고백했다. 빙은 그 문제를 뚫어지게 쳐다보고 이마를 쓰다듬더니, 냅킨 위에 아주 멋진 풀이를 써 내려갔다. 놀라웠다. 지도 교수가 뛰어난 위상 수학자인지는 잘 알고 있었지만, 그 정도인줄은 몰랐다. 매우 감격적이라고 말하자, 빙이 대답했다. "글쎄, 나도 어제 그 문제에 대해 들었네. 나도 저녁 만찬과 환영회에 참석하지 않고 밤을 새워 그 문제를 생각했지. 그리고 방금 30분 전에 해결했네."

공포의 질주

폭풍우가 몰아치는 어두운 밤이었다. 빙은 오도 가도 못하고 있던 몇 명의 수학자를 자청해서 안개 낀 매디슨 공항에서 시카고까지 자동차로 데려가기로 했다. 차가운 비가 자동차 앞 유리 위로 퍼부었고, 도로를 얼음판으로 만들었다. 빙은 어떤 수학 정리에 깊이 몰두해서 설명하고 있었다. 곧 자동차 앞 유리가 정력적인 설명 때문에 짙은 성에로 매우 흐려졌다. 승객들의 이마에도 땀방울이 맺혔는데, 그것은 두려움 때문이었다. 수학적 설명은 더욱 선명해졌지만, 시야는 더욱 흐려졌다. 빙이 유리의 성에를 제거하려는 듯이 손을 앞으로 내밀었을 때, 승객들은 생존할 가능성이 조금은 있다고 생각했다. 그러나 그들의 희망은 공포로 바뀌었다. 빙은 성에가 낀 유리 위에 손으로 도형을 그리면서 계속 설명했다. 설명을 더욱 명확하게 하기 위해 화살표와 부호까지 그렸다.

빙을 잘 아는 친구들은 그가 운전할 때 결코 수학 문제를 제기하지 않았다.

노벨상과 필즈 메달

노벨상

다이너마이트를 발명한 노벨[1]은 스웨덴 스톡홀름에서 태어났지만, 8세 때 러시아로 이주했고 여러 나라에서 화학, 기계학, 어학을 배웠다. 1863년 스톡홀름으로 돌아가 니트로글린세린 연구를 시작했으며, 1867년 다이너마이트를 발명했다. 다이너마이트의 발명과 기업화로 거부가 된 노벨은 1895년 11월 27일에 작성한 유언장에서 '인류 복지에 실질적으로 가장 크게 공헌한 사람들에게' 수여할 상을 위해 자신의 막대한 재산을 스웨덴 왕립 과학원에 기증했다. 그 기금으로 노벨 재단이 설립됐고, 이 기금의 이자로 1901년부터 해마다 물리학, 화학, 의학 및 생리학, 문학, 평화 등 다섯 분야에 노벨상이 수여되고 있다.

그런데 수학 분야에는 노벨상이 없다. 일반인들도 이를 의아하게 생각하겠지만, '과학의 여왕'을 연구하는 수학자의 입장에서는 이보다 더 분통터지는 일도 별로 없을 것이다. 여기에서 노벨상에서 수학이 제외된 이유에 대한 여러 가지 풍문을 소개하고, '수학의 노벨상'이라고 불리는 필즈 메달에 대

[1] Alfred Bernhard Nobel(1833~1896)

해 알아보겠다.

▣ 수학 분야에 노벨상이 없는 이유

노벨은 생애의 대부분을 프랑스 등 유럽의 여러 나라에서 보냈는데, 노벨상에서 수학이 제외된 이유에 대해 나라마다 사람마다 서로 다르게 설명하고 있다. 요약하면 다음과 같다.

[연적설] 프랑스와 미국

노벨은 당대의 유명한 수학자 미타그-레플러와 한 여인을 사이에 두고 삼각 관계에서 고통을 당했다고 한다. 그래서 이에 대한 보복으로 노벨상에서 수학 분야를 제외시켰다고 한다. 이런 이야기가 매우 설득력 있게 돌고 있지만, 노벨은 확고한 독신주의자로서 결혼한 적이 결코 없었다.

[원한설] 이브스

스웨덴의 뛰어난 수학자 미타그-레플러는 한때 상당한 부를 축적했고, 부를 축적하는 과정에서 많은 사람으로부터 반감을 샀다. 특히, 노벨은 큰 적의를 품었다. 노벨상을 만들 당시 수학도 분명히 고려의 대상이었다. 노벨은 자문 위원들에게 만약 수학 분야에도 상을 준다면 미타그-레플러도 상을 받을 수 있는지를 물었다. 이에 자문 위원들은 미타그-레플러가 유능하고 유명한 수학자이기 때문에 실제로 가능하다고 대답했다. 그러자 노벨이 단호하게 말했다. "그렇다면 수학에는 노벨상을 주지 않도록 하시오."

[우려설] 스웨덴

노벨은, 수학 분야에 노벨상을 수여하면, 당시 스웨덴의 대표적인 수학자였던 미타그-레플러가 한림원으로 하여금 자기를 첫 수상자로 선정하게끔 영향력을 행사하리라고 예상해서 유언에서 수학을 제외시켰다고 한다. 노벨은 미타그-레플러 때문에 더 우수한 다른 수학자가 불이익을 당하는 것을 우려했다.

그런데 미타그-레플러가 뛰어난 업적을 남겼지만, 당시 유럽에는 푸앵카레, 힐베르트 등과 같이 매우 뛰어난 수학자가 있었기 때문에 그가 노벨 수학상의 첫 수상자가 될 수 있었는지는 장담할 수 없다. 그렇지만 미타그-레플러가 한림원에 영향을 가할 수도 있었을 것이며, 이런 경우 세계 최고를 지향하는 노벨상의 취지가 훼손됐을 것이다. 노벨은 이런 점을 의식해서 노벨상에서 수학을 제외시켰을 것이다.

[수학에 대한 무관심]

노벨은 중등학교 시절 수학에서 아주 나쁜 경험을 했고, 이에 따라 수학에 무관심했다는 이야기가 있다. 이 때문에 노벨상에서 수학을 제외했다고 한다. 노벨은 물리학, 화학, 의학, 문학, 평화 등 다섯 분야에 노벨상을 제정했는데, 이것들은 모두 자신이 평소에 관심을 갖고 있던 분야였다. 물리학과 화학은 자신의 작업과 관계가 깊었고, 평소 문학에 조예가 깊었다. 평화상은 그의 이상주의와 책 《무기를 버려라》의 저자 베르타 폰 슈트너❷와의 우정에서 비롯된 것으로 추측된다.

노벨은 수학 분야에는 상이 이미 충분히 수여되고 있다고 생각했을 수도 있다. 미타그-레플러는 수학자로서 왕 오스카르 2세❸로부터 많은 상을 받았

❷ Bertha von Suttner, *Lay Down Your Arms!*

❸ Oscar II(1829~1907), 스웨덴 왕(재위 1872~1907)

고, 명예를 얻었다. 이런 상과 명예는 푸앵카레, 아펠[4], 베르트랑, 에르미트, 바이어슈트라스, 코발레프스카야 등도 받았다.

[수학의 비실용성]

발명가이자 기술자였던 노벨은 수상 대상자가 반드시 '발명이나 발견'을 통해 '인류 복지에 실질적으로' 기여한 사람이어야 한다고 명시했다. 그래서 당시 학문의 성격상 이론 위주의 수학을 실용 분야가 아니라고 간주했을 가능성도 높다. 노벨은 실용 과학에 노벨상을 수여하려 했고, 수학은 그렇지 못하다고 생각했기 때문에 제외됐다. 실제로, 물리학 분야를 보면 이론보다는 실험 분야에서 훨씬 더 많은 수상자가 배출됐다.

위의 이야기 중 어느 것도 정설은 아니다. 최근에는 마지막 두 가지 이야기가 비중 있게 논의되고 있다. 처음 세 이야기에는 수학자 미타그-레플러가 등장한다. 스톡홀름 대학의 학장을 지낸 그는 노벨이 사망하기 몇 년 전부터 노벨 재산의 상당한 몫을 스톡홀름 대학의 기금으로 유치하려고 추진했는데, 이것이 두 사람 사이의 갈등을 초래했을 가능성도 있다. 노벨은 유언장을 두 번 작성했다. 사망 3년 전에 작성된 첫 번째 유언장에는 스톡홀름 대학도 상속의 대상에 포함되어 있었는데, 이것은 미타그-레플러의 노력 결과로 볼 수 있을 것이다. 그러나 두 번째 유언장에서 노벨은 모든 재산을 노벨상에 기증하고 말았다.

노벨상에서 수학이 제외된 것과 관련해서 미타그-레플러는 수학계에서 비난의 표적이 되어왔다. 그렇지만 미타그-레플러는 다음에서 설명할 필즈

❹ Paul Emile Appell(1855~1930), 프랑스의 수학자

메달의 창시자인 필즈[5]와의 오랜 우정을 통해 이런 수학계의 불만을 해소하는 데 일조를 했다.

노벨상을 수상한 수학자

1994년 10월 11일 스웨덴 왕립 한림원은 미국의 존 내시가 1994년 노벨상 수상자로 선정됐다고 발표했다. 이것은 노벨상 93년의 역사에서 순수 수학 연구에 대해 상을 수여한 최초의 사건이었다.

내시는 그의 연구 결과가 경제 이론에 응용되어 노벨 경제학상을 받을 수 있었다.[6] 그의 공헌은 게임 이론에 관한 것인데, 결정적인 발상인 '내시 평형 Nash equilibrium'은 1950년 당시 22세였을 때 프린스턴 대학 수학과에 제출한 박사 학위 논문에 등장한다.

그런데 내시의 삶은 소설과 영화 〈뷰티풀 마인드〉에 소개된 바와 같이 결코 순탄하지 않았다. 그는 1928년 미국 웨스트버지니아에서 태어났다. 1941년 블루필드 대학에 들어가 수학과 화학을 공부하고, 1945년에 화학 공학을 전공하기 위해 카네기 멜런 대학에 들어갔다가 수학에 더 큰 매력을 느꼈다. 1948년까지 3년의 짧은 기간 동안에 학사와 석사 학위를 취득했다. 1948년에 프린스턴 대학에 입학했고, 박사 학위를 받고 1950년 프린스턴 대학의 연구 조교와 강사가 됐다. MIT에서 1951년 무어 강사로 임명받았으며, 1953년에는 조교수, 1957년에는 부교수로 승신했다.

그런데 내시는 학창 시절부터 정신적인 문제가 있었는데, 1958년 말부터 심각한 상황에 이르렀다.[7]

---

[5] John Charles Fields(1863~1932)

[6] 노벨 경제학상은 1969년부터 신설됐는데, 노벨상 기금이 아니라 스웨덴 국립 은행 창립 300주년 기념 사업으로 만들어졌다. 내시는 노벨 경제학상을 미국의 하산이(John Harsanyi) 및 독일의 셀텐(Selten)과 함께 수상했다.

정신 병원에 입원했다가 나온 1959년 MIT의 교수직을 사임했다. 그 뒤 프린스턴에 정착했는데, 그의 정신 분열증은 더욱 악화됐다. 1961년부터 고통스러운 치료를 받았으며, 30년 이상이 지난 1990년대에야 회복됐다.

1994년 프린스턴 대학 파인 홀에서 노벨상 수상을 축하하는 작은 모임이 있었다. 사람들의 요청으로 내시는 몇 마디 했는데, 처음은 다음과 같았다. "노벨상을 수상해서 나의 신용 등급이 향상됐으면 좋겠다. 신용 카드를 정말 갖고 싶기 때문이다."

크라푸르드 상

스웨덴 과학원은 노벨상을 수여하지 않는 분야에 그에 버금가는 상을 수상하고 있다. 인공 신장의 발명가인 크라푸르드[8]와 그 부인이 1980년에 신설한 크라푸르드 상이 그것이다. 이 상의 목적은 노벨상을 받지 못하는 과학 분야의 기초적인 연구를 증진하는 데 있다. 수학, 지구 과학, (부분적으로 생태학과 진화론과 관련된) 생물 과학, 천문학이 그런 분야에 속한다. 1982년부터 해마다 한 분야만을 선택해서 수상하고 있는데, 수학은 1982년, 1988년, 1994년, 2001년에 수상했다. 상금은 현재 50만 달러다.[9]

[7] 내시가 1958년 《수학 연보》에 발표한 '내시의 묻힘 정리'(모든 리만 다양체는 유클리드 공간에 등거리로 묻힐 수 있다)는 20세기 수학에서 뛰어난 정리의 하나로 꼽힌다. 그런데 당시 내시는 심한 정신 질환 상태에 있었기 때문에, 그가 제출한 논문은 더없이 혼란스러웠다. 그래서 페더러(Herbert Federer, 1920~)가 그 논문을 완전히 다시 썼다고 한다.

[8] Holger Crafoord(1908~1982), 스웨덴의 산업가

[9] 프라프르드상에 대한 최근 정보는 다음 홈페이지를 참조하라.
http://www.worldhistory.com/wiki/C/Crafoord-Prize.htm

필즈 메달

필즈는 1863년 5월 14일 캐나다 온타리오 주 해밀턴 시에서 태어났다. 1884년 토론토 대학에서 학사 학위, 1887년 미국 존스 홉킨스 대학에서 박사 학위를 취득했다. 1889년부터 1892년까지 앨러게이니 대학Allegheny College의 수학 교수로 근무한 뒤, 유럽으로 건너가 당대의 유명한 수학자들과의 교분을 쌓고 학문의 영역을 넓혔다. 이때, 절친한 친구이자 학문적 동반자인 미타그-레플러도 만났다. 필즈는 1902년 캐나다로 돌아가 토론토 대학의 교수가 되어 1932년 8월 9일 사망할 때까지 30년 동안 그 자리를 지켰다. 그는 토론토 대학에서 최초로 주목할 만한 연구 수학자였을 것이다.

필즈

▣ 필즈 메달

1924년 토론토에서 열린 국제 수학자 대회ICM 추진위원회 회장을 맡은 필즈는 ICM마다 우수한 업적을 남긴 두 명의 수학자에게 금메달을 수여하자고 제안했고, 1932년 취리히에서 열린 ICM에서 채택됐다. 필즈는 이를 위한 기초 자금 마련에 크게 공헌했고, 자신의 재산도 기증했다. ICM을 주관하는 국제 수학 연맹International Mathematical Union은 그 뒤 몇 년 간의 준비 기간을 거쳐 1936년 노르웨이 오슬로에서 열린 ICM에서 '필즈 메달'이라는 이름으로 최초의 금메달을 수여했다. 필즈 메달은 현재와 미래의 수학 발전에 크게 이바지할 수학자에게 수여하자는 필즈의 뜻에 따라 ICM이 열리는 해의 1월 1일 전에 40번째 생일이 지나지 않은 젊은 수학자로 제한했다.[10]

이 금메달에 새겨진 그림은 고대 그리스 수학자 아르키메데스의 모습이다. 그 뒤 제2차 세계 대전으로 ICM이 중단됐다가 1950년에 재개됐는데, 1966년 모스크바에서 열린 ICM에서 4명까지 수여하기로 결정했다. 필즈 메달은 4년마다 개최되는 ICM에서 지난 4년 동안 수학 발전에 획기적인 업적을 남긴 수학자에게 수여되는 가장 영예로운 상으로 수학계의 노벨상으로 자리 매김하고 있다.

현재까지의 필즈 메달 수상자는 다음과 같다.⑪

1936년 Lars Valerian Ahlfors (핀란드, 1907~1996)
Jesse Douglas (미국, 1897~1965)
1950년 Laurent Schwartz (프랑스, 1915~2002)
Atle Selberg 노르웨이, (1917~2007)
1954년 Kunihiko Kodaira (小平 邦彦, 일본, 1915~1997)
Jean-Pierre Serre (프랑스, 1926~)
1958년 Klaus Friedrich Roth (영국, 1925~)
René Thom (프랑스, 1923~2002)
1962년 Lars V. Hörmander (스웨덴, 1931~)
John Willard Milnor (미국, 1931~)
1966년 Michael Francis Atiyah (영국, 1929~)

⑩ 이런 연령 조건은 우리 나라의 나이 계산 방법으로 정하는 것이 편해 보인다. 즉, 필즈 메달은 ICM이 열리는 해에 마흔한 살 이하의 수학자만이 받을 수 있다.

⑪ 필즈 메달과 네반린나 상에 관한 최신 정보는 다음 홈페이지를 참조하라.
http://mathunion.org/medals/index.html

Paul Joseph Cohen (미국, 1934~2007)

Alexander Grothendieck (프랑스, 1928~)

Stephen Smale (미국, 1930~)

1970년 Alan Baker (영국, 1939~)

Heisuke Hironaka (廣中 平祐, 일본, 1931~)

Serge P. Novikov (소련, 1938~)

John Griggs Thompson (미국, 1932~)

1974년 Enrico Bombieri (이탈리아, 1946~)

David Bryant Mumford (미국, 1937~)

1978년 Pierre René Deligne (벨기에, 1944~)

Charles Louis Fefferman (미국, 1949~)

Gregori Alexandrovitch Margulis (소련, 1946~)

Daniel G. Quillen (미국, 1940~)

1982년 Alain Connes (프랑스, 1947~)

William P. Thurston (미국, 1946~)

Shing-Tung Yau (중국, 丘成桐, 1949~)

1986년 Simon K. Donaldson (영국, 1957~)

Gerd Faltings (서독, 1954~)

Michael H. Freedman (미국, 1951~)

1990년 Vladimir Drinfeld (소련, 1954~)

Vaughan F. R. Jones (뉴질랜드, 1952~)

Shigefumi Mori (森重文, 일본, 1951~)

Edward Witten (미국, 1951~)

1994년 Jean Bourgain (벨기에, 1954~)

Pierre-Louis Lions (프랑스, 1955~)
Jean-Christophe Yoccoz (프랑스, 1956~)
Efim I. Zelmanov (러시아, 1955~)
1998년 Richard E. Borcherds (영국, 1959~)
William Tomothy Gowers (영국, 1963~)
Maxim Kontsevich (러시아, 1964~)
Curtis T. McMullen (미국, 1958~)
특별상: Andrews J. Wiles (영국, 1953~ , 은쟁반 수상)
2002년 Laurent Lafforgue (프랑스, 1966~)
Vladimir Voevodsky (러시아, 1966~)
2006년 Andrei Okounkov (러시아, 1969~)
Grigori Perelman (러시아, 1966~, 수상 거부)
Terence Tao (陶哲軒, 오스트레일리아, 1975~)
Wendelin Werner (프랑스, 1968~)

필즈 메달 수상의 조건

전통적으로 필즈 메달을 받기 위한 조건은 매우 무미 건조하다. "매우 중요한 정리들을 서술하고, 증명한다." 최초의 필즈 메달은 알포르스와 더글러스가 받았는데, 알포르스는 기하학적 복소 변수 함수론에서의 빛나는 결과들로 그리고 더글러스는 플래토 문제의 풀이로 수상했다. 델리뉴는 베유의 추측을 증명해서, 코헨은 연속체 가설의 독립성을 증명해서 필즈 메달을 받았다. 이렇게 계속된다. 그런데 최근에 필즈 메달의 조건이 관대해졌다. 일부는 창조적인 발상으로 필즈 메달은 받았는데, 항상 증명이 동반된 것은 아니었다. 소수의 수리 물리학자가 메달을 받기도 했다. 어떤 익살꾼이 이 상황을 다음과 같이 표현했다.

- 서스턴은 정리를 증명하지 않고도 필즈 메달을 수상할 수 있다는 사실을 밝혀주었다.
- 위튼은 정리를 서술하지 않고도 필즈 메달을 수상할 수 있다는 사실을 밝혀주었다.

또 다른 풍문

노벨과 필즈에 관한 다음과 같이 지어낸 이야기가 있다.[12] 1895년 어느 날, 필즈, 미타그-레플러, 노벨 등 세 명이 노벨의 집에서 모임을 가졌다. 필즈와 노벨 사이에 논쟁이 있었는데, 미타그-레플러는 중재해달라는 요청을 받았다. 다음과 같이 결정하고 모임이 끝났다. 노벨은 문학, 생리학 또는 의학, 물리학, 화학, 평화 등의 상을 맡기로 하고, 필즈는 수학상을 맡기로 했다. 떠날 때, 필즈는 노벨이 미타그-레플러에게 속삭이는 소리는 들었다. "우리는 분명히 저 사람에게 한 가지를 떠넘겼지, 그렇지 않은가?"

롤프 네반린나 상

헬싱키 대학은 젊은 수학자에게 컴퓨터 과학에서 좀더 수학적인 면에 대한 뛰어난 연구에 수여할 롤프 네반린나Rolf Nevanlinna Prize을 위한 기금을 제공했다. 네반린나 상은 1982년부터 ICM에서 시상하고 있는데, 수상자의 연령 제한은 필즈 메달의 경우가 같다. 현재까지의 수상자 명단은 다음과 같다.

[12] John E. Morrill, "A Nobel Prize in Mathematics," *Amer. Math. Monthly*, vol. 102, no. 10 (Dec. 1995). 888-891.

1982년 Robert Tarjan (미국, 1948~)

1986년 Leslie Valiant (영국, 1949~)

1990년 Alexander A. Razborov (러시아)

1994년 Avi Widgerson (이스라엘)

1998년 Peter W. Shor (미국, 1959~)

2002년 Madhu Sudan (인도, 1966~)

2006년 Jon Kleinberg (미국)

참고 문헌

김승욱, 《짧게 그러나 완벽하게》, 교우사 2002.

김영식 · 임경순, 《과학사신론》, 다산출판사 1999.

브루스 쉐흐터(Bruce Schechter) 저/ 박영훈 역, 《화성에서 온 수학자》, 지호 1999.

사이먼 싱(Simon Singh) 저/ 박병철 역, 《페르마의 마지막 정리》, 영림카디널 1998.

샌더슨 스미스 저/ 황선욱 역, 《수학사 가볍게 읽기》, 한승 2002.

양재현, 《20세기 수학자들의 만남》, 애플기획 1999.

에드 레지스 지음/ 과학세대 옮김, 《아인슈타인 방의 사람들(Who Got Einstein's Office)》, 웅진출판 1993.

에릭 템플 벨(Eric Temple Bell) 저/ 안재구 역, 《수학을 만든 사람들》 상 · 하, 미래사 1993.

조지 G. 슈피로(George G. Szpiro) 저/ 심재관 역, 《케플러의 추측》, 영림카디널 2004.

폴 호프만 저/ 신현용 역, 《우리 수학자 모두는 약간 미친 겁니다》, 승산 1999.

하워드 이브스 저/ 허민 · 오혜영 역, 《수학의 위대한 순간들》 개정판, 경문사 2003.

Carl B. Boyer, *A History of Mathematics*, Princeton University Press 1985.

Dunham, William, *Journey through Genius - The great theorems of mathematics*, John Wiley & Sons Inc. 1990.

Eves, Howard W., *In Mathematical Circles*, Quadrants I and II, PWS-Kent Pub. Com. 1969. Mathematical Association of America 2003.

Eves, Howard W., *In Mathematical Circles*, Quadrants III and IV, PWS-Kent Pub. Com. 1969. Mathematical Association of America 2003.

Eves, Howard W., *Mathematical Circles Revisited*, PWS-Kent Pub. Com. 1971. Mathematical Association of America 2003.

Eves, Howard W., *Mathematical Circles Squared*, PWS-Kent Pub. Com. 1972. Mathematical Association of America 2003.

Eves, Howard W., *Mathematical Circles Adieu*, PWS-Kent Pub. Com. 1977. Mathematical Association of America 2003.

Eves, Howard W., *Return to Mathematical Circles*, PWS-Kent Pub. Com. 1988. Mathematical Association of America 2003.

Halmos, Paul R., *I Want to Be a Mathematician*, MAA 1985.

Hollingdale, Stuart, *Makers of Mathematics*, Penguin Books 1989.

James, Ioan, *Remarkable Mathematicians-from Euler to von Neumann*, The Mathematical Association of America 2002.

Krantz, Steven G., *Mathematical Apocrypha - Stories and Anecdotes of Mathematicians and the Mathematical*, The Mathematical Association of America 2002.

MacTutor History of Mathematics archive 〈http://www-groups.dcs.st-and.ac.uk/~history〉

Wells, David, *The Penguin Book of Curious and Interesting Mathematics*, Penguin Books 1997.

찾아보기

INDEX

인명

가

나

다

라

마

바

사

아

자

차

카

타

파

하

서명

가

나

다

마

바

사

아

자

용어